近代中国塞北地区教堂建筑的发展与衍变

罗 薇 著

中国建筑工业出版社

图书在版编目（CIP）数据

近代中国塞北地区教堂建筑的发展与衍变 / 罗薇著
. — 北京：中国建筑工业出版社，2021.8
ISBN 978-7-112-26329-5

Ⅰ . ①近…　Ⅱ . ①罗…　Ⅲ . ①教堂－宗教建筑－研究
－华北地区　Ⅳ . ① TU252

中国版本图书馆 CIP 数据核字（2021）第 138806 号

责任编辑：陈小娟
责任校对：赵　菲　王　烨

国家自然科学基金青年项目
项目批准号：51808341

近代中国塞北地区教堂建筑的发展与衍变
罗　薇　著
*
中国建筑工业出版社出版、发行（北京海淀三里河路 9 号）
各地新华书店、建筑书店经销
北京雅盈中佳图文设计公司制版
北京建筑工业印刷厂印刷
*
开本：787 毫米 ×1092 毫米　1/16　印张：13　字数：228 千字
2021 年 12 月第一版　2021 年 12 月第一次印刷
定价：**68.00** 元
ISBN 978-7-112-26329-5
（37881）

前　言

从20世纪80年代起，中外建筑学者们开始系统测绘、收集、整理中国优秀近代建筑的基础资料。近十几年来，随着研究逐渐深入，越来越多的地区、城市、类别的近代建筑得到业界及公众的关注，尤其是在沿海、沿江早期开埠的城市，如北京、上海、广州、天津、香港、厦门、武汉等，研究者众，学术成果丰富。近代中国是社会、政治、经济、文化等经历了"百年未有之大变局"的关键时期，历史在前进，时代在变革，从传统至现代，建筑师们在时代变革中去调整、适应和创新，构筑了中国近代城市的基本风貌。其中有中国第一代建筑师的努力与奉献，体现了拳拳报国之心，他们的作品在设计实践方面汲取西方现代建筑有益成分，结合中国国情，认真研习中国传统建筑特征，但从不因循守旧，致力探索与创新，为开拓现代中国建筑之路做出不懈努力，如中国20世纪的建筑巨匠杨廷宝先生、吕彦直先生及其同仁。

此外，近年来的中国近代建筑史学研究不断向学界展示了参与中国近代建筑实践的西方建筑师、事务所、工程司及其作品，一些知名事务所的在华实践甚至早于第一代中国建筑师，如公和洋行、同和工程司、德和洋行等，他们在租界建设了大量西式折中主义风格建筑。进入1920年代至1930年代，建筑的民族风格在现代中国的国家建构过程中受到知识和政治精英的高度重视，建筑界开启了探讨中国建筑的古典复兴运动，西方建筑师及事务所也积极投身到中国现代化转型的大潮之中，如亨利·墨菲（Henry Killam Murphy，1877—1954）、沙特克与赫西建筑师事务所（Shattuck · And · Hussey）等，他们在中国大地上留下了大量的优秀近代历史建筑，是中国建筑现代化过程中的一部分。这些作品映射出他们对中国建筑民族化的时代性思考，对文明交流融合互鉴的思考。

近代中国，传统文化遭遇外来文化的挑战，中西文化碰撞与交流，西方人不仅带来了物质文明、科学技术、社会和政治理念，也带来了宗教信仰。为了配合基督教传教士的在华工作与生活，建设了大量教会建筑如教堂、医院、孤儿院、中小学校以及大学等。以往的学术研究多关注墨菲等著名外籍建筑师的在华建筑实践，对于专注教会建筑的建筑师及艺术爱好者少有深入研究，然而他们为了顺应潮流，积极地进行了中国民族性、现代性建筑的探索与实践，创作出功能布局合理、建筑体型和谐、比例尺度优美的建筑。

本书以比利时圣母圣心会的教堂建筑为主要研究对象，它是西方教会在近代中国发展的一个缩影，展现了近代中国教会建筑艺术演变的全过程，通过对它的深入研究，中国的近代教堂建筑发展脉络可见一斑。本书研究的案例选择在圣母圣心会曾经活动的河北、陕西、内蒙古交界的长城内外，这是一片贫穷、荒芜、气候寒冷的偏远地区，这里的某些建筑质量与艺术价值不亚于城市中租界内的建筑，但却尚未进入建筑学界视野，本书将从建筑学的角度对这些有关中国近代边疆地区受外来文化影响的建筑作系统介绍。这些塞北地区的教堂建筑，经过一百多年的风霜雨雪侵蚀，有的破败、遗弃、消失了，有的饱经风霜存留下来。在近代中国交通尚不发达的塞北地区，西方建筑师如何在这里工作生活几十年，因地制宜并遵循实际，将建筑的地形环境、功能布局、施工技术、经济因素与空间艺术进行高度融合，建造出西式、中式或中西混合式的建筑，这些与近代时期城市中的建筑师们需要面对的问题别无二致，但由于地处塞北而创作出独特的风格和营造方式，可以看作是跨文化研究的个案。

本书的研究方法主要结合实地考察和大量历史档案研究。实地考察收集了大量的第一手资料，欧洲四年的档案收集与整理，保证了本书的原创性和学术价值。2010 年 3 月和 2011 年 5 月展开两次大范围的实地考察，对圣母圣心会教堂遗址及遗物进行了调查，并做翔实记录。大量的西文资料及图像档案主要保存在比利时鲁汶大学的 KADOC（Documentation and Research Centre for Religion，Culture and Society，宗教、文化及社会研究与档案中心）以及鲁汶大学南怀仁中心（Verbiest

Institute KULeuven)，同时私人收藏的家族档案也为研究提供了不可或缺的依据，尽可能大范围地搜寻资料使得建筑营造过程以及历史情境得以重现。

本书借助相关档案资源整体性地从其发展的内部政策与需求去研究建筑的发展与变化，将共时性和历时性结合起来开展较大时空范围的研究，从而认识欧洲教堂建筑与中国传统建筑文化碰撞之后的发展与衍变规律。通过对教堂这类特殊建筑的史料研究，对中国近代文化史交流的一支脉络进行记录和整理，基督教传播是中西文化交流的一个篇章，因其独特性，亦为中国建筑现代转型带来启发。21世纪的今天，中西文化在当代中国深度碰撞与交流，西学东渐与东学西渐同时进行。研究近代中西方建筑师的在华营造活动，认识文化多元性，了解在西学东渐的社会环境中如何面对外来文化，激发传统文化的力量，对于建立民族自信心亦是有益的。对于近代史而言，本书从建筑营造的角度丰富了有关宗教史研究。亦从物质文化史视角出发，探讨了近代中国教堂建筑所反映的物质文化变迁及其社会影响，从抽象之物到国家及文化的象征，展示了“物”之转化与“物”之升华。时值中比建交五十周年，圣母圣心会教堂建筑作为中比两国的共享遗产，值得共同关注与保护！

目 录

第一章
近代中国教堂建筑概况

中国近代历史始于1840年的鸦片战争，清政府签订《南京条约》后，被迫五口通商。至清王朝覆灭之时，已增至60余处通商口岸，从沿海港口城市向内陆地区逐步开放。沿海城市和直隶地区深受中法战争（1884—1885年）和中日甲午战争（1894—1895年）的影响。门户被迫开放使得处于封建制度末期的清王朝发生了根本性变革，从乡村主导到城市主导的社会，从传统中华文化到多元西方文化不断渗透，中西文化交流广泛而深入。在这百余年的时间里，伴随着西方在华投资不断增加，特别是在租界的银行、金融、铁路、矿产等事业方面，建成了大量西式建筑，如领事馆、银行、邮局、工部局等，其中也包括教会建筑。1901年《辛丑条约》签订之后，基督教群体因得到清政府的经济赔偿而发展壮大，不断增加的皈依者对教堂及其附属设施、神职人员的需求成为教会面临的巨大挑战，因而兴建了大量教堂建筑。

第一节　近代中国教会的发展

晚清时期，外敌入侵，自然灾害频发，人为酿成的悲剧和战争、腐败的官僚机构等致使整个国家的社会问题积重难返，百姓生活疾苦，长期积聚的社会问题加速了清王朝的灭亡。1851—1864年的太平天国运动几乎推翻清王朝的统治，同时代发生的其他农民起事也加剧了清政府的损耗。1840年之前，虽然清政府禁止西方传教士在华活动，但是仍有少量传教士在内地传教，游走在数个村落之间。第一次鸦片战争之后，西方殖民者通过与清政府签订一系列不平等条约获得特权，西方各国均享有与英、法同样的最惠国待遇，教会与传教士的在华活动受到保护，随着西方势力的扩张而逐步深入内地。近代时期，中国教会发展状况亦因西方殖民者与中国政府之间的关系而变得跌宕起伏。

一、基督教的再次兴起

以“大秦景教流行中国碑”为证，公元7世纪基督教的聂斯托利派便随着商人经丝绸之路来到长安，这支教派在中国被称为“景教”，公元9世纪被禁。元代也有传教士来到中国，但是有记载的不多，他们大约建了十座教堂。[①] 明末清初，天主教经由澳门传入中国，罗明坚（Michele Ruggieri，1543—1607）在肇庆建造了仙花寺。随后，利玛窦（Matteo Ricci，1552—1610）等传教士在南京、北京、上海等地先后建堂。顺治年间，汤若望在北京宣武门内建设西式天主教堂，十分引人注目。之后约两百年间，天主教在中国的发展并不平稳，由于同罗马教廷之间不可调和的“礼仪之争”，最终导致禁教。

第一次鸦片战争之后，面对外国强硬势力，清政府屈服退缩，在沿海城市设立租界，逐步开放内陆长江沿岸的港口城市给英国、法国、日本、德国、俄国和其他西方国家，允许西方人传教。战争和战后的不平等条约对中国的统治阶级，对知识分子和普通大众而言都造成极大的伤害，这些历史事件不断加剧了中国人的反帝情绪。租界破坏了中国封建社会的秩序，改变了中国与西方国家的关系。

西方人“传教的本质非常有野心。他们经常将条约规定的权利用到极限，而这样做将会把事情复杂化，并且常常导致外国政府干预中国内政，这些教会事件也被外国势力所利用”。[②] 如果时局下的经济、军事和不平等条约对教会有利，西方侵略者的行为或者协议就会受到传教士的支持。[③]1866年初和1871年2月9日，清朝总理衙门颁布了有关传教士在华活动的备忘录，基督教会拒绝接受，甚至对这些规定进行猛烈抨击。对于欧洲列强的蛮横，甚至其内部也有人颇为不满。英国领事阿礼国

① 徐好好.中国教堂建筑述略[C].中国近代建筑研究与保护[三].北京：中国建筑工业出版社，2004：149.

② TIEDEMANN R G（ed.）. Handbook of Christianity in China. Volume 2：1800 to the Present（Handbuch der Orientalistik. 4. Abt.：China；15/2）[M]. Leiden：Brill，2010：316.

③ 同上：313-316.

（Sir Rutherford Alcock）早在 1857 年就曾写了一篇文章名为《对基督教的容忍》，文中说："基督教会在中国最大的敌人就是传教士自己和自称为保教者的西方强国。"[①]

19 世纪末，中国与西方列强的国际关系变得愈加复杂。在法国保教权以及罗马教宗和传信部的默许下，所有的天主教传教士，无论国籍，在华发生的任何纠纷，都要通过法国领事和外交官出面调停，此特权无形中提高了法国的在华地位。传教士们所携带的护照，需要由法国领事办理，然后送交中国政府签准，最后交给欧洲的派遣人员。一些主教利用自己长期的在华经验，大肆宣扬"欧洲中心论"的思想，介入法国领事的外交事务，甚至成为清政府与西方殖民者的中间人，如樊国良（Pierre Marie Alphonse Favier，1837—1905）曾多次帮助法国领事与总理衙门的官员斡旋。[②]柯饶福（Ralph R. Covell）在其书中讲道：法国政府，为了对中国施加更大的影响，提出负责帮助和保护传教士和信徒。其中包括支持传教士帮助中国教友打官司，帮助收回罚没财产，根据条约获得的特权，坚决支持传教士在中国租赁及购买土地。[③]欧洲国家的教会和政府对法国垄断在华保教权，已多有不满。但是，对于法国而言，保教权的实行是极其重要的事情，要牢牢掌握在手中。尽管在 19 世纪末期的法国本土第三共和国强烈反教权主义，但其对外殖民过程中的保教活动却分毫不减。[④]

二、教会发展与近代社会转型

清王朝的衰败和不断发生的农民起义虽然没有推翻旧中国的社会制度，但是迫使中国有识之士思考并开始采取行动促进社会的转型。在清末的最后十年，拥有新思想的社会精英迅速崛起。相当一部分上层人士确信社会的变革已经开始，形成不可逆转的趋势。1898 年戊戌变法是光绪皇帝和部分高层官员对社会转型的尝试，但因慈禧皇太后的反对而宣告失败。

此外，经济、对外关系、西方新观点以及变革观念的发展，对清政府、军事、商业、知识分子、学生以及革命人士而言都是天翻地覆的变化。1901 年 8 月 29 日，

---

① 顾卫民．中国与罗马教廷关系史略 [M]. 北京：东方出版社，2000：106.

② Clark A E. China Gothic：The Bishop of Beijing and His Cathedral [M]. Seattle：University of Washington Press，2019.

③ COVELL R R. Confucius，the Buddha，and the Christ：a history of the gospel in Chinese（American Society of Missiology Series，11）[M]. New York：Orbis Books，1986：82.

④ TIEDEMANN R G（ed.）. Handbook of Christianity in China. Volume 2：1800 to the Present（Handbuch der Orientalistik. 4. Abt.：China；15/2）[M]. Leiden：Brill，2010：302.

科举改革，废八股废武科，1905 年 9 月 2 日废除科举制度。曾国藩、李鸿章以及他们的跟随者开创了中国第一批大规模的现代工业。1901 年 9 月 11 日之后，清政府在几个重要省份建立了军事院校，为中国培养了上百名军官，现代战争与防御的需要又促使军人成为特权阶级。甲午战争之后，越来越多的知识分子在新式学校接受西式教育，教会兴办的学校也从仅仅关注宗教内容开始转向各方面的科学知识传授，还为女性开设女校，这样便吸引到更多的学生。

社会转型是晚清政治权力日渐衰弱的原因，也是其结果。1911 年的辛亥革命打破了清朝统治秩序，是新兴的资产阶级和小资产阶级革命运动的成果，它促使中国社会变革。从辛亥革命的影响来看，"它不仅是中国政治及人民生活方式走向近代化之路的一个划时代的起点，而且也是近代中国人民追求民主和国家独立富强的里程碑"[①]，中国人民进入了反帝反封建斗争的新阶段。1912 年 2 月 12 日清帝退位，标志着封建制度的终结。人民在政治上和思想上得到了空前的解放，民主共和声威大震，社会思想领域活跃起来。1919 年的五四运动，是中国新民主主义革命的开始，也是中国近代政治和文化运动的转折点。

第二节　近代中国建筑概况

在漫长的中国封建社会中，宗教和哲学信仰以及政治制度在缓慢而微弱地改变着，在建筑形式上也产生了些许变化。但总体而言，变化不大，木结构体系一直延续使用。第一次鸦片战争之后，首先在通商口岸和租界出现大量西式建筑，开启了近代西式建筑体系东渐的序幕。1842—1894 年，共开放 24 座港口城市用作自由贸易，中日甲午战争之后，增至 60 余处。[②]通商口岸成了传统中国与西方文化的交汇处，引发了城市和建筑的转型，西方人在租界的商业行为深深地影响了这一过程。起初的中国近代建筑多为混合式做法，多为西式建筑技术与中国当地营造方式的结合，一种非单一源流的建筑技术体系。随着西方科技和文化的进一步渗入，通商口岸建起了纯粹的西式建筑，它们的主体结构、屋顶结构及主要装修做法皆采用西方人惯用的方式。

---

① 林家有．辛亥革命对中国社会的影响．见：广西文史资料选辑，纪念辛亥革命八十周年专辑（第三十四辑）[M]．桂林：广西区政协文史资料编辑部，1992：18-30.

② 潘谷西．中国建筑史 [M]．北京：中国建筑工业出版社，2001：301-302.

近代时期中国向欧美、日本派出大量留学生，学习先进的建筑工程技术，回国后自办土木工程教育，引入工程招标制度、参与公共建筑设计等，此刻中国的传统营建系统在制度方面也产生了明显的变化。中国建筑转型的进程体现了技术、制度与观念逐层推进与互动的过程。中国建筑在近代史上重大的、阶段性的转变不仅由于新建筑技术的引入，还得益于新政策的颁布实施，而后刺激建筑业产生新的社会分工及运作机制，促使政府专门管理机构的产生和相关管理法规的制定与实施，使得现代化的转型不断深入。

1920 年代前后，大量中国留学生毕业归国，加入到建筑领域中来，他们创办建筑科，为建筑设计和教育带来了新理念。20 年代以后中国建筑师对中国古代建筑的研究和对“中国风格”建筑的探索与新文化运动有着十分相似的目标，即当时的中国建筑师学会会长赵深提出的“融合东西方建筑学特长，以发扬吾国建筑固有之色彩”。这时期公共建筑局部或整体地采用中国建筑的装饰母题或造型，利用现代材料和现代结构进行设计和建造。

1927—1937 年的十年间，时局相对稳定，国民政府以南京为首府，以上海为商业中心，进行了大规模市政建设。1929 年，许多设计单位都为新首都或商业中心绘制了蓝图，以“中国固有式”建筑为主要风格。南京的首都计划，中、西方建筑师皆受邀参与，许多公共建筑诸如政府办公楼、火车站、学校建筑、公务员住宅都是在“中国固有式”原则下建造的。在公共、教育、管理、军事建筑之外，还建造了大量的工厂、仓库、银行、火车站、住宅等。建筑工程的持续增长，让更多欧美和华人建筑师有机会在这个市场上大展身手，其展场主要在上海、北京、天津、广州和武汉这类大城市，当时中国的建筑呈现出多元化的风格。而后由于战争的原因，建筑活动基本逐渐停滞。

在社会转型期间，经济结构、城市和建筑是在一条非常不平衡的道路上发展的。皇家宫殿、庙宇、陵墓这些官式建筑的营造延续到清朝末期，毫无疑问这类建筑都属于过去的封建时代。近代时期，除前文所述的现代建筑体系之外，传统建筑体系仍然在小城市和乡村大量存在，百姓日常生活仍旧是采用本土的、传统的营造方式。

第三节 比利时与近代中国

近代时期，比利时与中国的外交往来是跟随英、法等国家之后逐步发展的，二者之间并未发生直接战争，为了配合比利时在华外交、商业、工矿业、房地产、教会等方面的发展，建设了大量的、多种类型的建筑甚至桥梁、铁路等工程，也带来了独具特色的建筑风格。本书中涉及的教堂建筑主要来自比利时的圣母圣心会（Congregation of the Immaculate Heart of Mary，C.I.C.M.）[①] 在中国塞北地区建造的建筑，其教堂发展过程展现了中国近代教会建筑发展的全过程，并且在其发展的高潮阶段，建筑具有明显的比利时特色，有别于当时的其他西方国家在华教会建筑。

比利时位于欧洲西北部，被称为“欧洲心脏”“十字路口”，周边毗邻法国、德国、荷兰、卢森堡，与英国隔海相望。由于地理位置重要，这里成为欧洲文化交会之地，单就建筑而言，比利时被称为欧洲“建筑的图书馆”，在这里可以找到欧洲各时代各类风格的建筑，如法国哥特式、德国哥特式、英国哥特式、德国罗马风式、意大利文艺复兴式、都铎式等，它们也在这里融汇，形成比利时独特的建筑风格。近代随着传教士的到来，比利时特色的哥特式建筑也来到了中国。

一、近代中比关系

1830—1839 年受到法国动乱的影响，西欧部分地区发生革命，建立了三个现代国家：比利时、荷兰和卢森堡。比利时的第一任及第二任国王均颇有作为，尤其是第二任国王利奥普二世（Leopard II）雄心勃勃，一直保持着对中国的兴趣。[②]1831 年国王利奥普一世的备忘录上，杰里米·本瑟姆（Jeremy Bentham，1748—1832）最早提议比利时在中国建立商业站点。对于比利时公众而言，他们对东方的中国印象还很模糊，国家没有能力去扩张。直到《南京条约》签订之后，中国作为比利时商品的巨大潜在市场引起了注意。1843 年 7 月 28 日，美国的广州代理领事爱德华·咯京致函钦差大臣耆英要求美国商船按新章纳税。耆英以钦差大臣身份允许美国商人可以享受英国通过使用武力所获得的除割让香港和赔款以外的其他权利，也就是最惠国待遇，并且这一条款也适用于其他欧洲国家。[③] 起初，一直是英国外交部代理及协助比利时谈判代表与中国交涉，后来比利时人发现他们的产品能在中国市场上找

---

① C.I.C.M. 是拉丁语名称 Congregatio Immaculati Cordis Mariae 的缩写。

② 让·东特著. 比利时史 [M]. 南京大学外文系法文翻译组，译. 南京：江苏人民出版社，1973.

③ 《咯京致耆英》1843 年 7 月 28 日；《耆英致咯京》1843 年 7 月 29 日，《美国领事文件，广州，Ⅲ》（Consul Despatches，Canton，Ⅲ），美国档案馆。摘自 http://www.historychina.net/qsyj/ztyj/zwgx/2005-05-24/25463.shtml [2021-03-31].

到自己的销路，但是受制于其他国家协管且需通过中介，销售数量上受到限制，而且比利时始终未与清廷正式订约。比利时政府看到英、美、法在中国获得权益，便派驻马尼拉总领事兰瓦[①]（J. de Lannoy）来广州商讨与关税相关的条约规定。尽管中法《黄埔条约》于1844年10月签订，并且同意适用于比利时，但是比利时政府仍然希望单独签署一个条约。[②]耆英与广东巡抚黄恩彤，于1845年7月25日致送一道正式公文给比利时专使，传达通谕，准许比利时在中国现有条约下通商，也就是说比利时可以享受英、美、法等国签订的不平等条约的特权与中国通商。同时，清政府同意比利时在广州设立领事馆。

中比两国正式邦交开始于1865年订立的《中比通商条约》及《通商章程：海关税则》，由于比利时在欧洲政局上属于小国，所以在协商中并没有要求除建立平等国交与正式通商、交流关系以外的优惠，且交涉时比利时公使金德[③]（Auguste't Kint de Roodenbeek）"词气极为恭顺"[④]，这对清朝在19世纪后期决定与比利时建立更密切的商业、军事、借款等关系有着深远的影响。1866年比利时参议院和众议院分别批准这项条约，条约中包括：中比建立正常外交关系，互相遣使，比利时人在通商各口岸有居留、学习汉语、传教的自由。布拉邦特公爵曾亲自远东旅行，访问了印度，苏门答腊，新加坡，中国香港、广州和上海等地，由于当时老国王利奥普一世去世，布拉邦特公爵不得不返回比利时，但是这趟旅行使他对向远东扩张充满信心。1866年10月27日中比在上海互换了签字的条约。同时，布拉邦特公爵世袭成为比利时国王，也就是利奥普二世（Leopold II，1835—1909）。

1890年清廷官员薛福成访问比利时，外交部部长Auguste Lambermont提供比其他国家低10%~20%折扣的商品给中国，这样的贸易可使双方都获益。1896年，李鸿章率团访问比利时，他对比利时先进的武器非常喜爱，随后，比利时军方送给清廷一门大炮作为礼物。19世纪后期，清政府开始派遣留学生赴比利时学习，因为当时比利时科技进步，工业发达，而相较英、法等国学习费用更低。首先派遣的学生多是学习铁路和开矿技术，比利时政府亦对中国人友善。其中湖广总督张之洞为了

---

① 兰瓦，比利时驻马尼拉领事，是最早吸引比利时政府目光投向中国市场的政客之一。

② VANDE W ALLE W. "Belgian Treaties with China and Japan under King Leopold I" [C]. in：VANDE WALLE W & GOLVERS N（eds.）. The History of the Relations between the Low Countries and China in the Qing Era（1644-1911）（Leuven Chinese Studies，14）[M]. Leuven：Leuven University Press，2003：422.

③ 金德是一位杰出的外交家，他成功地与墨西哥和中美洲的其他几个国家签订了条约。

④ 原文引自江苏巡抚郭柏荫奏比国换约事竣摺，汪毅，张承棨等编．清末对外交涉条约——同治条约[M]. 国风出版社，1963：115-116. 转引自古伟瀛．中华与欧洲的交流——以比利时为例[C]. 中华文明的二十一世纪新意义会议文集，2002.

汉阳铁厂的需要，派遣约二十名学徒赴比利时钢铁厂接受训练。

近代在华外籍传教士中有一人为中国教会和人民争取权利，他自愿放弃比利时国籍加入中国国籍，他就是雷鸣远（Vincent Lebbe，1877—1940）。1901年雷鸣远来到北京，学习中文，与英敛之（1867—1926）一起在天津创办《大公报》，之后陆续创办《广益录》《益世报》等。法国公使欲抢占天津老西开之地，雷鸣远率领教内外人士共同反对，后为法国所迫，暂避欧洲。待其再返中国，创立中国本土修会——耀汉小兄弟会，雷鸣远为促进中比友谊以及中国教会的发展贡献卓著。

二、比利时圣母圣心会

圣母圣心会由南怀义神父[①]（Théophile Verbist，1823—1868）创办于布鲁塞尔市郊司各特地区（Scheut）。《北京条约》签订后，南怀义想同几位比利时神父一起去中国成立孤儿院，立志向中国传教。经过两年的不懈努力，1862年南怀义在布鲁塞尔建立了一所初学院，11月28日正式成立了圣母圣心会，他为总会会长。[②]成立修会的目的是培养和派遣神职人员去中国。1864年8月22日传信部在罗马召开善会，决定将蒙古宗座代牧区移交给圣母圣心会打理。[③]

1865年，第一批圣母圣心会的五位先驱者经历了103天长途跋涉，途径布鲁塞尔、罗马、马赛、亚历山大、新加坡、中国香港、上海、天津和北京，于1865年12月5日来到传信部指派的西湾子宗座监牧区，他们是创始人兼临时代牧——南怀义，司维业（Aloïs Van Segvelt，1826—1867），良明化（Frans Vranckx，1830—1911），韩默理[④]（Ferdinand Hamer，1840—1900），以及随从林辅臣[⑤]（Paul Splingaerd，1842—

---

① 南怀义，1823年6月出生于比利时的安特卫普，比利时圣母圣心会会祖，又被称为小南怀仁。他在马林小神学院和大神学院学习。1847年9月18日，晋铎为神父。1853—1855年为布鲁塞尔军校指导神师。同时，在布鲁塞尔的“Soeurs de Notre Dame”听告解神师和主任，并在这个修女会的小圣堂宣誓成为传教士。VERHELST D & NESTOR P（eds.），C.I.C.M. Missionaries，Past and Present 1862—1987：History of the Congragation of the Immaculate Heart of Mary（Verbistiana，4）[M]. Leuven：Leuven University Press，1995：25.

② 同上：31.

③ 指派地区的地理范围非常广阔，但圣母圣心会实际活动范围主要涉及中国的塞北地区，以河北、内蒙古、宁夏北部、甘肃等地为主。

④ 韩默理，C.I.C.M.，1840年8月21日出生于荷兰 Nijmegen，1865年随会祖南怀义一同来华，1869—1871年任西湾子临时代牧，1878—1888年任甘肃宗座代牧（于两棵树），1888—1900年任西南蒙古宗座代牧（于三盛公）。VAN OVERMEIRE D（ed.）. 在华圣母圣心会士名录 Elenchus of C.I.C.M. in China [M]. 台北：见证月刊杂志社，2008：244.

⑤ 林辅臣由于很快掌握了中文，曾经帮助圣母圣心会处理义和团运动之后的清政府的赔偿事宜，并且协助比利时政府签署兰州中山桥的工程合同，亦曾作过清朝官员，娶中国人为妻。

1906）。然而南怀义在到达中国后不久，于 1868 年，在前往巡视途中感染斑疹伤寒，逝世于老虎沟（在今辽宁省），年仅 45 岁。

圣母圣心会会士在华期间，用大量手稿记录了他们在中国的见闻。虽然很多材料是传教堂口之间长途跋涉的行程报告，细心的观察者对塞北的环境做了详细描述，这些信息被记录下来并且通过多种渠道在西方传播。与游牧的蒙古族人生活在一起，这种亲密的生活方式为传教士近距离观察蒙古族文化提供了非常好的机会。会士田清波①（Antoon Mostaert，1881—1971），圣母圣心会最著名的蒙古语专家，后来也成为蒙古语、蒙古历史等领域的国际学者，他出版了不少有关蒙古的书籍和一本蒙汉字典，对蒙古族研究作出非常重要的贡献。闵玉清②（Alfons Bermyn，1853—1915），曾在蒙古族人聚居的城川③工作，编制了《蒙－法双解词典》，这本词典主要想帮助年轻的传教士在工作中使用当地的语言，因此收录了大量的口语表达方式。词典收录了 11000 个词或字，不仅有解释且配有例句。④彭嵩寿⑤（Jozef Van Oost，1877—1939）收集了蒙古族的语言和民谣，康国泰（Louis Schram，1883—1971）写了一本有关甘肃土人婚姻的调查报告。⑥本书第三章的核心人物和羹柏（Alphonse De Moerloose，1858—1932）是非常著名的传教士建筑师，他在中国建设了数十座哥特复兴式和新罗马风式建筑。作为艺术家狄化淳（Leo Van Dijk，1878—1951）和方希圣（Edmond Van Genechten，1903—1974）也为天主教艺术的中国化作出了自己的探索与贡献。

19 世纪的塞北没有一所公立学校，圣母圣心会来到这个偏远且广阔的地区后开始建立学校。在每个宗座代牧区的重要聚居点，都分别提供男、女学生教育。圣母圣心会管辖范围内的养正中学隶属于南壕堑，是其中最著名的学校之一。除此之外，圣母圣心会还为蒙古族孩子建立了用蒙古语授课的学校。1947 年，圣母圣心会

---

① 田清波，1881 年 8 月 10 日出生于比利时布鲁日，1971 年 6 月 2 日卒于比利时 Tienen，1899 年加入圣母圣心会，1905 年晋铎并且派遣来华，1912—1925 年任城川本堂神父，1925—1948 年在北京、天津从事蒙古语言和文化的研究工作，1948—1965 年在美国从事蒙古方面的研究。VAN OVERMEIRE D（ed.）. 在华圣母圣心会士名录 Elenchus of C.I.C.M. in China [M]. 台北：见证月刊杂志社，2008：368.

② 闵玉清，1853 年出生于比利时 Saint-Pauwels，1915 年卒于中国缸房营子，1878 年派遣来华，后任西南蒙古宗座代牧。

③ 城川，西文文献拼写为 Boro Balgasun，蒙古族村落，圣母圣心会的堂口。今隶属于内蒙古自治区鄂尔多斯市鄂托克前旗，地处鄂尔多斯市西南部，蒙、陕、宁三省（自治区）交界处。

④ 他的词典以俄罗斯人 Józef Szezepan Kowalewski 的词典为基础，这本词典收录了很多蒙古语的书面用语。闵玉清将口语中的词汇和表达方式收录在他的词典里，这些都是他在日常生活中习得的。

⑤ 彭嵩寿，1877 年 4 月 5 日生于比利时 Kortrijk，1939 年 4 月 18 日卒于比利时 Kortrijk，1895 年加入修会，1901 年晋铎，1902 年派遣来华，曾经在西南蒙古代牧区的多个堂口和归化城担任本堂神父。同①：583.

⑥ 这本书由费孝通先生翻译成中文，由于战争等原因直到 1998 年才出版。

在北京的辅仁大学成立了怀仁书院，是圣母圣心会会士和研究人员的高级教育中心，在这里进修之后，一些会士去了欧美国家继续研究中国历史和文化。1921年，吕登岸[①]（Joseph Rutten，1874—1950）募集了足够的资金在归绥（今呼和浩特）修建了一座现代医院。在利奥·方德芒斯[②]（Leo Vendelmans，1882—1964）的设计和监理下，一座拥有上百张病床的现代医院在归绥落成。截至1955年，共679位比利时籍、荷兰籍圣母圣心会会士跟随先辈的足迹来到中国，有的去世后葬在中国，有的回到比利时或者去其他国家继续传教，也有人在欧美知名学府从事中文或蒙古文的教学工作。

本书以下各章将通过十五座近代建筑案例，详细介绍圣母圣心会在华教堂建筑的发展与衍变进程：第一章内容为近代中国教堂建筑的基本概况。第二章介绍圣母圣心会在华初期的建筑，从1865年抵达中国至1900年，这段时间他们生活在偏远的蒙古草原，居住在民居或窑洞中，教堂大多很简陋，基本上是在传教士的监督之下，由当地中国工匠营建，主要采用中式建筑添加西方装饰元素。第三章内容的时间跨度从1900年义和团运动之后到1920年代初期，大量新教堂在这一时期建设，建筑风格归于比利时近代时期的建筑风格。建筑师和羹柏在这一时期发挥了关键作用，他出身建筑世家，就读于比利时根特的圣路加建筑学校，忠诚于圣路加学校的建筑思想，在华留下大量作品。第四章讲述的是1922年总主教刚恒毅派驻中国之后，推进宗教艺术和建筑艺术的中国化，是教会自身改革的结果，新政策在世界范围推行基督教艺术融入当地文化。这个过程中，几位圣母圣心会会士艺术家参与其中，为新的中国基督教艺术和建筑作出了重要的尝试与贡献。第五章主要讲述近代在塞北地区建设教堂建筑时所采用的材料、技术以及营造方式等方面的问题。第六章为结论部分，总结圣母圣心会教堂建筑在华发展与衍变的历程，阐释近代中西文化交流与碰撞对建筑领域的影响。

---

① 吕登岸，1874年10月15日生于比利时 Clermont-sur-Berwinne，1950年3月18日卒于法国 Pau，1894年加入圣母圣心会，1898年晋铎神父，1901年9月15日派遣来华，1920—1930年任圣母圣心会总会长（于比利时司各特），1930—1932年在 Weigl 博士的研究室（波兰）研究斑疹伤寒疫苗，1933—1942年在北京辅仁大学张汉民博士的研究室研究斑疹伤寒疫苗。VAN OVERMEIRE D（ed.）. 在华圣母圣心会士名录 Elenchus of C.I.C.M. in China [M]. 台北：见证月刊杂志社，2008：429.

② 利奥·方德芒斯，1882年7月20日出生于比利时 Gierle，1964年8月10日卒于比利时 Saint-Pieters-Leeuw，1902年加入圣母圣心会，1922年派遣来华，1922—1925年在上海任会计，归化城公教医院的计划发展者。

第二章

在内蒙古草原上的第一次定居与文化交流，1865—1900年

圣母圣心会传教士放弃在欧洲舒适的生活，凭着一腔热忱来到塞外传教，其生活之艰苦，疾病、盗匪之危险，传播福音工作之艰难，都是他们无法预想的。会祖南怀义来华不到三年病逝了，对于这个刚成立不久的修会，几乎是致命的打击，幸好他的同伴以及在当地传教多年的遣使会神父共同撑过了最艰苦的阶段。塞北地区除了蒙古语以外，当地的汉族人也使用的是方言，本地汉族农民识字的人很少，虽然传教士从欧洲出发前已经做了一些语言上的准备，但是起初在语言交流上还是非常困难的。塞北地区气候温差大，冬季的大雪常常持续数月，而比利时属于季风性海洋气候，气候很温和，对于传教士而言，抵御这种恶劣的气候条件也是极大挑战。

在中国最初的阶段，用来举行宗教仪式的地方都非常简朴，大部分教堂外观都很简单。尽管圣母圣心会会士都是忠诚的天主教信徒，他们通过建造中式建筑配以天主教装饰的办法开启了在中国的实践，这一举动可以看作是西方人主动地“本地化”。例如圣母圣心会在甘肃省西乡县的教堂，传统的中式反曲屋面，室内大量的天主教元素装饰，尖拱券窗，高耸的门楼上放置的十字架，展示了它们的群体特征（图2-1）。面对中国人的性别分隔传统，会士们创造性地建造了L形布局的教堂，也称为“人字堂”（“L-shaped church” or “pants-church”）。在某些人字堂中，男女明确地被分隔在两个侧翼中，但也有记载表明他们并不同时参加宗教仪式[①]。

---

① TIEDEMANN R G（ed.）. Handbook of Christianity in China. Volume 2：1800 to the Present（Handbuch der Orientalistik. 4. Abt.：China；15/2）[M]. Leiden：Brill，2010：216.

图 2-1　甘肃省西乡县，教堂立面
图片来源：KADOC，C.I.C.M. Archives，folder 22.39

第一节　教堂建筑简介

教堂或者说圣堂对于天主教、基督新教、东正教的含义都有所不同，教堂在天主教和东正教千百年来一直认为是“天主的国降临人间”。基督新教对于圣堂的理解已经与天主教教堂完全不同，对物质空间的神秘性、神圣性、宗教仪式性的要求都大大弱化，建筑比较朴素，没有过多装饰。由于本书主要研究的圣母圣心会隶属于罗马天主教会，对其他两大派别的教堂不做深入探讨。

一、教堂的基本形制①

从古罗马至今出现过的主要天主教教堂或者圣堂形制有巴西利卡、集中式、拉丁十字，其他形式的教堂多为基于上述几种形制基础之上的发展和变形。教堂最初的用处就是教友集会的场所，对于教堂来说，东和南是尊贵的方向，北和西次之。主礼者带领信众面朝东方祈祷，向着太阳升起的方向。虽然最初教堂采用世俗建筑

① TAYLOR R. How to Read a Church. A Guide to Images，Symbols and Meanings in Churches and Cathedrals [M]. London：Ebury Press Random House，2003：1–56.

的形式——巴西利卡，但是随着时间的推移，罗马天主教开始强调祭台上的神秘仪式，建筑从最初的长方形逐渐发展成十字形：教堂的主入口通常朝西，整个大厅由两排石柱分成三个部分，中殿和侧殿 / 廊[①]，中殿这个词“Nave”在拉丁语和许多欧洲语言中是“船”的词根，其寓意来自圣经中的诺亚方舟；侧殿将人引向圣所，是“船”两侧的通道；中殿较侧殿 / 廊要高，通常设有两排高侧窗，引入自然光；圣所朝向东方，通常是半圆形，也有四边形和多边形的情况，上部多为拱顶，是主礼者的位置，多在此设祭台，也有少数将祭台放在中殿的；在复杂的教堂中，中殿与后殿之间的小圣堂之间还会设有环形内廊；祭台前面通常设有神职人员的席位，主教座堂的祭台之后，设有面向中殿的主教席位；通常在祭台上方的屋顶外部竖起一个很高的尖塔，有些教堂屋顶上有多个大小不同的尖塔，寓意尖塔是指向天国的；教堂的正面有一座或者两座钟楼，象征教会是祈祷的教会；教堂的主立面大门根据级别的高低，有一、三、五个数量不等的大门，哥特式教堂的大门通常有装饰丰富的层叠的雕刻装饰，预示其后是神圣的空间；殿内常使用大理石拼花地板；在连拱柱廊和圣所上部饰以圣像和圣经故事为内容的壁画或者装饰；圣堂内的圣所与中殿之间有台阶，圣所作为神职人员主礼及唱经之处，中世纪时在台阶处设有屏风和高墙与信众相隔，但是多数情况还是采用圣体栏杆来做简单分隔，信众可看到圣所里举行的仪式；圣体龛放在祭台壁阶正中，常伴以鲜花蜡烛，圣所和祭台是教堂中最为神圣的部分，也是装饰最富丽堂皇的部分；教堂正厅之外设有门厅，以供不能进入教堂参加礼仪的忏悔者和尚未受洗的慕道者旁听、望慕之用；教堂内外所采用的数字、颜色、动物、植物等雕刻，彩色玻璃窗上绘制的《圣经》中的情景，都有以教义为背景的引申含义，因为识字的百姓较少，主要通过这些绘画作品向他们讲述《圣经》中的故事。

教堂中与图像结合使用的数字和图形都非常重要，比如三角形是三位一体的象征，十二只羊暗指十二位圣徒，教堂主入口立面的窗户根据需要而设，成组出现的三个窗户，通常也暗指三位一体。一个单独圆形窗或洞象征着神与永恒，数字一则表达神的统一体。数字二指人类和神——基督，或者新约和旧约。数字八常用八边形来体现，是基督的象征；九代表天使；十代表十诫……

千百年来教堂的风格、样式、地区做法数不胜数，古代的建筑师秉承的基本信念是：他们所建构的空间环境会深深地影响一个人，不论是这个人的精神、行为、感觉或者生活方式。教会在兴建教堂时提出两项基本原则：适合于礼仪行为的执行，

---

① 中殿两旁的空间称为殿或是廊，可依据空间的大小而定，比较狭长的空间称之为廊更为合适。

并能使信友主动参与。教堂强调永久性,所以都有坚固的基础,多用最耐久的建材——石材，反映教会的持续性，超越时空。

二、教堂的家具与内饰

一座教堂除了不可移动的建筑外壳之外，它内部的家具对于整个宗教仪式过程而言也是不可或缺的，内部装饰除了彰显建筑的富丽堂皇外，还讲述圣经中的故事。对于天主教教堂而言，最重要的就是圣体龛和祭台。通常圣体龛放在祭台之上或者之后，是一个装饰华丽的盒子，它的名字在欧洲语言里是“帐篷”的意思，暗指可以移动的神殿。祭台是教堂神圣的中心，通常是石头或者木制的。

讲道台大约 14 世纪引入教堂，在那里向信众布道。由于讲道台是信众聆听布道时的焦点，四位福音作者或者四位圣师常常作为主题雕刻在讲道台周边的装饰上。诵经台常常置于高坛之上的前部，多采用鹰的造型，圣经平铺在鹰的两个翅膀上，也有采用鹈鹕形象的。蜡烛、烛台、连灯烛台含有很多象征性的意义，它们可以表达生命之光，传递祝福。圣洗池在教堂发展的不同时期位置也有所不同，有的置于主入口附近，有的置于教堂的后部。圣洗池用来对慕道者施洗，是七大圣事之一，通常有一系列宗教仪式，也是表示对新加入者的欢迎（图 2-2）。

1. 圣所朝向东方的窗户 2. 十字架 3. 圣诗 4. 基督受难像 5. 诵经台 6. 祭台 7. 唱诗班座椅 8. 讲道台 9. 风琴 10. 祭台栏杆 11. 高坛 12. 女士礼拜堂 13. 高坛台阶 14. 长椅 15. 中殿 16. 铜 / 石碑 17. 圣洗池

图 2-2　教堂室内示意图

图片来源：TAYLOR R. How to Read a Church. A Guide to Images, Symbols and Meanings in Churches and Cathedrals [M]. London：Ebury Press Random House，2003：34

第二节 在塞北地区初期的教堂建筑

1865 年来中国后，圣母圣心会在辽阔的塞北地区活动，起初将普通民居用作教堂。中国民居多为坐北朝南，主入口通常位于正南的中部开间，这与西方教堂的格局大为不同。他们雇佣中国工匠建造教堂，以中式双曲面屋顶统领整座建筑，屋顶结构也为中式，因为这些都是中国工匠们非常熟悉的建造技术。内部装饰采用天主教建筑装饰常用的象征性符号和颜色，并与中式装饰混合在一起，如教堂里的楹联。由于最初的教堂并没有西方建筑师的参与，一般采用中式夯土基础，建筑一般不高，与中式建筑差别不大。与此同时，传教士们遇到了性别隔离传统，在教堂的使用上男、女分时段参与宗教仪式和活动，或者教堂本身就设计成男、女分开的两个中殿，本章将介绍两座早期建设的、双中殿的“人字堂”。

一、西湾子之双爱堂

圣母圣心会会士的在华记忆中，西湾子[①] 在很多人心目中是个神话般的存在，这里是教会在口外最早的栖居之处，始建于 19 世纪初，后来发展为中蒙古宗座代牧区的中心，也是圣母圣心会的在华中枢。因此大量有关西湾子的信息记录在圣母圣心会会刊和文献档案中，这里的档案比其他任何传教站点的都要齐全。

西湾子的主要建筑在 1940 年的战争中基本被毁，但是由于其在圣母圣心会在华历史上的重要地位，本书选择了这里三座已经消失了的建筑作为案例，它们分别属于圣母圣心会教堂建筑发展的不同阶段：第一个是双爱堂，建于 1836—1840 年，在 1865 年圣母圣心会到达之前就已存在，由遣使会建造，形制特殊；第二个是西湾子的小修院，建于 1899—1901 年，比利时圣路加（St.Luke）哥特式建筑风格；第三个是西湾子的新主教座堂，建于 1923—1926 年，是圣母圣心会在华的巅峰之作，新罗马风式建筑。由于三座建筑来自西湾子的不同时期，故分别在本书的不同章节中予以论述。

---

① 在圣母圣心会的文献中西湾子的名字常被拼作 Hsi-wan-tzu，Sewantseu，Si wain tze，Si-Wan，Si-wan-se，Siwantze，Sy-Wan-Tse，这里是中蒙古宗座代牧区的管理中心。

从天主教村到宗座代牧区首府

今天的西湾子隶属于河北省张家口市崇礼区[①]，地处崇礼区东部，位于张家口东北方向54km的山区，距北京250km。它坐落在南大山附近的一个山谷中。在1860年代，从北京去西湾子大概是四天的行程。在圣母圣心会会士到来之前，西湾子已经有很长的宣教历史了。[②]18世纪上半叶，一位法国耶稣会士巴多明（Dominique Parrenin，1665—1741），为西湾子地区的一百多位佃户施洗，并且在这里建了一座小圣堂。[③]1768年，由于蒙古王室依照喇嘛教的要求通告废除了基督教的宣教权，圣堂被改作佛教寺庙。1829年外国传教士们被驱逐出北京，来到西湾子定居。1835年，孟振生[④]（Joseph-Martial Mouly，1807—1868）作为薛玛窦神父的助手被派到西湾子，在他的带领下，汉族皈依天主教的人数增加了六倍。1836年，孟振生建了一座女子学校，由贞女和妇女操持日常生活，同时也照看育婴堂收留的孤儿。[⑤]直到1865年，南怀义和他的同伴们到来，西湾子才有了宗座代牧。

圣母圣心会接替遣使会照看西湾子之后，教务发展很快，逐渐成为口外最繁荣的汉族天主教村落。1874年巴耆贤[⑥]（Jacques Bax，1924—1895）成为这里的宗座代牧。1883年蒙古作为教会管理的省份被拆分，西湾子在巴耆贤管理之下成为中蒙古宗座代牧区的首府。1898年方济众[⑦]（Jerome Van Aertselaer，C.I.C.M.）继任这里的主教，直到1924年去世，方主教管理时期是西湾子最繁荣的年代。在这一

① 崇礼区隶属于张家口，东接赤城县，南接张家口宣化区，西北接张北县和沽源县，西接张家口市。

② RONDELEZ V. La chrétienté de Siwantze：Un centre d'activité en Mongolie [M]. Xiwanzi，1938：5-65.

③ 圣堂并未查到准确的建造年代，很可能是在1726至1768年之间。TAVEIRNE P. Han-Mongol Encounters and Missionary Endeavors：A History of Scheut in Ordos（Hetao），1874—1911（Leuven Chinese Studies，15）[M]. Leuven：Leuven University Press，2004：200-201.

④ 孟振生，1807年出生于法国Figeac，1827年加入遣使会，1831年晋铎为神父，1840年被任命为蒙古宗座代牧，1846年任北京圣徒管理，1856年任北直隶宗座代牧，卒于1868年。

⑤ TAVEIRNE P. Han-Mongol Encounters and Missionary Endeavors：A History of Scheut in Ordos（Hetao），1874—1911（Leuven Chinese Studies，15）[M]. Leuven：Leuven University Press，2004：202.

⑥ 巴耆贤，1824年6月26日生于比利时Weelde，1853年晋铎为神父，1863年加入圣母圣心会，1871年任蒙古临时代牧，1874年任蒙古宗座代牧，1883年任中蒙古宗座代牧，1895年1月4日卒于西营子。VAN OVERMEIRE D（ed.）. 在华圣母圣心会士名录 Elenchus of C.I.C.M. in China [M]. 台北：见证月刊杂志社，2008：23.

⑦ 方济众是西湾子的核心人物，也是筹建新主教座堂的发起人。方济众（思洛），1845年11月1日出生于比利时Hoogstraten，1924年1月12日卒于中国西湾子，1870年晋铎，1872年加入圣母圣心会，1873年派遣来华，1873—1877年任西湾子小修院院长，1879—1881年任城川和归化城本堂，1881—1885年任西湾子小修院院长，1885—1886年任司各特副总会长（比利时），1887—1892年任圣母圣心会总会长（比利时），1894—1898年任圣母圣心会总会长（比利时），1898—1924年任中蒙古宗座代牧，居住于西湾子。1898年5月1日任中蒙古宗座代牧，1898年7月24日祝圣为主教。VAN OVERMEIRE D（ed.）. 在华圣母圣心会士名录 Elenchus of C.I.C.M. in China [M]. 台北：见证月刊杂志社，2008：504.

发展过程中，西湾子建设了大量配套建筑，如学校、印刷厂、诊所、修道院，以及多座圣堂。

第一座主教座堂——双爱堂

隆德理（Valère Rondelez，1904—1983）在他的《西湾子圣教源流》一书中有一段有关孟振生和双爱堂的描述："教友们建了一座新教堂……他们将它建得像供奉神的庙宇一样漂亮。教友们筹集了 7000 多法郎，孟振生又加了 800 法郎……毫无疑问，这座教堂是当时中国最漂亮、最大的教堂。教堂有 70 英尺长，35 英尺宽……我们在北京的教堂是奉献给我们的神，名为救世主堂，我觉得西湾子的这座教堂用这个名字也十分好。1836 年 8 月 6 日主显圣容节，我在助手的协助下为这座教堂举行了庄严的祝圣仪式。"① 这意味着，孟振生在被任命为宗座代牧的四年前就建造了这座教堂，之后它成了主教座堂，并且一直作为该用途直到 1926 年新的主教座堂落成。这座双爱堂在 1930 年被拆，原址建了一座师范学校（图 2–3、图 2–4）。

这座主教座堂是 L 形平面，两侧翼在圣所处交会成直角。梁天专（Léon Dieu，1883—1949）在其 1923 年发表的文章中写道："孟主教建的西湾子教堂至今仍然

图 2–3 西湾子双爱堂改建为学校的过程
图片来源：南怀仁中心，C.I.C.M. Archives，folder of CHC Construct

① RONDELEZ V. La chrétienté de Siwantze：Un centre d'activité en Mongolie [M]. Xiwanzi，1938：24–25，quotes Mouly："Les chrétiens construisaient alors leur nouvel oratoire（...）ils voulurent bâtir une église aussi belle que les temples des idoles. Ils avaient eux–mêmes versé plus de 7000 francs et Mgr. Mouly y ajouta 800 francs. Cette église，écrit–il，est，je n'en doute pas，la plus belle et la plus grande qui soit en Chine. Elle a 70 pieds de long et 35 de large（...）. Notre église de Pékin était dédiée à Notre Seigneur; sous le titre de Sauveur du monde; j'ai cru qu'il convenait de dédier celle–ci sous le même titre. J'en fis la dédicace et la bénédiction solennelle，assisté de mes confrères，le jour de la Transfiguration，6 août 1836."

使用着，它能够容纳一千人左右。”[①] 根据当时中国的性别分隔传统，一翼为男士使用，另外一翼为女士使用（图 2-5）。这种 L 形教堂也被称作人字堂，因为这种设计使人想到中国汉字“人”。传教士还给它起了一个诨名“裤子教堂”（荷兰语叫作 broekkerk，英语叫作 pants-church），因为教堂的两翼像棉裤的两条腿，指的是中国人冬季穿的棉裤，因为里面填满了棉絮，可以将裤子直立起来。[②] 尽管双爱堂是早期遣使会建成的人字堂，但是圣母圣心会来到内蒙古之后又建了几座 L 形布局的教堂，

图 2-4　西湾子师范学校
图片来源：KADOC，C.I.C.M. Archives，folder 17.4.7.2

图 2-5　西湾子双爱堂主教座堂，L 形平面布局
图片来源 Revue illustrée des Missions en Chine et au Congo[J]. Scheut-Brussels：C.I.C.M.，1889：8

---

① DIEU L. La nouvelle cathédrale de Si-wan-tze. Bénédiction de la première pierre，Missions de Scheut：revue mensuelle de la Congrégation du Cœur Immaculé de Marie [J]. Brussels：C.I.C.M.，1923：98-103："Mgr. Mouly notamment，le premier prêtre de la Congrégation de la Mission qui monta sur le siège de Péking en 1846 avait d'abord passé de longues années en Mongolie et y avait exercé la charge de vicaire apostolique. Ce fut lui qui fit construire à Si-wan-tze l'église qui est encore en usage aujourd'hui et qui pouvait contenir un millier de personnes."

② VAN DEN BERG L. "The China World of the 'Scheutfathers'" [J]. Bulletin de l'Institut historique belge de Rome，64，1994：235；TAVEIRNE P. Han-Mongol Encounters and Missionary Endeavors：A History of Scheut in Ordos（Hetao），1874—1911（Leuven Chinese Studies，15）[M]. Leuven：Leuven University Press，2004：202.

甚至在 1900 年之后仍有此类教堂落成，可见此类教堂布局在中国乡村的长期适用性。

几张外观照片和一张非常难得的室内照片为研究双爱堂提供了重要的信息。通过对石懋德（Leo De Smedt，1881—1951）设计建造的新罗马风式主教座堂照片的进一步研究，发现这个老的双爱堂是东西朝向的（图 2-6）。从照片上可以看到新的主教座堂与双爱堂钟楼之间的关系。由此可推想，双爱堂的两翼，一个中心轴线是南北向，另外一个是东西向。一张刊登在其会刊上的图画显示出双爱堂的两翼各有七个开间，并且内侧通过侧廊相连（图 2-5）。圣所在两翼交会之处，中式十字脊屋顶的上方是一个正方形平面的亭子。屋顶为中式反曲屋面，砖墙上开有半圆形拱券的窗洞。

唯一的室内照片（图 2-7）显示出双爱堂为典型的中国式木结构屋架：石柱础上放置木柱，天花板局部遮住了屋顶木结构抬梁式屋架。室内空间并不高，中殿和两个侧廊共三部分。这张照片还展示了室内的家具及礼拜仪式的组织情况。主祭台在两翼交会处，是北京北堂祭台的一个复制品，非常精致的木质西式祭台朝向男士

图 2-6　西湾子主教座堂及老教堂钟塔和其他周边教会建筑远观
图片来源：KADOC，C.I.C.M. Archives，folder 17.4.5.8

图 2-7　西湾子双爱堂主教座堂，室内
图片来源：KADOC，C.I.C.M. Archives，folder 17.4.5

使用的中殿放置。两级台阶和圣体栏杆将中殿与圣所分隔开来，圣所左侧有两个侧祭台面朝女士一翼的中殿。教堂里没有长椅，只有跪凳。一个讲道台倚在圣所的木柱上，坐在两翼的男女信众都能看到神父讲道，讲道台的木刻图案与圣体栏杆的非常相似。尽管双爱堂的外观比较简朴，但是内部的装饰在当时也算华丽，有雕像、绘画等，中殿还悬挂了枝形吊灯，高大精致的主祭台显示出它作为主教座堂的地位。

哥特式砖钟楼

1887 年，巴耆贤为双爱堂增加了一座哥特式的钟楼，想竖立一座圣母圣心会在中蒙古的标志，并使教堂看起来更尊贵和有比利时特色。历史档案显示，这个钟楼由孔模范(Petrus Dierickx，1862—1946)[①] 设计建造，由副本堂赵神父 [②](Petrus Chao) 监督。孔模范 [③] 非常年轻，1885 年才来到西湾子，1887 年设计这个钟楼的时候，他只有 25 岁。直到 1892 年他一直作为教师在神学院教书。档案记载中从未提及他是否接受过任何设计方面的培训，也许他是一个非常有天赋、热爱建筑艺术的人。

这座砖砌钟楼，每天有规律地敲响，它的尖塔重塑了西湾子的天际线，是西湾子村空间和时间上的标志（图 2-4）。钟楼四层高，带有尖券的墙壁装饰非常丰富，冠以八边形的锥塔，顶部有十字架。塔的上部是钟室，四个尖拱券窗装配着反声板，四个小尖塔分别位于钟楼的四角。这种类型的钟楼在比利时非常常见，但西湾子钟楼的细部装饰比较与众不同。钟楼一层的南墙雕刻精致，像一座用石头或者砖雕刻的影壁墙，二层饰以中式图样的砖雕。比利时托尔奈（Tournai）的钟塔（图 2-8），[④] 是著名的 13 世纪历史建筑，与双爱堂的钟楼对比，它们显示出相似的

---

① DIEU L. La nouvelle église de Si-wan-zi. Missions de Scheut：revue mensuelle de la Congrégation du Cœur Immaculé de Marie [J]. Brussels：C.I.C.M.，1923：1926：147-148："La vieille église de Si-wan-tze avait été construite au temps des persécution avant l'arrivée des Père de Scheut，et rien ne la distinguait，pour l'apparence，de la plupart des bâtiments chinois. On évitait ainsi d'attirer l'attention des mandarins qui passaient parfois dans la vallée. Plus tard un Père de Scheut，le P. Pierre Dierickx，ajouta un clocher à cette église afin que la cloche pût être entendue de tout le village".

② VERHELST D & NESTOR P（eds.），C.I.C.M. Missionaries，Past and Present 1862—1987：History of the Congragation of the Immaculate Heart of Mary（Verbistiana，4）[M]. Leuven：Leuven University Press，1995：57-58.

③ 孔模范，1862 年 5 月 29 日生于比利时 Temse，1946 年 2 月 11 日卒于比利时安特卫普，1884 年进入修会，1884 年晋铎，1885—1892 年为西湾子神学院老师，1892—1898 年在司各特和鲁汶大学教授中文，之后在比利时和菲律宾的几个传教站点工作至 1907 年，1907—1910 年任菲律宾区会长。VAN OVERMEIRE D（ed.）. 在华圣母圣心会士名录 Elenchus of C.I.C.M. in China [M]. 台北：见证月刊杂志社，2008：185.

④ 托尔奈的钟塔是比利时 32 个钟塔中最老的一座，1999 年列入世界遗产名录。HEIRMAN M & HEIRMAN M. Flemish Belfries. World Heritage [M]. Leuven：Davidsfonds，2003.

图 2-8 比利时托尔奈（Tournai）的钟塔
图片来源：http：//www.belgiumview.com/belgiumview/toon-maxi.php4?pictoshow=0001551ai [2012-12-06]

比例。这两座塔都用角部多边形的扶壁或者拱券状的壁龛来强化四角的垂直感。由于这个钟楼不是双爱堂立面的一部分，并且相对独立，它看上去更像是一个独立出来的钟塔。1930 年，在新主教座堂落成之后，双爱堂被拆除，一座师范学校在其原址建造。只有钟楼保留了下来，整合进新的学校建筑（图 2-3、图 2-4）。

二、小桥畔之中式“人字堂”

小桥畔教堂是一个非常有趣的案例，建于 1884 年，是圣母圣心会会士在鄂尔多斯地区非常早期的教堂建筑。例外的是，它的文献较多，留下了许多照片且有过一点相关研究。这是一个中式的“人字堂”建筑，教堂的屋顶上建有一个中国式的亭子（图 2-9），建筑的内部和外部有许多西方特色的建筑元素及构件。如今的小桥畔，教堂和天主教村落的所有建筑都消失了，仅城防体系的夯土墙遗留下来（图 2-10）。一个新村子在老的城防体系东南侧建了起来，近年来又建起一座新教堂。小桥畔的人字堂显示出传教士思考和面对性别隔离问题，并与当地传统习俗结合之后做出的独具匠心的设计，由当地的工匠尽了最大努力用本土材料来建造的。人字堂位于小桥畔天主教村落的城防体系中央（图 2-11），这座坚固的城防体系曾多次帮助他们防御抢匪的袭击。

图 2-9　小桥畔教堂外观
图片来源：KADOC，C.I.C.M. Archives，folder 21.2.4

图 2-10　小桥畔地图
1. 原来夯土城防体系的围墙；2. 目前新建教堂
图片来源：谷歌截图 [2012-03-15]

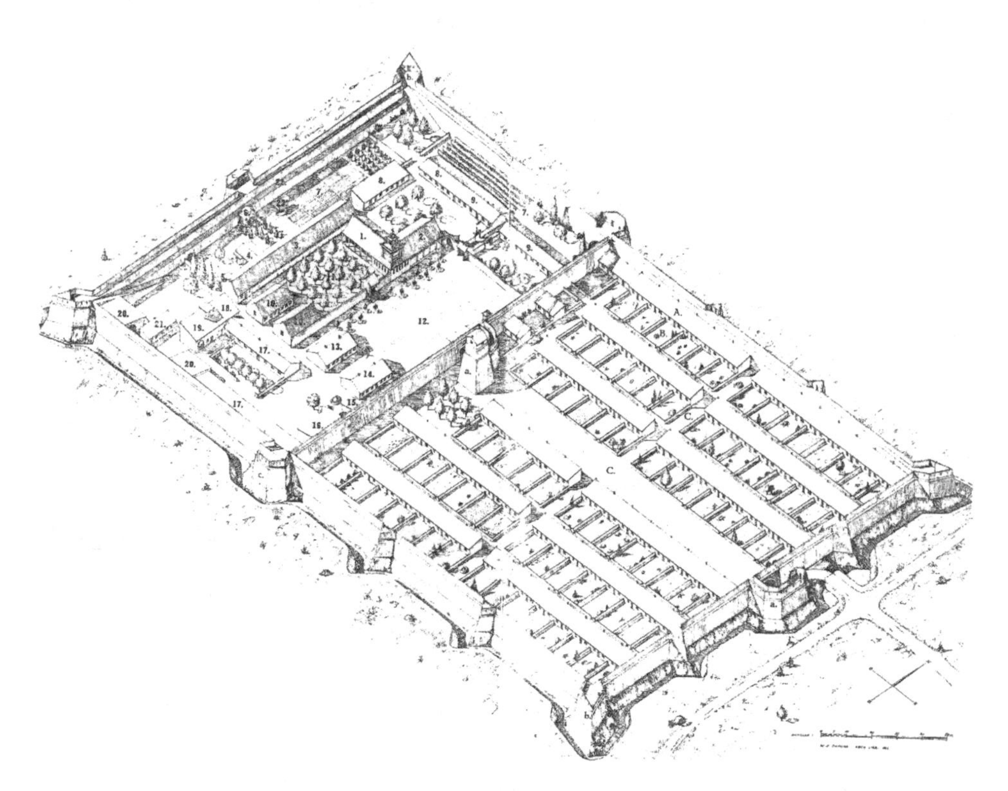

1. 男教友教堂；2. 女教友教堂；3. 传教士住所；4. 厨房；5. 医务室；6. 路德石洞；7. 菜园；8. 育婴院及修女院；9. 女校；10. 传教士用房；11. 住所内院；12. 外院；13. 佣人房；14. 仓库；15. 小店；16. 马厩；17. 男校；18. 谷仓；19. 磨坊；20. 柴房；21. 作坊和商店；22. 第一道围墙；A. 教友住宅；B. 教友住宅前院；C. 道路；a. 大门附近的堡垒；b. 外角堡垒；c. 小堡垒（布鲁塞尔的建筑师 W.J. Caper 根据王守礼和贺歌南神父提供的资料绘制）
图 2-11　小桥畔复原图
图片来源：KADOC，C.I.C.M. Archives，folder T.I.a.14.3.2

图 2–12　小桥畔教堂室内
图片来源：KADOC，C.I.C.M. Archives，folder 21.2.4

贺歌南[①]（Joseph Van Hecken）在 1970 年代做了有关小桥畔的研究，他与王守礼[②]（Carlo Van Melckebeke，1898—1980）收集了很多有价值的档案和信息，会刊里的文章常提及这座著名的天主教村子的发展情况。基于这些材料，一位布鲁塞尔的建筑师复原出小桥畔的鸟瞰图（图 2–11）。这张图展示了整座村子 8 年间的建设发展情况，包括城防体系、教堂（院子中央）、神职人员用房和教友住宅。几张教堂的外观照片刊登在会刊上[③]，一张室内照片（图 2–12）和一张城墙被炸毁的照片保存在 KADOC 的圣母圣心会档案里。有关教堂外观的描述很少，传教士的文献常常提到这座教堂有个"中国式塔"（pogode en style chinois），西方人常将高高耸立的中式构筑物称为"pogoda"，也许是来自他们对中国的佛教建筑的印象。

城防体系

小桥畔目前隶属陕西省榆林市，位于黄河西岸，河套平原南部，坐落于毛乌素沙地的西南部，是半干旱和半湿润交界的地区，缺少降水和灌溉系统，周边是不适合农耕的土地。榆林地区在明代曾经是长城沿线的戍边城市，过去的几百年间建成了许

① 贺歌南，1905 年 9 月 18 日出生于比利时 Aartselaar，1988 年 8 月 31 日卒于比利时 Schilde，1923 年加入圣母圣心会，1929 年晋铎，1931 年派遣来华，1931—1933 年在北京学语言，1937—1946 年间任宁条梁区会长并在多个堂口任本堂，1947—1949 年任北京怀仁书院院长，后又辗转在日本和美国任教和学习，1967—1975 年从事圣母圣心会在蒙古传教的历史研究，鲁汶大学中文教授。VAN OVERMEIRE D（ed.）. 在华圣母圣心会士名录 Elenchus of C.I.C.M. in China [M]. 台北：见证月刊杂志社，2008：560.

② 王守礼，1898 年 6 月 19 日生于比利时，1980 年 8 月 26 日卒于新加坡，1916 年进入修会，1922 年晋铎，1923 年派遣来华，1946—1952 年任宁夏的宗座代牧。同上：581.

③ Revue illustrée des Missions en Chine et au Congo[J]. Scheut–Brussels：C.I.C.M.，112，1898：55；Missions de Scheut：revue mensuelle de la Congrégation du Cœur Immaculé de Marie [J]. Brussels：C.I.C.M.，1924：171 and 1932：84.

多城防体系。小桥畔东距宁条梁15km，距城川大约40km。在小桥畔附近，有一条沟渠叫无定河，雨季时河水会涨水至此。这条沟渠上的小桥赋予了这村子一个温馨的名字——小桥畔。这个名字是圣母圣心会会士意译的，在他们的文献中常提到它的荷兰语名字“Klein-Brugge”或者“Kleinbrugge”，暗指比利时佛兰德斯地区的中世纪水上古城布鲁日（Bruges），Klein便是荷兰语中“小”的意思，体现了传教士们的思乡之情。

1874年，两位圣母圣心会传教士与蒙古人一起在鄂尔多斯地区定居下来。大约在1878年，司福音[①]（Jan-Baptist Steenackers，1848—1912）在几位蒙古族天主教信徒的帮助下在小桥畔成立传教点。起初，他们的目的是向城川（Boro-Balgasun）（今属内蒙古自治区鄂尔多斯）的蒙古族人传福音。开始在小桥畔皈依天主教的蒙古人数量逐渐增长，但是后来又急剧下降。与此同时，汉族人请求来耕种蒙古旗下的土地。1878年，蒙古旗的首领驱逐了这些汉族的农民，就在这个时候，一场干旱（1877—1878）导致的大饥荒袭击了整个鄂尔多斯地区。在这种情况下，汉族皈依者请求司福音在“黑界地”[②]建立一个新的天主教村落。随后，他们在红柳河谷挖了窑洞和一个小的祈祷室，从此天主教村落就建立了起来，汉族皈依天主教者可以耕种周围佃户转租给他们的土地。

由于该地区盗匪猖獗，教友们在选好的地址建设城防体系，围以坚固的土墙。这种简单的带有城防体系的村落，内有住宅和粮仓，便是我们常说的寨子。1884年司福音在小桥畔建设一座教堂和住宅。他设计了这些建筑，亲自与当地工匠交流工程的进展，整个工程在他的监督下建造。[③]1895年，圣母圣心会会士和教友共同建起一道防御土墙环绕小桥畔，用来防御当时各地抢匪的袭击。[④]闵玉清在他1896年的一封信中提到：这道防御土墙高6m，400m长，夯土而成，并带有城垛和矩形的堡垒。村民们在夜间组织放哨，并配有火枪。这座“城池”由一堵巨大的内墙分成两部分。东侧是教友的居住地，大约90座房屋。这些房子对称布置在通往“城门”的主街两侧。依照中国的传统，所有的房子都是南北朝向。在主街的西端，第二座城门是通

---

① 司福音，1848年9月24日生于比利时Kasterlee，1912年4月6日卒于比利时鲁汶，1872年晋铎，1874年派遣来华，1876—1877年任副本堂。VAN OVERMEIRE D（ed.）. 在华圣母圣心会士名录 Elenchus of C.I.C.M. in China [M]. 台北：见证月刊杂志社，2008：478.

② 黑界地是汉族和蒙古族的分界地。它设立于清顺治年间，25km宽，东西长1000km，长城以北25km。雍正帝时，允许中国佃户在黑界地及其以北耕种。http：//www.nmg.xinhuanet.com/nmgwq/zge/zjzge/lswh/001.htm [2012-04-10].

③ VAN HECKEN J L. Monseigneur Alfons Bermyn：dokumenten over het missieleven van een voortrekker in Mongolië，1878—1915 [M]. Wijneem：Hertoghs，1947：70-72.

④ TAVEIRNE P. Han-Mongol Encounters and Missionary Endeavors：A History of Scheut in Ordos（Hetao），1874—1911（Leuven Chinese Studies，15）[M]. Leuven：Leuven University Press，2004：533.

往西侧教堂和神职人员区域的唯一入口。西半城最重要的建筑就是这座“人”字形教堂，坐落于半城的中部。教堂四周还有花园、菜园和果园，周边有神职人员住宅、孤儿院、修道院、女校、男校、厨房、佣人房、作坊、马厩、粮仓、磨坊、井等附属设施，可以说非常齐备。从图上分析，这座天主教“小城”的建设，得益于先期规划，后来教友逐渐增多充实了这座小城。农民的住宅都依照中国当地的传统习惯，每栋总面阔 9~10m，房前有小院。

19 世纪末的一次突袭中，土匪们翻过了土城墙，屠杀村民并且毁掉了教堂里的家具，那些土匪从未停止过对小桥畔的袭击。之后，当地教友扩大了他们的城防体系，也就是后来的东半部分，主要是村民的住宅。他们还挖了一条 30m 长的地道通向内院。城墙外也挖了一条很深的沟渠，与外界保持一定的安全距离。这道防御工事的改进极有可能是在闵玉清[①](Alfons Bermyn)指导下进行的。在鄂尔多斯地区，汉族中土墙围合的村落并不少见，但是清朝当地政府抱怨这些寨堡都是未经批准兴建的。在饥荒的年份，这个城防体系可以保护神职人员和教友免受伤害；在丰收的年份,村里除满足当年的口粮以外开始为今后可能来临的灾祸储备粮食。[②]不幸的是，这道“城墙”在 1937 年的一场战役中局部被炸，通过今天的卫星地图，这座城墙仍清晰可见（图 2-10）。小桥畔的城防体系是个杰出的工程。在榆林地区，那里有不少于 39 个城防寨堡，大部分城墙的基础都是砖石的，城墙的上部则是泥土夯筑并有砖铺地。小桥畔的堡垒角楼在榆林地区众多寨堡中是个特例。角楼是不规则的四边形或者五边形，这种形状在西方 16 至 18 世纪的城堡中很常见（图 2-13）。中国的角楼通常是圆形或者方形，而城池的大门也通常做成瓮城的形式。

寨堡中的“人字堂”

小桥畔教堂建于 1884 年，由司福音指导建造，奉献给圣心。[③] 司福音对建筑非

---

① 闵玉清，1853 年 8 月 22 日生于比利时 Sint-Pauwels，1915 年 2 月 16 日卒于缸坊营子，1877 年入圣母圣心会，1876 年晋铎，1878 年派遣来华，1886—1888 年任小桥畔的校长，1891—1915 年为临时及正式的西南蒙古宗座代牧，常驻小桥畔。AN OVERMEIRE D（ed.）. 在华圣母圣心会士名录 Elenchus of C.I.C.M. in China [M]. 台北：见证月刊杂志社，2008：24.

② BERMYN A. Aventures de voyage et procès gagné. Revue illustrée des Missions en Chine et au Congo[J]. Scheut-Brussels：C.I.C.M.，1890：180.

③ 闵玉清的书信刊登在 Revue illustrée des Missions en Chine et au Congo[J]. Scheut-Brussels：C.I.C.M. 132，1900：369-378：“Lorsqu'en 1882，le R.P. Steenackers bâtissait à Kleinbrugge l'église du Sacré-Cœur，c'était pour le mettre en demeure de nous procurer un jour le vaste et fertile terrain qui s'étendait devant la dite église”（p. 374）. Also：STEENACKERS J，“Aperçu sur le Vicariat de Mongolie Sud-Ouest（Ortos）”，Revue illustrée des Missions en Chine et au Congo[J]. Scheut-Brussels：C.I.C.M.，93，1896：436：“Dans l'ordre des faits，après la bâtisse de l'église du Sacré-Cœur et l'installation des religieuses à Kleinbrugge.”

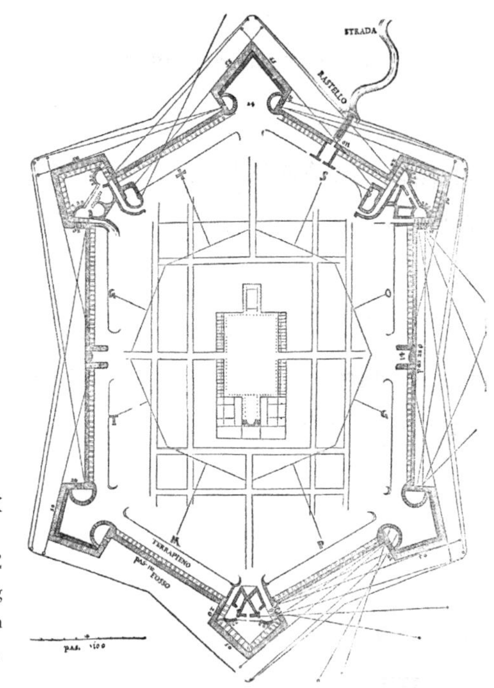

图 2-13 16 世纪 Daniele Barbaro 的建筑专著中的欧洲理想的防御工事
图片来源：LOMBAERDE P & VAN DEN HEUVEL C (eds.). Early Modern Urbanism and the Grid: Town Planning in the Low Countries in International Context Exchanges in Theory and Practice 1550—1800 [M]. Turnhout: Brepols, 2011: 13

常感兴趣，他曾撰文描述小桥畔早期的建筑，他尝试着去提高居住的质量和舒适度，以及建造一个真正的教堂。住宅和教堂是在小桥畔天主教村首先建起来的建筑，城防体系随后于 1895 年建造，所以教堂的位置并不是在整个村落的正中间。依照中国的传统，这样一处重要的建筑，并且在城防体系中央，应该是沿主轴线对称布局。然而这个案例，却并非如此。建筑置于一个高 0.5m 的台子之上，采用硬山顶。由于当地的性别隔离传统，教堂有两个相同的侧翼用作教堂的中殿，一个为男士使用，另一个为女士使用。男士一翼长轴南北朝向，女士一翼长轴东西朝向，并且室外有三级台阶通向女士侧翼的平台。两个侧翼结合在一起，组成 L 形布局，并且在结合部位形成一个正方形，作为圣所。圣所的上方高耸起一个四边形的中式亭子（图 2-14）。[①] 在建筑师绘制的鸟瞰图比例尺的帮助下，我们可以大约估算出教堂的尺寸：两翼皆为 24m 长，8.5m 宽，圣所为 8.5m × 8.5m。每个侧翼都有五个开间长的外廊，这种有屋

① LICENT É. Comptes rendus de dix années (1914—1923) de séjour et d'exploration dans le bassin du Fleuve Jaune, du Pai Ho et des autres tributaires de Golfe du Pei Tchou Ly [M]. 3 vol., Tianjin: Librairie Française, 1924: 689: "(...) La résidence de Siao K'iao pan, vue de l'Ouest-Nord-Ouest présente le même aspect que de l'Est. Aujourd'hui il fait beau, la forteresse apparaît dans son développement. Au fond, on aperçoit les longues croupes terreuses des montagnes du Sud. Le campanile de l'église est dans le style chinois. L'église est elle-même en style chinois, le maître autel est gothique; il a été dessiné par le Père De Moerloose dont nous avons déjà rencontré les œuvres en pays de Péking et de Suan hoa fou. L'église présente une disposition intéressante: Elle dessine une équerre; l'autel est au sommet; un des deux bras est réservé aux femmes; l'autre aux hommes."

图 2-14　小桥畔教堂外观
图片来源：KADOC，C.I.C.M. Archives，folder 21.2.4

檐遮盖的半围合空间非常适合人们在此休息。当地的重要建筑通常采用抬梁式结构来建造大殿的屋架，而采用穿斗式来建造两端山墙部分。由于该地区木材缺乏，当地民众尽量节省大的木料。在一个三架椽或五架椽的屋架建造中，如果它需要一个外廊，人们会增加单步梁来缩短屋架主梁的长度，小桥畔教堂就是运用了这条原则。

圣所的祭台后面共开有 6 个圆拱形窗户，其中 3 个是真实的窗，其他是盲窗。砖墙上装饰有中式图案，一副对联帷幔挂在圣所两侧的柱子上（图 2-12）。室内老照片展示了教堂的陈设（照片从男士使用的中殿面向祭台拍摄），高祭台是这座教堂里最珍贵的家具陈设，并且光线通过上方的亭子倾泻而下，与暗处的中殿形成了强烈的对比。这个哥特式的祭台是和羹柏设计的，1890 年由一位王姓木匠打造，并且这位木匠受训于和羹柏。贺歌南在他的文章中描述了这个祭坛装饰：祭台由一个非常漂亮的圣龛分为两部分，圣龛下是华盖并由饰以尖拱券的柱子支撑。圣龛的左右两侧是镶板，装饰以三开间的两层尖拱券，同样罩于华盖之下。两尊雕像放置在镶板的两端，帷幔上绘有十二位使徒的形象。[①] 毫无疑问，这个祭台的精致程度丝毫不逊于当时的欧洲教堂祭台。不幸的是，这个祭台和其他家具在 1895 年的一次洗劫中被损毁了。[②]

这座祭台下的高台由两部分组成：第一部分是两级踏步高；第二部分由三级木质踏步构成，神职人员可在此跪拜。四根圆柱支撑着祭台上方的中式亭子，六支灯笼和几副楹联悬挂于祭台四周，圣体栏杆被置于圣所和教堂中殿之间。照片的左侧显示，有一个拱券的通道使得神职人员可以走到女士使用的中殿。这张照片也展示

① VAN HECKEN J L. Alphonse Frédéric De Moerloose C.I.C.M.（1858—1932）et son œuvre d'architecte en Chine [J]. Neue Zeitschrift für Missionswissenschaft / Nouvelle Revue de science missionnaire，Immensee：Verein zur Förderung der Missionswissenschaft，24/3，1968：164.

② VERHELST D & NESTOR P（eds.），C.I.C.M. Missionaries，Past and Present 1862—1987：History of the Congragation of the Immaculate Heart of Mary（Verbistiana，4）[M]. Leuven：Leuven University Press，1995：102.

了墙上的图案——模仿砖石彩绘，这种装饰方法造价低廉，在同时期比利时的哥特式教堂中也很常见。

在圣母圣心会的宣教地，有多座人字堂教堂，它们中的大部分都非常简单，甚至简陋，小桥畔教堂可以算是这些人字堂中的精品了。有些小教堂只有一个小塔立在屋顶上，相比而言，小桥畔教堂的这个中式亭子非常精致。王守礼在报告中说：“在这个缺乏资源的地区，这座教堂在每一个人心中都是一座纪念碑。”① 亭子上的装饰都是中国式的图样，除了第一层的窗户，窗框是圆拱的或者说有一点尖拱（透视的误差），每个窗框里有个小玫瑰窗。小桥畔教堂和周边住宅的建造方式非常相似，是一座质朴却装饰精致的教堂。

“本土的”还是“本地化的”？

小桥畔教堂属于圣母圣心会在华第一阶段建筑，它不是由专业建筑师而是由普通传教士设计的，他们并没有受过建筑工程方面的训练，依赖于当地工匠和传统建造工艺。圣母圣心会会刊中常报道的传教士建造住宅的过程，揭示出早期教会建筑的营造是多么不专业，不过是临时搭建。在这样环境下，小桥畔的建设可以说是一个奇迹，这一点要感谢中国的工匠们：房屋结构、传统的中式亭子以及材料的运输都是当地工匠辛苦劳动完成。另外，L 形教堂是对信徒在性别问题的回应，是顺应中国传统习俗的结果。最后，教堂的男士部分朝向南方，这一点是遵从中国建筑传统的，为的是主入口朝南。尽管，小桥畔教堂的质量并不是众多圣母圣心会教堂中最好的，也不是由建筑师设计的，但它独特而有趣的平面布局和内部空间营造，以及亭子的设计都独具匠心，可视为 1900 年之前的优秀建筑案例代表。遗憾的是，小桥畔教堂如今不存在了。从今天的卫星地图上来看，这个夯土的城防体系仍十分清晰，但是内部空空如也。

小桥畔教堂是一个中式的“本土的”天主教堂，不能把它当作“本地化”的中国式建筑。因为本地化的概念在 1920 年代才正式出现，而且是在完全不同的社会环境下产生的，这些变化将在后文中展开论述。

---

① VAN MELCKEBEKE C. Trois Eglises. Missions de Scheut: revue mensuelle de la Congrégation du Cœur Immaculé de Marie [J]. Brussels: C.I.C.M., 1932: 84: “L'église de Siao-k'iao-pan, bâtie en 1887 (il y a presque un demi-siècle) porte très nettement le cachet chinois. Personne ne s'y trompera. Les deux ailes, agrémentées d'une véranda, se rejoignent à angle droit. L'une est réservée aux hommes, l'autre aux femmes. L'autel est placé sous la tour. L'architecture de cette tour rappelle le pagodon quadrangulaire chinois. C'est pour nos contrées déshéritées, une église qui est considérée par tout le monde comme un monument. ”

第三章

西式教堂建筑的勃兴，1900—1920 年代初

1901 年后，在华教会通过西方殖民者与清政府签订的不平等条约（《辛丑条约》），获得大量赔款用于教堂建筑的重建。圣母圣心会也不例外。这时期，中国的港口城市租界已经存在不少西方建筑，更多地表现出西方工业文明的技术成果的输入。然而，传教士们普遍抱有西方本位的文化优越感，在中国的内陆城镇和乡村建起了代表各自国家风格特征的西式教堂，与当地传统建筑形成鲜明对比。

第一节　和羹柏——传教士建筑师及圣路加风格教堂建筑

现有的学术成果中没有关于圣母圣心会会士在华教堂建筑方面的专著，但有一位圣母圣心会建筑师的档案曾被研究过，他就是和羹柏[①]（Alphonse De Moerloose，1858—1932），在中国工作了将近 40 年（1891—1929）。贺歌南于 1968 年发表了一篇有关和

① 和羹柏，1858 年 1 月 11 日出生于比利时 Gentbrugge，1932 年 3 月 27 日卒于比利时 Schilde，1884 年加入圣母圣心会，1884 年晋铎，1885 年派遣来华，1899—1909 年任中蒙古西营子（南壕堑）、高家营子和黄羊滩建筑计划经理，1909—1930 年入北京代牧区并任永平府副本堂，1930—1932 年重入圣母圣心会，退休于比利时 Schilde. VAN OVERMEIRE D（ed.）. 在华圣母圣心会士名录 Elenchus of C.I.C.M. in China [M]. 台北：见证月刊杂志社，2008：124.

羹柏的论文，[①]因此和羹柏的名字进入了比利时国家名录[②]；1983年法国汉学家Francoise Aubin发表了一篇文章涉及和羹柏的速写簿，近期她在*Handbook of Christianity in China*一书的“Christian Art and Architecture”章节中再次提到和羹柏；[③]1994年，Sonja Ulenaers，鲁汶大学汉学系的研究生写了一篇关于和羹柏的硕士论文[④]。近年来，也有中国学者的论文关注塞北的教堂建筑，但是尚未提及和羹柏这位著名传教士建筑师。

和羹柏在中国北方建造了大量新哥特式和新罗马风式教堂建筑，不仅仅服务于圣母圣心会，还服务于遣使会、熙笃会、耶稣会等修会，时至今日仍然有作品留世。本章将重点讨论以和羹柏为主的圣母圣心会传教士设计的在华教堂建筑。和羹柏在1900年前后在塞北地区建造了大量的教会建筑，其中包括教堂、礼拜堂、神学院、修道院、住宅等。通过资料收集和实地调研发现，仅有少量建筑经历战争幸存下来。即便是西方建筑专家，第一眼看到他的作品中的档案照片都会认为是在比利时拍摄的，因为建筑样式及规模几乎一模一样，唯一的区别是，在华教堂的照片背景往往是连绵的山脉，而比利时地势相对平坦，没有高山为背景。这些建筑与19世纪下半叶的比利时佛兰德斯地区哥特复兴式建筑十分相像。通过整理KADOC收集到的档案和老照片，以及实际调研获取的第一手资料，本书将对和羹柏的建筑作品进行新的解读。感谢近三十年来国际国内专家学者们对传教士在华生活的研究，以及涌现出的19世纪哥特复兴式建筑的研究成果，以此为基础分析这位传奇的传教士建筑师的职业生涯，将帮助我们了解这种特殊建筑风格在长城以北地区出现的原因。

比利时中产阶级天主教建筑师[⑤]

和羹柏1858年11月1日出生于根特市近郊的Gentbrugge，他是家族中第十个，

---

① VAN HECKEN J L. Alphonse Frédéric De Moerloose C.I.C.M.（1858—1932）et son œuvre d'architecte en Chine [J]. In：Neue Zeitschrift für Missionswissenschaft / Nouvelle Revue de science missionnaire，Immensee：Verein zur Förderung der Missionswissenschaft，24/3，1968：161-178.

② VAN HECKEN J L. Moerloose，Alfons Frederik de，missionaris en architect. In：Nationaal biografisch woordenboek，5[M]. Brussels：Koninklijke Vlaamse Academieën van België，1970：581-586.

③ AUBIN F. Un cahier de vocabulaire technique du R.P. A. De Moerloose C.I.C.M.，missionnaire de Scheut（Gansu septentrional，fin du XIXe siècle）" [J]. In：Cahiers de linguistique. Asie orientale，12/2，1983：103-117. http：//www.persee.fr/web/revues/home/prescript/article/clao_0153-3320_1983_num_12_2_1137 [2012-12-20]；AUBIN F. Christian Art and Architecture. In：TIEDEMANN R G（ed.）. Handbook of Christianity in China. Volume 2：1800 to the Present（Handbuch der Orientalistik. 4. Abt.：China；15/2）[M]. Leiden：Brill，2010：733-741.

④ ULENAERS S. Alphons Frederik De Moerloose C.I.C.M.（1858—1932）[D]. master thesis in Orientalism，University of Leuven，1994（unpublished）.

⑤ COOMANS T & LUO W. Exporting Flemish Gothic Architecture to China：Meaning and Context of the Churches of Shebiya（Inner Mongolia）and Xuanhua（Hebei）built by Missionary-Architect Alphonse De Moerloose in 1903—1906. In：Relicta. Heritage Research in Flanders [J]. 9，2012：219-262.

也是最小的孩子，这是一个天主教的法语中产阶级家庭。[①] 和羹柏的父亲曾经是一位石匠，后来成为工程承包商，并且作为议员参与 Gentbrugge 市政建设。家里的孩子都参与到西佛兰德斯工业城市——根特市的家族建筑工程中去：两位哥哥古斯塔夫·慕罗斯（Gustave de Moerloose）和西奥多·慕罗斯（Théodore de Moerloose），后来也成为工程承包商，还有他的姐夫爱德华·艾荷瓦日（Edouard Van Herrewege）也如此。和羹柏的长姐凯米莉·慕罗斯（Camille De Moerloose）嫁给了建筑师费迪南德·诺耶（Ferdinand de Noyette）[②]，在其夫死后又嫁给了他的兄弟默德斯特·诺耶（Modeste de Noyette），也是比利时哥特复兴运动中非常著名的建筑师，他们在佛兰德斯地区设计建造了大量的市政和教会建筑。[③] 毫无疑问，这个拥有天主教信仰的建筑世家深深地影响了年轻的和羹柏。家庭的每一个成员都是非常虔诚的天主教徒：和羹柏成为圣母圣心会的传教士，他的一位姐姐成为修女，三个侄子也是某修会成员。[④]

1881 年，和羹柏加入圣母圣心会，那一年他 23 岁，并且已经学习了很多建筑知识。在入会前两个月，1881 年 8 月 7 日，他获得圣路加学校[⑤]第五年级设计竞赛的第一名。[⑥] 在那个年代，圣路加学校的建筑教育基本学制是七年，有夜校和周末课程。白天，和羹柏可能会在家族的工程公司工作，课余时间去圣路加学校学习。圣路加的学生完成前四年的学习就能够掌握绘画、分析建筑元素和家具的部件，学习过比利时当地的著名建筑案例，并且学习了其他理论课程，如几何、透视、材料等。在后续的三年中，学生要在老师的工作室中学习建筑设计，很多人会留在老师的工作室继续工作。最优秀的学生将允许进入第八年，然后获得“Great Prize”完成全部的学业。圣路加学校除了建筑专业外，还开设有绘画、雕塑、装饰艺术等，这些科目

---

① Jean-Baptiste De Moerloose（1812—1886）; Marie-Thérèse De Jaeger（1813—1889）.

② Ferdinand de Noyette（1838—1870）设计建造了新哥特式的教堂如 Gentbrugge 的 St. Simon 与 Judas 教堂（1868—1872），Haaltert 的 St. Goriks 教堂（1870—1872）.

③ Modeste de Noyette（1847—1923）设计建造的新哥特式教堂：Eeklo 的 St. Vincent 教堂（1878—1883），Gentbrugge 的 St. Simon 和 Judas 教堂（1868—1872），Aalst 的 St. Joseph 教堂（1868—1908），Ronse 的 St. Martin 教堂（1891—1896），Eeklo 的 St. Anthony of Padua（1903—1906），和 Arlon 的 St. Martin 教堂（1907—1914）。见 VAN LOO A（ed.）. Dictionnaire de l'architecture en Belgique de 1830 à nos jours / Repertorium van de architectuur in België van 1830 tot heden [M]. Antwerp：Mercatorfonds，2003：257.

④ Coralie 成为 Third order of St. Francis 的修女。另外一个姐姐 Cécile De Moerloose，嫁给了 Edmond Meuleman，他是 Brice Meuleman S.J.（1862—1924），Calcutta 总主教（1902—1924）的兄弟.

⑤ 也有译作圣吕克学校，本译文参照天主教的译法。

⑥ KADOC，圣路加建筑学校档案，prijsboek：42："7 Augustus 1881. Uitdeling der prijzen aan de leerlingen der Tekenschool van St. Lucas（...）5de jaar-1e jaar van Compositie-Het programma van den kampstrijd was een ontwerp voor het bouwen eener hosftede. De 1ste prijs is behaald geworden door Mr Alfons De Moerloose. Twee 2de prijzen zijn ook toegewezen aan Mm Edouard Dubois en Prosper Van Caillie. 1ste Accessit Mr Van Wassenhove en Gustaaf Vanderlinden."

也同样都以中世纪和国家标志性艺术作品为范式。和羹柏修完了基本的建筑课程以及第一年的设计课程。这五年的课程包括：项目的细部设计：房屋、乡村教堂、别墅、农场、学校、小型火车站，以及预算、各种类型的柱式、水彩渲染、铅笔和墨线图等；其他课程：国家标志性建筑的历史、绘制施工情况表格、各种各样的合同，以及雕刻。① 以上是和羹柏所经受的建筑培训，他获得农场及周边建筑设计的一等奖更说明了他对所学知识的掌握程度，以及他本人在建筑方面的才华。② 从第六年的课程开始，圣路加学校的学生们会学习更加精致的建筑设计，如城堡、大教堂、医院、室内市场等；还有技术知识，如何用金属材料建造房子、如何建造基础等；他们还学习不同风格之间的比较，以及整合绘画、雕塑、装饰艺术的风格与建筑协调一致。

根特圣路加建筑学校，是一座艺术和手工艺学校，由天主教教宗绝对权力主义者成立于 1862 年③，在约瑟夫·海明天（Joseph de Hemptinne）伯爵④、天主教艺术家让·白普缇斯·比顿（Jean-Baptiste Bethune）男爵、艺术教育家马瑞·约瑟夫·鲍（Marès-Joseph De Pauw）⑤ 及学校同仁的不断努力下，直到 1870 年代才得到业界的公认。他们的教学非常激进地反对美术学院的古典范式，提倡基于考古学知识的中世纪艺术，尤其是具有比利时独特风格的中世纪哥特式建筑，并认为是现代天主教社会的唯一范式，⑥ 且被比顿男爵在学校教育中进一步强化。如同中世纪的武士，圣路

① 马瑞·约瑟夫·鲍（Brother Marès-Joseph）详细制定了这些教学计划，并且部分作品于 1884 年在伦敦展出，见 WOUTERS W. *Broeders en Baronnen. Het ontstaan van de Sint-Lucasscholen* [M]. *In*: *De Maeyer Jan*（*ed.*），*De* Sint-Lucasscholen en de Neogotiek 1862—1914，（KADOC Artes，5），Leuven：University Press Leuven，1988：208；DUJARDIN C. The Saint Luke School Movement and the Revival of Medieval Illumination in Belgium（1866—1923）. in：COOMANS T & DE MAEYER J（eds.）. The Revival of Medieval Illumination. Nineteenth-Century Belgium Manuscripts and Illuminations from a European Perspective.（KADOC Artes，8），Leuven：University Press Leuven，2007：276.

② 和羹柏的六份设计作业曾在布鲁塞尔展出。Catalogue. Exposition scolaire des Frères des Écoles chrétiennes et des Académies de Saint-Luc，1882，15，n°13："J. De Moerloeze".

③ "天主教教宗绝对权力主义"（Ultramontanism）是罗马天主教的一种趋向，它坚持教宗在所有等级制度的权力至上。

④ 约瑟夫·海明天（Joseph de Hemptinne）伯爵是一位教宗绝对权力主义者，也是一位资本家。

⑤ 马瑞·约瑟夫·鲍（Marès-Joseph De Pauw）是 Institute of the Brothers of the Christian Schools（F.S.C.）的辅理修士。

⑥ DE MAEYER J（ed.）. De Sint-Lucasscholen en de Neogotiek 1862—1914 [M].（KADOC studies，5），Leuven：University Press Leuven，1988；VAN CLEVEN J（ed.）. Neogotiek in België [M]. Tielt：Lannoo，1994；DE MAEYER J.The Neo-Gothic in Belgium. Architecture of a Catholic Society [C]. in：DE MAEYER J & VERPOEST L（eds.）. Proceedings of the Leuven Colloquium，7-10 November 1997（KADOC Artes，5），Leuven：University Press Leuven，2000：29-34；BERGMANS A，COOMANS T，DE MAEYER J. Arts décoratifs néo-gothiques en Belgique / De neogotische stijl in de Belgische sierkunsten. in：LEBLANC C（ed.）. Art Nouveau et Design：175 ans d'arts décoratifs en Belgique / Art Nouveau & Design：Sierkunst van 1830 tot Expo 58 [M]. Brussels-Tielt：Lannoo and Racine，2005：36-59；DUJARDIN C. The Saint Luke School Movement and the Revival of Medieval Illumination in Belgium（1866—1923）[M]. in：COOMANS T，DE MAEYER J（eds.）. The Revival of Medieval Illumination. Nineteenth-Century Belgium Manuscripts and Illuminations from a European Perspective.（KADOC Artes，8），Leuven：University Press Leuven，2007：268-293.

加的学生被训练成“基督的战士，用自己的笔、刷子、凿子为基督教王国的胜利而战”，通过传播能够表现天主教真理的风格，圣路加学校的艺术家成为在现代自由主义社会中天主教的“十字军”。[①] 这种非常激进的意识形态是基于英国建筑师奥古斯都·威比尔·诺斯摩尔·普金[②]（Augustus Welby Northmore Pugin，1812—1852）的理论，1850 年他的理论以法语版在比利时布鲁日发行，且广为流传。[③] 圣路加建筑学校成为正统的学院式艺术院校的强烈对比。[④] 这种非常激进的办学理念刚好反映了当时“天主教教宗绝对权力主义者”与当政的、反教权的、自由党派的交战状态。值得注意的是圣母圣心会和圣路加学校都成立于 1862 年。

在和羹柏就读圣路加学校期间（1876—1881），学校完全在比顿男爵和辅理修士马瑞·约瑟夫·鲍推崇的艺术和教宗绝对权力主义意识形态控制之下。[⑤] 圣路加运动是哥特式艺术的全方位扩展阶段，分别在图尔奈（1877）、里尔（1878）、列日（1880）和布鲁塞尔（1880）成立了新的圣路加学校。在根特，奥古斯特·艾什（Auguste Van Assche）从 1867 年开始指导建筑工作室的设计课程，[⑥] 这位多产的、深受普金（Puginesque）影响的建筑师或许也指导过和羹柏，艾什在自己的设计公司中有不少圣路加学校的实习生，大部分学生到了第五年都会进入老师们设计工作室。艾什也出版了有关他本人修缮教堂的专题著作，他还负责圣路加运动宣传期刊的图释工作。[⑦] 这些圣路加学校的学生一定都参观过老师们在根特附近的工程，如 Sint-Amandsberg 贝居安修女会（1873—1875），根特的 Poortakker 贝居安修女会（1873—1874），Sint-Niklaas 市政厅（1876—1878），朝圣地 Oostakker（1876—1877）的巴西

---

① DE MAEYER J. The Neo-Gothic in Belgium. Architecture of a Catholic Society [M].in：DE MAEYER J，VERPOEST L（eds.）. Gothic Revival. Religion，Architecture and Style in Western Europe 1815—1914（KADOC Artes，5），Leuven：University Press Leuven，2000：29-34.

② 奥古斯塔·威比尔·诺斯摩尔·普金，19 世纪英格兰建筑师、建筑理论家，哥特复兴式建筑风格的杰出代表。他的著作 The True Principles of Pointed or Christian Architecture [M]. London：John Weale，1841 [reprint by The Pugin Society，Spire books，Reading，2003]. 成为哥特式复兴艺术的宣传力作，影响了一代建筑师。

③ PUGIN A W N. The True Principles of Pointed or Christian Architecture [M]. London：John Weale，1841；KING T H. Les vrais principes de l'architecture ogivale ou chrétienne par A.W. Pugin [M]. Bruges，1850；HILL R. Pugin's Churches [J]. Architectural History，49，2006：179-205.

④ DE MAEYER J（ed.）. De Sint-Lucasscholen en de Neogotiek 1862—1914 [M].（KADOC studies，5），Leuven：University Press Leuven，1988.

⑤ VERPOEST L. De architectuur van de Sint-Lucasscholen：het herstel van een traditie. in：DE MAEYER J（ed.）. De Sint-Lucasscholen en de Neogotiek 1862—1914 [M].（KADOC studies，5），Leuven：University Press Leuven，1988：219-277.

⑥ Auguste Van Assche（1826—1907），见 VAN LOO A（ed.）. Dictionnaire de l'architecture en Belgique de 1830 à nos jours / Repertorium van de architectuur in België van 1830 tot heden [M]. Antwerp：Mercatorfonds，2003：547.

⑦ Bulletin de la Gilde de Saint-Thomas et de Saint-Luc（1863—1913）；其他有关圣路加运动的杂志有：RAC 1857—1914，BMA 1901—1913.

利卡，以及根特的 St. Joseph 教堂（1880—1883）。Eeklo 的 St. Vincent 教堂（1878—1883）（由和羹柏的姐夫默德斯特・诺耶设计建造）。比顿男爵在 Maredsous 设计的修道院（1872—1890）及 Roubaix 的 St. Joseph 教堂（1876—1878）也是在那个年代设计建造的。史蒂芬·莫尔捷[①]（Stephan Mortier），朱勒·格塔尔斯[②]（Jules Goethals），皮埃尔·朗热罗克[③]（Pierre Langerock），以及亨利·格聂[④]（Henri Geirnaer），是另外四位根特出生的圣路加学校毕业的著名建筑师，他们与和羹柏活跃在同一个时代，对于传播圣路加学校的哥特复兴式建筑风格作出了巨大贡献，所不同的是，和羹柏活跃在中国，而另外四位在比利时。

作为一个在工业化城市根特长大的年轻人，和羹柏成长在一个最复杂、最令人兴奋的社会、政治、宗教群体里。他的才华加上在圣路加学校专业、严格的训练，以及圣路加学校自身形成的社会网络，促成了他不同寻常的专业背景。然而，为什么他会突然中断自己的建筑学习，离开家人和朋友，成为一名传教士，并且希望去中国工作，至今尚不得而知。

和羹柏神父在华建筑活动概述[⑤]

1885 年，和羹柏出发去中国，当时的身份是作为一名传教士传播福音，而不是建筑师（图 3-1）。与大部分同年代派出的圣母圣心会会士们一样，他对中国的了解非常有限，脑子里充满了先辈们将福音传播到蒙古高原的英雄事迹，他们拯救了许多孤儿，自己却在非常年轻的时候就去世。许多会士在出发前，都会在布鲁塞尔的照相馆留下一张穿着清朝官服的肖像照片，存在修会的档案里。在那个缺衣少穿年代，在自然环境恶劣的内蒙古高原，很难想象和羹柏竟然在那里生活了 44 年，开启了自己作为建筑师的职业生涯，并且受到多个修会的广泛欢迎。直到 1929 年，和羹柏退休回到比利时，他已经是一位 71 岁高龄的老人。当我们阅读他的书信[⑥]时发现，他

---

① 史蒂芬・莫尔捷（1857—1934），1877 年毕业，见 VAN LOO A（ed.）. Dictionnaire de l'architecture en Belgique de 1830 à nos jours / Repertorium van de architectuur in België van 1830 tot heden [M]. Antwerp：Mercatorfonds，2003：428.

② 朱勒・格塔尔斯（1855—1918），1877 年毕业，见 VAN LOO A（ed.）. Dictionnaire de l'architecture en Belgique de 1830 à nos jours / Repertorium van de architectuur in België van 1830 tot heden [M]. Antwerp：Mercatorfonds，2003：320.

③ 皮埃尔・朗热罗克（1859—1923），1881 年毕业，见 VAN LOO A（ed.）. Dictionnaire de l'architecture en Belgique de 1830 à nos jours / Repertorium van de architectuur in België van 1830 tot heden [M]. Antwerp：Mercatorfonds，2003：387.

④ 亨利・格聂（1860—1928），1881 年毕业，见 VAN LOO A（ed.）. Dictionnaire de l'architecture en Belgique de 1830 à nos jours / Repertorium van de architectuur in België van 1830 tot heden [M]. Antwerp：Mercatorfonds，2003：315.

⑤ COOMANS T & LUO W. Exporting Flemish Gothic Architecture to China：Meaning and Context of the Churches of Shebiya（Inner Mongolia）and Xuanhua（Hebei）built by Missionary-Architect Alphonse De Moerloose in 1903-1906 [J]. In：Relicta. Heritage Research in Flanders. 9，2012：219-262.

⑥ 目前共收集和羹柏神父写于 1885—1929 年间的信件 110 封，其中 100 封保存在 KADOC，其他的由家族成员保存。

图 3-1 和羹柏肖像，拍摄于比利时布鲁塞尔，1885 年出发来中国之前
图片来源：KADOC，C.I.C.M. Archives，individual folder 60

努力将个人生活与周围的环境相适应，并且他在宗教生活与建筑工作之间找到了一种平衡，他的使命是一名传教士，他期待在教会与难以渗入的中国社会、文化和人之间，找到一种满足内心的生活方式。

1885 年，和羹柏一到中国就被派往甘肃宗座代牧区，这个教区是由罗马传信会在 1878 年创建的，并且委托给圣母圣心会管理。在西乡停留一年之后，和羹柏学习了一些基础的中文，法国汉学家奥班发表的一篇文章，介绍了和羹柏在中国学习中文的情况。[①] 图中可见由于和羹柏的建筑及绘画基础功底，他在书写中文时，字写得非常工整。他在甘肃的最初几年并没有真正从事建筑设计工作，而是在该省的几个乡村和城市之间传教，[②] 但是他注意观察了中国建筑的营造方式，并且抱怨修会现在使用的教堂质量太差，他本人也在修会的期刊上发表文章介绍圣母圣心会在华的教会建筑

① AUBIN F. Un cahier de vocabulaire technique du R.P. A. De Moerloose C.I.C.M., missionnaire de Scheut (Gansu septentrional, fin du XIXe siècle) [J]. Cahiers de linguistique. Asie orientale, 12/2, 1983: 103-117. http: //www.persee.fr/web/revues/home/prescript/article/clao_0153-3320_1983_num_12_2_1137 [2012-12-20]

② 根据 VAN HECKEN J L. Alphonse Frédéric De Moerloose C.I.C.M. (1858—1932) et son œuvre d'architecte en Chine [J]. In: Neue Zeitschrift für Missionswissenschaft / Nouvelle Revue de science missionnaire, Immensee: Verein zur Förderung der Missionswissenschaft, 24/3, 1968: 163. 和羹柏在以下几座城市和乡村间从事传教工作：凉州（今甘肃省武威市，1886 年 10 月），新城镇（1887 年 9 月），庆阳府（今庆阳市）和三十里铺（1888 年 3 月）。

情况。[①]1893年，由于他所在教区的三十里铺村需要建设一座新教堂，于是他有机会在中国设计第一座圣路加风格的哥特式建筑。[②]他在甘肃的艺术创作活动非常有限，据目前已知档案显示，他的作品除三十里铺教堂外，仅限于其他小型的附属建筑和教堂里的家具。[③]

1898年方济众出任中蒙古的宗座代牧，他改变了和羹柏的人生。方济众是1888—1898年圣母圣心会总会会长，由于他在会祖南怀义去世后的卓越贡献，被公认为“圣母圣心会第二位创始人”。方济众来到中蒙古代牧区，对自己即将开展的工作非常有激情，其中包括建设工作。因此，1899年2月方济众将和羹柏从甘肃调来西湾子——中蒙古宗座代牧区的总部，准备为宗座代牧区建设一座带有礼拜堂和住所的神学院。由于当时时局动乱，西湾子在一位比利时军官的带领下组织了防卫，逃过一劫，它的幸存使之成为圣母圣心会成功的象征。由于方济众欧洲中心论的思想和他对中世纪建筑的偏好，和羹柏的建筑才能终于得到了充分展现的机会。通过阅读方济众与和羹柏的往来书信，可以追查到一部分建筑师的工作，如建筑师在几个工地之间实地监察，停留在北京和天津购买建材，其他神父和修会邀请他设计建筑，永远无法摆脱的财政困难，以及恶劣的气候等在华建设时遇到的一系列问题。

想要详尽地整理出和羹柏设计的全部建筑目录是非常有挑战性的，本研究比贺歌南的研究将更加深入，因为加入了建筑史学的研究方法，实地调研收集了大量第一手资料，挖掘出新的档案，并且近年来有更多的有关圣母圣心会的研究出版。但是，进行个案研究仍旧困难重重，第一是缺少档案，除了前文提到的信件和照片外，圣母圣心会的档案里从未找到设计方案图纸，尽管档案馆已有比较详尽的目录提供线索查找，[④]但是没有为建筑图纸建档，圣母圣心会在华档案在离开

---

① DE MOERLOOSE A. Construction, arts et métiers, au Kan-sou et en Chine. Revue illustrée des Missions en Chine et au Congo[J]. Scheut-Brussels: C.I.C.M., 34, November 1891: 532-538; DE MOERLOOSE A. Arts et métiers en Chine: les menuisiers, maçons et forgerons, tours et remparts. Revue illustrée des Missions en Chine et au Congo[J]. Scheut-Brussels: C.I.C.M., February 37, 1892: 3-8.

② VAN HECKEN Joseph, “Alphonse Frédéric De Moerloose C.I.C.M. (1858—1932) et son œuvre d'architecte en Chine”, *Nouvelle Revue de science missionnaire*, 24/3, 1968: 162-165; ULENAERS Sonja, *Alphons Frederik De Moerloose* C.I.C.M. (1858—1932), [D], master thesis in Orientalism, University of Leuven, 9-16.

③ VAN HECKEN J L. Alphonse Frédéric De Moerloose C.I.C.M. (1858—1932) et son œuvre d'architecte en Chine [J]. In: Neue Zeitschrift für Missionswissenschaft / Nouvelle Revue de science missionnaire, Immensee: Verein zur Förderung der Missionswissenschaft, 24/3, 1968: 164-165. 和羹柏绘有草图的书信写于1892年4月20日（KADOC, C.I.C.M. Archives, F.Bis.I.De Moerloose）.

④ Leuven, KADOC, C.I.C.M. archives. Inventory: VANYSACKER D, VAN ROMPAEY L, BRACKE W, EGGERMONT B & RENSON R (eds.), The Archives of the Congregation of the Immaculate Heart of Mary (C.I.C.M.-Scheut)(1862—1967), 1995.

中国时全部遗失，尽管和羹柏也为其他修会设计了很多建筑，但是这些修会的档案目前也未能查找；[①] 第二个原因是确认地名是无法逾越的难题，早期传教士用的是韦氏拼音，再夹杂上当地的方言，使得这些小村子的名字非常难以辨认，无法为其定位；第三个原因是难以确认书信中提到的建筑是否仍然存在，对于圣母圣心会曾经活动地区的调研，交通上非常不便，特别是河北省的某些山区和内蒙古北部大青山以北的地区，即便驱车前往也需要经历较长时间，且许多建筑被多次改造过，外观上难以辨认，寻找和识别需要花费较多时间以及丰富的经验。除建筑以外，和羹柏为教会建筑设计了不少哥特式家具，遗憾的是，这些早年的家具全部遗失。[②] 他为圣母圣心会设计的最重要的建筑就是西湾子和大同的神学院，遗憾的是它们都毁于战争，南壕堑的神学院至今仍有部分保留。和羹柏设计的小型或者中型教区教堂、学校、育婴堂、传教士住所、慕道者住所等，反映了圣母圣心会不断增加的教友以及他们生活上的需求。在中国，神学院是本地修士接受教育和培训的中心，他们的老师都是欧洲来的传教士。因此，神学院是文化交流的重要场所，直到 1920 年代初，不论建筑还是课程设置都是欧洲模式。[③] 和羹柏设计的神学院是典型的圣路加学校推行的哥特式建筑风格，砖砌的阶梯状山墙，每个开间饰以布鲁日窗构开间系统（Bruges bay），[④] 这些建筑带给比利时人一种非常熟悉的外观形象，就像直接从比利时佛兰德斯地区搬来的一样。布鲁塞尔近郊的圣母圣心会神学院，在 1890—1896 年间建设完成，也是相同的哥特式风格，所有的修士入会后都在这里接受教育。[⑤]

和羹柏在建筑设计方面的声誉很快传到圣母圣心会之外，许多其他欧洲修会都邀请他设计教堂或者修道院。1903—1906 年间，他为遣使会（Congregation of the Mission）设计了河北宣化教堂，后来成为主教座堂（图 3-2），目前仍作为教堂使用，维护状况良好，他为熙笃会（Cistercian Order of the Strict Observance）的僧侣在

① 熙笃会档案保存于法国的 Sept-Fons 修道院；遣使会档案保存在巴黎的遣使会档案馆；耶稣会保存在法国的 Vanves.

② DIEU L. La mission belge en Chine.（2nd ed.）. Brussels：Office de Publicité，1944：45：“la plupart de ces bourgs avaient de belles églises bâties par le P. Demoerloose. La vie de piété était profonde；partout les écoles de garçons et de filles étaient bien organisées et régulièrement fréquentées.”

③ 从 1920 年代早期罗马教会开始在欧洲以外推行文化融合、本地化艺术的计划，1921 年开始建设的大同修道院是在中国开设的第一座天主教总修院。见 SOETENS C. L'église catholique en Chine au XXe siècle [M]. Paris：Beauchesne，1997，68-71 and 85-87.

④ 布鲁日窗构开间系统（Bruges bay）是一种非常典型的佛兰德斯中世纪晚期的砖构建筑的做法：立面装饰以每开间相同的或相似的垂直方向的柱子加上几层窗户，末端以拱券收尾的砖饰体系，非常精致。

⑤ Revue illustrée des Missions en Chine et au Congo[J]. Scheut-Brussels：C.I.C.M.，1901：284-289.

图 3-2 宣化遣使会教堂，后成为主教座堂
图片来源：KADOC，C.I.C.M. Archives，individual folder 60

图 3-3 杨家坪熙笃会修道院礼拜堂
图片来源：KADOC，C.I.C.M. Archives，individual folder 60

杨家坪（今属河北省涿鹿县）设计建造了一座修道院（图 3-3）。[①]1908—1910 年间，和羹柏为永平府（今河北省卢龙县）设计建造了新的主教座堂及其他附属建筑（图 3-4），有趣的是这些建筑形象也出现在欧洲的一些漫画书中，如海尔特·萨特（Geert de Sutter）的漫画。和羹柏的建筑风格是纯粹的西式风格，满足了西方修会在中国彰显自身文化的心理需求，符合他们的欧洲中心论思想，以展示西方本位的文化优越感。

---

① 杨家坪圣母神慰院见 JEN S. The History of Our Lady of Consolation Yang kia ping [M]. Hong Kong，1978；BELTRAME QUATTROCCHI P. The Trappist Monks in China [C]. in：HEYNDRICKX J（ed.）. Historiography of the Chinese Catholic Church，Nineteenth and Twentieth Centuries（Leuven Chinese Studies，1）. Leuven：Ferdinand Verbiest Foundation，Leuven University Press，1994：315-317；LIMAGNE A. Les Trappistes en Chine [M]. Chine：de Gigord，1911.

图 3-4　永平府遣使会主教座堂
图片来源：KADOC，C.I.C.M. Archives，individual folder 60

和羹柏的主要身份是传教士，并且属于一个传教修会，曾经有一段时间，由于他的牧灵工作越来越多，个人生活也需要一定的时间和空间，导致他很难将这些与建筑工作协调进行。在杨家坪他为自己找到了非常高质量的隐修生活，杨家坪位于河北省涿鹿县附近的大山中，和羹柏在这里设立了一个工作室，包括一个绘图设计工作室和制作模型的工作间。冬季在这里绘制设计图纸，春夏季从杨家坪出发巡视附近正在建造的建筑。他感到在这个偏远山谷里的修道院生活和工作非常放松，使他感到舒适。和羹柏希望在这座修道院的工作室安静地从事建筑设计工作。从他的书信中可知，他与修会会长的关系越来越紧张，因为会长给和羹柏在偏远的黄羊滩安排了非常繁重的传教工作，这使他无法兼顾建筑设计与巡视工作。在经历了与修会管理者长期的争论和彻底的失望后，和羹柏于 1909 年 12 月选择离开圣母圣心会，[①] 后来隶属于北京宗座代牧区，服务于遣使会的主教，长期与隐修士们生活在杨家坪。那时他已经 51 岁，并且他的身体状况每况愈下。

在 1910 至 1920 年代之间，和羹柏建了几座规模非常大的哥特式教堂，特别是在为北京的遣使会服务期间。1914 年在他写给哥哥的信中讲道："我是这个修会的建筑师，并且我总是有新的建筑要设计。现在工程已经开始了，我必须在几个工地之间穿梭，以便控制整个工程。这不是件简单的事情，因为所有的工人都是中国人，

① ULENAERS S. Alphons Frederik De Moerloose C.I.C.M.（1858—1932）[D]. master thesis in Orientalism，University of Leuven，1994（unpublished）：19-23.

但是最终这些工程都进展下去了。"[①]1917 年建成了双树子教堂（图 3-5），[②] 可以看作是和羹柏神父离开圣母圣心会后完成的最漂亮的工程。这些工程都在总主教刚恒毅（Celso Benigno Luigi Costantini，1876—1958）开始执行罗马教会新的本地化天主教教会的政策实施之前完成。[③] 在 1924 年 8 月 28 日和羹柏写给他朋友的一封信中提到他正在设计正定府[④]（今河北正定县）和福州[⑤] 两处主教座堂，两座规模宏大的哥特式主教座堂，另外还有上海的两座教堂和杨家坪熙笃会修道院的一个侧翼。[⑥] 他在讲到上海的杨树浦教堂时，特别指出它是一个"真正的佛兰德斯式教堂"（parochiekerk，echt Vlaamsch）。[⑦] 作为一位 66 岁的老人，在身患重疾康复后，能主持如此多的建筑工程非常令人敬佩。

1924 年和羹柏受邀为上海近郊的朝圣地设计一座巴西利卡——进教之佑圣母大殿，地点位于佘山之顶。1868 年耶稣会曾在这里建了第一座教堂，后来成为圣母玛利亚的朝圣地。1924 年几乎全中国的主教都参加了中国天主教第一届代表会议，会议决议将建设一座新的教堂来恢复这处朝圣地。和羹柏第一次设计了一座纯粹的圣路加哥特式教堂，但是没有被接受。第二次，他改变了纯粹的建筑风格，设计成中世纪早期罗马风和晚期哥特式风格的折中主义混合式。第二个方案基本被接受，

---

① 和羹柏家族档案，1914 年 4 月 23 日和羹柏写给哥哥约瑟夫的信："Il y a plus de quatre mois que je réside dans la grande ville de Pékin，comme vous le savez je suis l'architecte des missions et j'ai toujours des plans à faire pour tous côtés. Maintenant tout cela est en construction，il faut voyager de tous côtés pour aller examiner les travaux et ce n'est pas chose facile car tous mes ouvriers sont chinois，mais cela marche."

② 双树子教堂于 2009 年烧毁，只留下两座塔楼，2010 年 3 月调研时为一片烧毁后的废墟，2011 年 5 月实地调研时发现在原址建设了一座可容纳上百人的教堂。LICENT É. Comptes rendus de dix années（1914—1923）de séjour et d'exploration dans le bassin du Fleuve Jaune，du Pai Ho et des autres tributaires de Golfe du Pei Tchou Ly [M]. 3 vol.，Tianjin：Librairie Française，1924：457-459 and Pl. 22；Le Bulletin catholique de Pékin [J].monthly，Beijing：Imprimerie des Lazaristes du Pei-t'ang，1931：96-99；VAN HECKEN J L. Alphonse Frédéric De Moerloose C.I.C.M.（1858—1932）et son œuvre d'architecte en Chine [J]. In：Neue Zeitschrift für Missionswissenschaft / Nouvelle Revue de science missionnaire，Immensee：Verein zur Förderung der Missionswissenschaft，24/3，1968：161-178.

③ CHONG F. Cardinal Celso Costantini and the Chinese Catholic Church [J]. Tripod，Hong Kong：Holy Spirit Study Centre，28/148，2008（http：//www.hsstudyc.org.hk/en/tripod_en/en_tripod_148_05.html [2013-01-10]）；TICOZZI S. Celso Costantini's Contribution to the Localization and Inculturation of the Church in China [J]. Tripod，Hong Kong，28/148，2008（http：//www.hsstudyc.org.hk/en/tripod_en/en_tripod_148_03.html [2013-01-13]）.

④ 正定府主教座堂建于 1924—1925 年，受荷兰籍遣使会士，宗座代牧弗朗西斯科·许贝特斯·舒文（Franciscus Hubertus Schraven）之邀设计，目前部分建筑尚存。

⑤ 福州主教座堂，受葡萄牙籍多明我会会士、宗座代牧弗朗西斯科·阿吉雷·穆尕（Francisco Aguirre Murga）之邀设计。

⑥ KADOC，C.I.C.M.，T.I.a.14.3.2. 1924 年 8 月 28 日和羹柏写给 A. Van de Vyvere 的信："Ik heb tegenwoordig in gang de Kathedraal van Chang ting fu，die van Fou chow，groote gothieke Kathedraal en twee kerken in Shanghai，daarbij nog het Trappisten klooster."

⑦ 同上："K'heb voor de Yang tze poo een plan gemaakt voor [een] parochiekerk，echt Vlaamsch，pater Verhaeghe helpt mede."

图 3-5　双树子村遣使会教堂
图片来源：KADOC，C.I.C.M. Archives，individual folder 60

工程从 1925 年开始直至 1935 年结束，拱券和屋顶的部分都采用了预应力混凝土。葡萄牙籍耶稣会神父叶肇昌（Father Dinitz）负责施工。和羹柏神父从未见过建成后的佘山教堂（图 3-6），他于 1929 年底启程返回比利时。

1928 年由总主教刚恒毅授予和羹柏“为教会和教宗”（Pro Ecclesia et Pontifice）十字架，一份非常珍贵的奖励。[①] 然而，这是一件矛盾的事情，派驻中国的宗座代表在推动本地化中国艺术，而和羹柏自始至终都坚持圣路加风格的哥特式建筑导则。和羹柏在有关中国基督教艺术方面与本地化中国文化有过非常激烈的争辩，在当时他的行为招致很多批评。也许是他在华设计建筑的卓越贡献，使他获得了这枚珍贵的十字架。

一、凉城教堂

凉城[②]教堂是一座保存比较完好的建筑，仍然用作堂区教堂，名为基督圣体圣血堂。特别的是，这座教堂分两期建设，时间间隔 20 年左右，不仅在规模上扩大，

---

① VAN HECKEN J L. Alphonse Frédéric De Moerloose C.I.C.M.（1858—1932）et son œuvre d’architecte en Chine [J]. In：Neue Zeitschrift für Missionswissenschaft / Nouvelle Revue de science missionnaire，Immensee：Verein zur Förderung der Missionswissenschaft，24/3，1968：176-177.

② 凉城在圣母圣心会的文献经常以“香火地”这个名字出现，香火地在文献中被拼写成 Hang.houo.ti，Siang-houoti 等多种拼写方式。

图 3-6　佘山圣母进教之佑教堂
图片来源：作者拍摄于 2011 年 6 月

风格和使用上也发生较大变化。起初教堂建设于 1904—1908 年，由和羹柏神父设计并监造。它由一个带双侧廊的中殿、耳堂、唱诗楼、洗礼所和一个西端的钟塔构成。教堂的二期，大约建于 1920 年代，建筑师不详，在一期的耳堂旁又增加了更大的带有侧廊的翼部和多边形的圣所。教堂的扩建是为了满足数量不断增长的教友的需求，两次建造都使用相同的砖和金属板覆盖屋面，外观看上去考虑了新老建筑之间的协调关系，仔细分辨能够看出两个不同时期建筑的不同做法，观察整座建筑的室内装饰会发现有较大区别。凉城教堂向我们展现了从一个纯粹西式小教堂发展成为中西结合式建筑的过程，后期使用了较多中式元素，其平面的布局方式暗示了性别分隔因素对其二次扩建的影响。

建筑背景

凉城县位于内蒙古平原南部，现在是一座人口 23 万的小镇，位于乌兰察布市以西 95km，距离岱海 17km。一百年前，凉城名叫香火地，隶属于乌兰察布盟。这个村子有关基督教的历史可以追溯到1750年，一群来自山西的教友来到大抢盘村（凉城的一部分），至1850年，这里大约有250位教友，并且建了一座小礼拜堂。[①] 直到1880年代圣母圣心会会士才来到凉城，选择两个地方设立堂口：一处叫作旧堂，另一处是位于井沟乡的人字形小堂及神父住所，都在凉城的近郊。[②] 本书讨论的教堂现于凉城县新华街和102省道的交叉口东北侧，整座建筑长轴为南北朝向，主入口朝南。

1900年之后，教会收到清政府根据条约支付的赔款，便立刻开始了重建工作。岱海区有十位欧洲传教士和五位中国籍神父。1899—1905年间，教友和慕道者的数量都急剧增加。出现了许多天主教村落，并且为其配套建设了许多教堂、礼拜堂、学校、住所、育婴院等。比利时档案中心中圣母圣心会档案里有关凉城的内容非常少，作者两次前往凉城实地考察，收集到大量实物资料。

教堂一期：1904—1907 年

和羹柏神父曾在自己的信中提到香火地教堂，也就是今天的凉城教堂。他在1903年10月6日的信中向宗座代牧解释道：圣母圣心会的省会会长要求他为香火地设计一座教堂，[③] 与此同时，杨家坪熙笃会修道院的建设工程占去了他大部分的时间。在1904年5月22日的信中，他提到自己要去香火地和中蒙古代牧区的其他的几处工地视察施工进展。[④] 两张凉城教堂的照片刊登在1908年的 *Missions de Chine et du Congo*，说明当时教堂已经完工（图 3–7）。[⑤] 通过书信和已刊登的照片，将凉城教堂的建设限定在1904年和1908年之间（图 3–8）。[⑥] 另外还有一张保存在档案馆的老照片展示了扩建后的凉城教堂（图 3–9），遗憾的是没有发现任何当时的室内照片。

尽管凉城教堂向北扩建，钟塔和洗礼所有所改变，通过实地近距离观察能够识别和羹柏设计的教堂一期部分，并且根据现场测绘重绘了建筑平面（图 3–10，平面

---

① 张彧，汤开建．晚清圣母圣心会中蒙古教区传教述论 [J]. 中国边疆史地研究，17/2，2007：116.

② 目前这两座教堂仍然用作堂区教堂，作者于2010年3月参观了两处教堂，井沟乡当年的神父住宅目前用作贺龙纪念馆。

③ KADOC，C.I.C.M. archive，P.I.a.1.2.5.1.5.14，1903年10月6日和羹柏写给方济众的信：“(...) De même le T.R. Père Provincial pour Hang.houo.ti；les R.P. Vonke pour Tsi.sou.mou et Hustin pour Sabernoor. Je suis occupé pour La Trappe (...) .”

④ KADOC，C.I.C.M. archive，P.I.a.1.2.5.1.5.14，1904年5月22日和羹柏写给方济众的信：“(...) Je suis revenu de l'ouest mercredi passé. À Hiang.houo.ti，je n'ai pas trouvé le Jao.chenn.fou；la lettre adressée au Père Hustin sera restée à Chabernoor pendant son absence；il était allé à T'ouo.tching (...) .”

⑤ Revue illustrée des Missions en Chine et au Congo[J]. Scheut–Brussels：C.I.C.M.，1907：176–177.

⑥ ULENAERS S 在其硕士论文中提到凉城教堂，并且指出是1904年建设，ULENAERS S. Alphons Frederik De Moerloose C.I.C.M. (1858—1932) [D]. master thesis in Orientalism，University of Leuven，1994：48 & annex 1 (1.1.2) .

图 3-7 凉城教堂的南立面和西立面
图片来源：Revue illustrée des Missions en Chine et au Congo[J]. Scheut-Brussels：C.I.C.M.，1908：176-177

图 3-8 凉城教堂一期
图片来源：KADOC，C.I.C.M. Archive，folder 17.4.4.5

图 3-9 扩建后的凉城教堂
图片来源：KADOC，C.I.C.M. Archive，folder 17.4.4.5

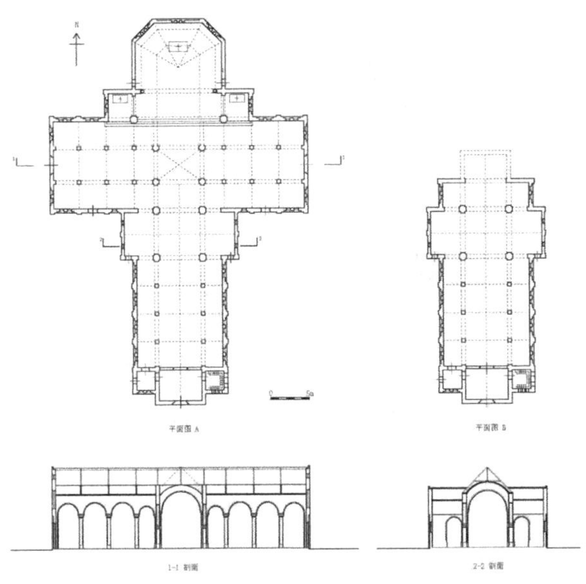

图 3–10　凉城教堂平面和剖面
图片来源：罗薇绘制，Thomas Coomans 协助，2011 年

图 3–11　凉城教堂中殿室内
图片来源：作者拍摄于 2011 年 5 月

图 A、B）。教堂的主入口、洗礼所和钟塔都布置在南端的第一个开间，中殿四开间，带有双侧廊，正方形的十字交叉部分两侧为耳堂，[①] 圣所和侧廊延长线上的两个小圣堂位于底端。一期的北侧末端目前无法判定它的原始形状，因为在教堂向北扩建时，这部分被拆除了，没有老照片拍摄到这个位置，平面图绘制时假设老圣堂为规则的矩形平面。南侧主入口立面内侧是一个门廊，楼上为唱诗楼，东侧为正方形的钟塔，并且有楼梯通往唱诗楼，西侧的正方形房间用作洗礼所。教堂的原始规模可以从老照片上得知，扩建后面积增加了两倍以上。新的耳堂更宽、更高，体量远远超过了一期，从而形成真正的十字形两翼。原有的一期耳堂比教堂中殿低许多，目前状态下看上去像两个侧面小圣堂（图 3–10，平面 B）。

教堂一期内部长 27m，宽 11m，中殿宽 5.5m。根据老照片和教堂内部的比例，可假设圣所跟中殿是同宽的，侧边的小圣堂与侧廊同宽。四个最大的石柱及其上半圆拱券撑托起十字形交叉拱，中殿的两排石柱撑托起上部的墙体和木筒拱结构的天花板，侧廊处的单坡屋顶也是木结构的。侧廊高 6.60m，中殿拱顶高 8.20m，中殿的拱廊高 6.70m（图 3–11）。中殿拱顶在每个开间之间和十字交叉拱处都有木勒装饰，正中央的位置还有十字形图样的木构件（boss）。调研时教堂正在修缮

① 在扩建了新的十字形两翼之后，这里的门失去了原有的功能，并且被封堵。

图 3-12 凉城教堂，从西南侧看教堂的一期、二期耳堂
图片来源：作者拍摄于 2011 年 5 月

图 3-13 比利时鲁汶 Groot Begijnhof 某建筑屋顶的砖砌斜压顶和铁扒锔
图片来源：作者拍摄于 2010 年 1 月

翻新，故未能登上屋顶观察拱顶与屋顶之间的结构，根据西方建筑的习惯，通常是木结构的三角形屋架体系。两侧廊木结构屋顶用金属拉杆外加铁扒锔[①]来加固（图 3-12、图 3-13）。建筑墙体厚 50cm，通过外墙壁柱加强其结构的稳定性。

教堂的主入口向南设置，两个侧门位于一期的耳堂处，南立面是新罗马风式的构图，正门上方一个巨大的玫瑰窗，两侧小圆窗各一。教堂所有的窗户都是不同直径大小的半圆拱形或者圆形。在玫瑰窗与大门之间，连续的半圆拱形饰带被分为三部分，其下墙面内凹，并且开有四个装饰用的射击孔洞（图 3-14）。相似的连续半圆拱形饰带还设计在沿侧廊外墙、耳堂外墙和钟塔的位置，主要起装饰作用，这种饰带看上去与罗马风时期的“Lombard bands”非常相似。侧墙的每个开间有两个圆拱形窗户，一个圆形高侧窗，高侧窗两侧设有射击孔洞，但仅有其形，并未开洞

① 铁扒锔为在外墙立面上沿山墙布置的铸铁构件，用来从外部锚固里面的铁拉杆，通常做成简单的花式图案，对立面也能起到一定的装饰作用。

图 3-14　凉城教堂主立面
图片来源：Thomas Coomans 拍摄于 2011 年 5 月

图 3-15　凉城教堂西立面
图片来源：作者拍摄于 2011 年 5 月

图 3-16　凉城教堂，从西南侧看教堂的一期、二期耳堂
图片来源：作者拍摄于 2011 年 5 月

（图 3-15）。南侧主立面的三角形山墙用石板及三角形石块来压边，其作用是防水和保护内部的木结构。五个铁扒锔及拉杆用来加固内部的木结构和山墙。耳堂的山墙采用的是砖砌的斜压顶，这种砌法好处主要是防雨和防渗水，这种斜砌砖的方式在圣母圣心会的建筑上非常常见，来自于传教士的祖国——比利时，这种砌筑方式不仅用在宗教建筑上，世俗建筑也很普遍，在实地调研过程中，可简单地用它来识别圣母圣心会建筑师设计的建筑（图 3-12、图 3-13）。

南立面右侧的钟塔，上半部分在“文革”期间被拆毁，下半部分装饰有半圆形拱券饰带和三个小窗户（图 3-14）。钟塔在南侧和东侧开有装饰性射击孔，是中世纪建筑遗留的痕迹。老照片显示，钟塔被毁的部分是一个八边形截面的筒体，而钟塔现存的部分是正方形截面，其间通过叠涩的砌法将四边形转化成八边形（图 3-16）。八边形筒体的部分，上方为钟室，开有很多窗洞口，内部安装反声板，便于钟声向远方传播。钟楼里面的楼梯和楼板都已经消失了，但是通过外墙的开窗仍能推测出它们的大概位置。钟楼的屋顶是一个八边形的锥体，每个斜面装饰一个小尖塔，它们可用作通风排气，钟塔的细部装饰为教堂勾勒出非常漂亮的轮廓线（图 3-8）。老照片上显示，砖砌围墙环绕着教堂、住所和育婴院。院子正门设在两个带有锥形尖顶的柱子之间，但是被砖块堵住，两旁的侧门顶部装饰有两层的垛口，做工细致。

教堂一期使用的是 30/30.5cm × 15cm × 5.8cm 的灰砖砌筑，一顺一丁式，砌工整齐。为了节约材料，降低成本，墙体的厚度根据其位置的不同而异：窗户四周一砖厚，墙基厚 1.5 砖，壁柱伸出墙面部分 2 砖厚。在墙体与屋檐的交接处悬挑出墙面半砖厚，这样易于固定木结构屋顶的木料（Wood plate）。建筑细部的转角砖做成 45° 的抹角。石材在使用上非常节制，主要用在中殿的柱子、门窗框和过梁上。柱子都是正方形的，四角有 45° 的抹角，上部是带有曲线装饰的矩形柱头。石柱粗糙的外表显示，这是一种非常坚硬的石材。在比利时当地，人们多使用红砖来砌筑房子，其中一个原因是石材不易获得，需要从南部山区通过运河将石材运到施工地点，成本较高，因此当地人形成了爱好红砖的审美趣味，仅在非常重要的建筑物上使用石材。

教堂一期属于和羹柏的典型作品，这些教堂中殿和门窗上圆拱的使用，多边形平面转换的钟塔，都表明其来源于佛兰德斯地区中世纪的罗马风砖石建筑，这种形状的钟塔经常用在 13 世纪佛兰德斯教堂的十字交会处。[①] 对于圣路加运动一个重要的参考便是，奥古斯特 · 艾什在 Deinze 重修的圣母堂（图 3-17、图 3-18），十字交叉处的上部高耸起尖塔，塔身从正方形过渡为八边形。[②] 当和羹柏还是一名圣路加学校的学生时，类似的方案、测绘图有很多被用在学校的教材上。[③] 这种中世纪塔的形

① DEVLIEGHER L. De opkomst van de kerkelijke gotische bouwkunst in West-Vlaanderen gedurende de XIIIe eeuw [M]. Bulletin de la Commission royale des Monuments et des Sites，5，1954：179-345. 如比利时 Aarsele，Heist，Moere，Rollegem，Stalhille，Wenduine，Westkapelle，Zande 等地的小教堂 .

② VAN ASSCHE A. Monographie de l'église de Notre-Dame à Deinze [M]. Ghent：Stepman，[no date].

③ LANGEROCK Pierre & VAN HOUCKE Alphonse，*Anciennes constructions en Flandre / Oude bouwwerken in Vlaanderen* [Ancient buildings in Flanders] [J]. Ghent：Stepman，1/1881，2/1882，3/1887，4/1888.（如 Ronse 的 St. Martins 教堂，Eksaarde 的圣母堂，Belsele 的 St. Andrew 教堂）

图 3-17　比利时 Deinze，圣母教堂侧立面
图片来源：VAN ASSCHE A. Monographie de l'église de Notre-Dame à Deinze，Recueil d'églises du Moyen Âge en Belgique 2

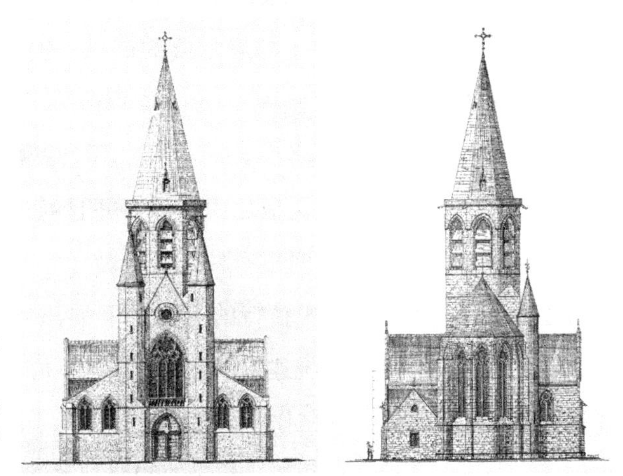

图 3-18　比利时 Deinze，圣母教堂主入口立面和圣所一侧立面
图片来源：VAN ASSCHE A. Monographie de l'église de Notre-Dame à Deinze，Recueil d'églises du Moyen Âge en Belgique 2

象成为 19 世纪东、西佛兰德斯区域性的象征。大约 1860—1914 年间，这种类型被比顿男爵和他的追随者推广到整个比利时。[①] 在和羹柏的作品当中，这种钟塔应用并不多，通常情况下他选择使用更为简单的正方形截面钟楼，如永平府的主教座堂和双树子村的遣使会教堂（图 3-4、图 3-5）。显然凉城钟塔形体处理上更加美观，可见当有合适的机会时，和羹柏希望把建筑设计得更加精美，虽然它有可能仅仅是一个乡村小堂。

教堂二期：1920 年代的扩建

教堂扩建的原因在于不断增加的教友，老教堂太小难以容纳众多教友共同参

① Bethune 男爵设计的有在 Marke、Courrière，和 Maredsous 的教堂（tower unbuilt）。其他：在安特卫普、Mariakerke，和 Schelderode 的 St. Eligius 教堂，根特的 St. Joseph 教堂，等等。

加宗教仪式，这种罕见的耳堂加建方式，其中一个原因可归结到对性别分隔的考虑，男士就座于教堂的中殿，女士就座于十字两翼。这样做既可扩建教堂，又可保证老教堂在扩建期间仍能继续使用。通过分析教堂的细部可知扩建发生在1920年代，由于缺少相关档案，仅发现一张没有注明日期的老照片，[①] 故无法准确提供任何关于建造年代和扩建时建筑师方面的信息。教堂一期的北端在扩建时被拆除，中殿向北继续延长，扩建的部分与老教堂中殿高度相同，保证了室内空间的延续性。新建的十字形两翼分别带两个侧廊，加宽至四个开间，新的十字交会处也一并建成，基本是上原有教堂面积的两倍（图3–10，平面A）。新的十字两翼宽3.30m，中殿处宽4.70m，四个十字形截面的石柱从柱础升起直达高侧窗顶部，撑托起巨大的石柱头和石拱券，交会中心处采用十字交叉拱。十字形两翼的大厅与中殿侧廊之间是连续的拱廊，其上侧墙支撑着木质的筒拱，侧廊6.6m高，中殿筒拱高8m。扩建部分的石柱尺寸与老教堂中一模一样（0.47m×0.47m，0.8m×0.8m），唯有十字交会处的柱子比老教堂的略小8cm左右。新十字侧翼向北继续加建了面积更大的多边形圣所。圣所处的天花板比中殿低，并且通过三个连续拱券将其与十字交会处分开，在连续拱下省去两根石柱，使得教堂中殿和两翼能获得通往祭台更好的视线（图3–19）。这种形式独特的三连拱下端都装饰有一个刷成红色的石雕垂莲（图3–20）。垂莲是中国传统建筑里常用的装饰，尤其是在内外院落之间的垂花门上，显然此处是中国工匠设计制作的。除了屋顶结构上的划分外，三级高坛台阶将圣所和中殿、两翼的铺地区分开来。新建的侧翼与教堂一期的中殿同长，新圣所与一期的中殿加上侧廊同宽。在十字交会处，屋顶上竖立着带有十字架的小尖塔（图3–9），目前替换为中式小亭子（图3–12）。

扩建后的立面参考老教堂设计，但是比例却不尽相同，也是后人辨别新老建筑的线索（图3–15）。立面由两层窗户组成，第一层是弧拱形窗户和圆拱形门，第二层是圆拱形窗户。新十字翼部的山墙不是规整的三角形，而是折线形的（非真正意义上的举折），尽管如此山墙两端仍旧使用斜砌的砖压顶。它的两个主入口分别位于两翼山墙中间的大圆拱下，其上饰有四叶形木棱的圆拱窗。主入口两侧是大弧拱砖饰下两排小弧拱窗。十字两翼在南侧的第二个开间另有一个侧门可供进出，保证了侧翼主立面构图的完整性。即便如此，加建的部分努力与老教堂建筑风格保持一致，但在细节处理和比例控制上略显笨拙，显然出自非职业建筑师之手。

---

① KADOC，C.I.C.M.，17.4.4.5.

图 3-19　凉城教堂室内从圣所看中殿和耳堂
图片来源：作者拍摄于 2011 年 5 月

图 3-20　凉城教堂内部垂莲柱头（左）
图片来源：作者拍摄于 2011 年 5 月
图 3-21　凉城教堂室内装修，正在将塑料板安装在侧墙裙（右）
图片来源：作者拍摄于 2011 年 5 月

新的十字两翼和圣所都建于 1920 年代，它的扩建为的是满足容纳迅速增加的教友，老教堂侧翼很小，不能用来分隔男女之用，早期男、女可能分前、后就座于中殿，中间由圣体栏杆隔开。侧墙上没有门，由于男、女不能同时经过同一个门进入教堂中殿，当时人流进出需分先后。扩建后的教堂，男、女就座完全分开，并且可以从不同的门同时进入教堂参加仪式，至此空间和人流都达到了很好分隔。

损坏和重修

没有史料记载圣母圣心会何时离开凉城，很可能在 1946—1955 年间。同大部分中国教堂一样，里面原有的家具都遗失了，部分钟塔也被拆除。作者于 2010 年 3 月调研时，整座建筑外观都重修过，粉刷了外墙，蓝色的金属板屋顶分外显眼，中式亭子安放在十字交会处，南侧主立面的钟塔和洗礼堂为了取得视觉上的平衡而改为同高（图 3-14）。当 2011 年 5 月再次探访凉城教堂时，本堂神父和当地教友正在重新装修室内，墙体下部安装了塑料板材，并且重新将教堂室内粉刷成白色（图 3-21）。在一些尚未被覆盖的墙面上，发现写有繁体的汉字和彩色的饰带，这些都是早期教堂的装饰。这次翻新的工作是在教友和神职人员极大热情下进行的，但是他们没有建筑遗产保护常识，也没有专业的技术指导。这些塑料板材贴在墙面后，很可能使墙体下部更加容易受潮而发霉，那些原始的文字和图案信息也将被覆盖。凉城教堂属于县级文保单位，但就其建筑质量和建筑规模来看不亚于城市中的近代小教堂，或可将其作为近代建筑遗产而得到更好的保护和保存。

二、舍必崖教堂

舍必崖教堂是一座保护良好，至今仍在使用的乡村小教堂。选择舍必崖教堂作为案例研究有三个原因：其一，它是和羹柏神父在 1904—1905 年设计建造的非常精致的乡村小教堂；其二，这座教堂变动最小，基本保持原貌；[①] 其三，教堂的内部空间设置回应了性别分隔的传统。在 KADOC 的 C.I.C.M. PICTURES 相册中寻得一张室内照片和三张室外照片。在南怀仁中心的圣母圣心会档案里发现两张室外照片。和羹柏与宇嗣安（Arthur Hustin，1872—1952）、桂广仁（Jozef Arckens，1874—1955）和王达文（Henri Van Damme，1852—1906）三人有关舍必崖教堂的书信可在 KADOC 的圣母圣心会档案中查到。作者于 2010 年 3 月和 2011 年 5 月两次探访舍必崖，收集到大量实物信息。[②]

背景

舍必崖村在圣母圣心会文献中记载为 Chabernoor，[③] 位于和林格尔县以西，土默特平原的东南边缘，距离呼和浩特市 60km。该村位于一片平坦且开阔的土地，非常

① 舍必崖教堂北侧窗户处现有一块黑板，上面书写了舍必崖的历史："舍必崖教堂简介：舍必崖教堂位于呼市南七十公里，合林格尔县舍必崖村。建于 1902 年，与教堂同建的有神父住房和婴孩院。1918 年由崇礼县划归绥远教区。1923 年由郝道宾和桂广仁（Arckens Jozef）建男校一所，至 1937 年共收学生 300 多名。1929 年由康神父建大正房 22 间，东西厢房各 7 间，并扩大婴孩院，至 1937 年共收留婴孩 60 余人，为这些无家可归的孩子提供了住所。1945 至 1949 有樊守信神父主持教务。1966 年'文化大革命'被迫关闭，停止一切宗教活动。1980 年政府落实宗教政策，返还教产，从此教友们又过上了正常的宗教生活。1995 年由张支亮神父任本堂，现由朱凤臣神父接任。2007 年 8 月 5 日。"

② 2010 年 3 月和 2011 年 5 月 27 日两次探访舍必崖，并进入教堂内部拍摄照片。有关舍必崖教堂的部分内容已发表，COOMANS T & LUO W. Exporting Flemish Gothic Architecture to China：Meaning and Context of the Churches of Shebiya（Inner Mongolia）and Xuanhua（Hebei）built by Missionary-Architect Alphonse De Moerloose in 1903—1906 [J]. Relicta. Heritage Research in Flanders. 9，2012：219-262.

③ 在圣母圣心会的文献里舍必崖也被拼作 Shabor-noor / Chabornoor / Sabernoor / Chaber noor.

适合耕作。圣母圣心会的聚居地位于村子主街的北侧，四周有院墙环绕。这个院落目前仅有两座建筑：教堂和神父住所。它们都不是真正的南北朝向，而是东南—西北朝向，很显然这座神父住所是后期重建的建筑。

舍必崖村是圣母圣心会在中蒙古代牧区非常典型的乡村堂口，教会购买土地、开挖沟渠、给教友家庭分配土地耕种等，[①] 还为当地的孩子提供基础教育，并在教友间施行天主教的婚姻政策，天主教家庭很快就发展壮大起来，并且与村中的非教友村民分开居住。据统计，舍必崖附近有不少于 95 个村子都依赖它提供服务，传教士们需要在分散距离较远的辖区内巡回服务。[②] 像舍必崖这样的教堂旁边，在当年通常还会有神父的住所、路德石洞、学校、育婴堂等。因为当地的农民都非常贫穷，尤其是女孩子常常在出生后就被抛弃。圣母圣心会传教工作中非常重要的一部分就是创办育婴堂，照看孤儿，也是会祖南怀义来中国传教的主要目的。在育婴院，孤儿被收养并且施洗，由在教会服务的贞女抚养长大。[③] 当这些孩子长大成人后，她们会跟信仰天主教的男士结婚，在天主教的村落里组建她们的家庭。圣母圣心会管辖期间，这里的农民安居乐业，龚永照（Conrad Eyck，1867—1910）让整个村子供奉圣本尼迪克特，并且将村子命名为"Saint-Benoît"。[④]1903 年以后，舍必崖的教友迅速增多，而后增建许多建筑，至 1937 年新建的学校已招收 300 名男童，育婴堂收留了 60 名孤儿。

保存最完好的小教堂

和羹柏神父在 1904—1905 年间设计建造了舍必崖教堂，由于地处偏远乡村，后来未受到人为和战争的破坏（图 3-22），1966 年关闭直到 1980 年收归教会。1903 年 10 月 6 日，和羹柏写给宗座代牧的一封信中抱怨说："目前的工作太多，已经超过了自己的负荷。"而且列举了向他索要教堂图纸的村落名字，提到宇嗣安（Arthur

① ZHANG X H，SUN T & ZHANG J S. The Role of Land Min Shaping Arid/Semi-Arid Landscapes：The Case of the Catholic Church（C.I.C.M.）in Western Inner Mongolia from the 1870s（Late Qing Dynasty）to the 1940s（Republic of China）[J]. Geographical Research，47/1，2009：24-33.

② LIEVENS S. The Spread of the C.I.C.M. Mission in the Apostolic Vicariate of Central Mongolia（1865—1911）. A General Overview [C]. VANDE WALLE W & GOLVERS N（eds.）. The History of the Relations between the Low Countries and China in the Qing Era（1644—1911）（Leuven Chinese Studies，14）[M]. Leuven：Leuven University Press，2003：317.

③ HUSTIN A. Mongolie Centrale. Quelques détails sur l'œuvre de la Sainte-Enfance. Revue illustrée des Missions en Chine et au Congo[J]. Scheut-Brussels：C.I.C.M.，1905：249-254.

④ KADOC，C.I.C.M.，P.I.a.1.2.5.1.5.20；1899 年 9 月 8 日和 1900 年 1 月 14 日 C. Eyck 写给方济众的信："déjà maintenant je remercie de tout cœur pour l'autorisation de pouvoir honorer ce bon saint comme patron secondaire de la chrétienté et l'église de Chabernoor，village que nous appellerons dorénavant Chabernoor St. Benoît."

图 3-22 舍必崖教堂南立面
图片来源：KADOC，C.I.C.M. Archives，glass plates，chine 058

Hustin，1872—1952）要求他为舍必崖设计一座教堂。① 宇嗣安是舍必崖的新本堂神父，1904 年 2 月，宇嗣安仍然在等待和羹柏的教堂图纸，并且变得越来越焦躁，因为他必须开始安排其他工作了。② 对比后发现，舍必崖教堂的最终图纸其实是高家营子教堂的翻版（图 3-23）。高家营子教堂是和羹柏在 1900 年代初设计建造的，调研时发现如今在原址上建起了一个更大的教堂，并且据当地村民说，拆除老教堂时，它的基础仍然非常坚固。1904 年 3 月在和羹柏写给方济众的信中再次提到要为舍必崖设计教堂。③ 宇嗣安在 1904 年 5 月 21 日写给方济众的信中提及他将收到和羹柏设计的教堂图纸。④ 这封信清楚地给出了有关施工安排的重要信息：大约一百多位工人从外地赶来参加教堂的建设，包括烧砖工人、石匠、木匠等。烧砖工人们在教堂

---

① KADOC，C.I.C.M.，P.I.a.1.2.5.1.5.14. 1903 年 10 月 6 日和羹柏写给方济众的信："（...）Le R.P. Lemmens（procureur）est chargé de la reconstruction de l'église d' XXIV tsing ti [Ershisiqingdi] et me demande des plans. De même le T.R. Père Provincial pour Hang.houo.ti；les R.P. Vonke pour Tsi.sou.mou et Hustin pour Sabernoor（...）."

② KADOC，C.I.C.M.，P.I.a.1.2.5.1.5.27. 1904 年 2 月 14 日宇嗣安写给方济众的信："（...）J'attends toujours le plan de l'église de Kao Kia ing Tzen. Ce retard est assez désagréable. Car c'est le moment d'acheter les matériaux. J'écris encore au Père De Moerloose et je vous serais bien reconnaissant，si vous aviez la bonté de l'avertir. Peut-être le Père De Moerloose n'attend-il qu'un mot de Votre Grandeur（...）."

③ KADOC，C.I.C.M.，P.I.a.1.2.5.1.5.14. 1904 年 3 月 9 日和羹柏写给方济众的信："（...）S'il faut ajouter à cela Tai.hai，Chabernoor，Tsi.sou.mou，Pe.hoa kou etc.，il y aura suffisamment de besogne pour cette saison（...）."

④ KADOC，C.I.C.M.，P.I.a.1.2.5.1.5.27. 1904 年 5 月 21 日宇嗣安写给方济众的信："（...）À mon retour，ici，le courrier était parti et je trouvais une lettre du R.P. Provincial m'invitant à aller avec le Yao chenn fou au Tai.hai pour voir le Père Architecte qui trop pressé ne pouvait venir jusqu'ici. J'avais un courrier à San.kai pour appeler le Yao chenn fou qui nous arriva le mercredi veille de l'Ascension. Le vendredi je partais avec lui pour Tai.hai où nous arrivions le samedi à midi pour n'y point voir le P. De Moerloose qui pressé était parti la veille en envoyant les plans à Chabernoor. Père Yao restera quatre ou cinq jours au Tai.hai pour mettre le R.P. Provincial au courant puis reviendra ici pour la même chose. Pour moi，le mardi je remontais à cheval，il faisait trop mauvais le lundi，et le mercredi à 11 heure du matin j'étais à Chabernoor，l'après-midi les fondations étaient commencées（...）."

图 3-23 高家营子教堂南立面
图片来源：KADOC，C.I.C.M. Archives，glass plates，chine 261

基地附近建了砖窑，并且开始烧制。而其他的工人则在现场等待图纸，未及时开工。由于和羹柏本人负责多个建设项目，难以抽身来舍必崖，宇嗣安请来了和羹柏的助手姚正魁[①]师傅。姚正魁是一位中国工匠，受过和羹柏的训练，参与过高家营子教堂的建设，非常有经验，能看懂图纸，了解构件尺寸，能安排工匠们工作。从 1904 年 5 月 22 日和羹柏的信中，可以推断他已经将设计好的图纸送往舍必崖，所以工程可以及时开工。[②]和羹柏说："如果工匠们能够按照他图纸上的要求来建造，这将是一个令人非常喜欢的教堂。"这些话也同时表明，他本人不会来舍必崖亲自监督这个工程，所以指派姚正魁代表他来辅助监督施工。与此同时，和羹柏住在高家营子村，正在设计南壕堑的神学院，并且定期去宣化教堂和杨家坪熙笃会修道院视察工程建设。

对一位西方传教士来说操控在塞北地区的建筑工程的施工是一件非常有挑战性的事情，因为当地的教会组织需要提供或者购买建筑材料，支付工人工资，安排工人们食宿等。拿制砖来说，首先烧砖工人要在当地建起砖窑，然后制好土坯砖，晾干后放入砖窑，还需要准备足够的木材，最后才是烧制。[③]用来覆盖屋顶的金属板通常需要

---

① 姚正魁，外文文献中拼写为 Yao chen fou，意为姚师傅。

② KADOC，C.I.C.M.，P.I.a.1.2.5.1.5.14. 1904 年 5 月 22 日和羹柏写给方济众的信："(...) Je suis revenu de l'ouest mercredi passé. À Hiang.houo.ti，je n'ai pas trouvé le Yao.chenn.fou；la lettre adressée au Père Hustin sera restée à Chabernoor pendant son absence；il était allé à T'ouo.tching. J'ai remis tous les plans et renseignements nécessaires au R.P. Provincial. Si l'on suit les données，il y aura une église convenable (...) ."

③ SCHMETZ J. Mongolie centrale：les occupations d'un curé missionnaire [J]. Revue illustrée des Missions en Chine et au Congo[J]. Scheut-Brussels：C.I.C.M.，17/6，1905：125："(...) cette année j'ai dû concentrer tous mes efforts à la reconstitution de Sapeul，(...) . La besogne en perspective est effrayante，par manque d'argent d'abord，et puis parce que ces constructions en briques – on les veut ainsi pour la solidité – demeurent un travail incroyable，en un pays où les beaux édifices sont en terre gâchée."

从天津购买，然后用火车运输到就近的城市。[①] 舍必崖教堂中石材使用并不多，尽管如此，需要在附近的采石场购买石料，并且运送至施工现场，再由石匠们进行雕刻加工。

根据中国人的传统习俗，建筑主入口通常朝南。目前的舍必崖教堂四周环绕围墙，院子主入口在北侧，与教堂在同一中轴线上。教堂本身的主入口在南侧，如果信众们从北侧院门进入，他们先看到的是圣所的后墙，这不符合教堂的使用习惯。老照片是从教堂南侧拍摄的（图 3-22），原来的院门应与村落的主街相通，所以老的院子正门应该在南侧，面向村落的主街。在目前北侧大门的地方也就是主轴线的北端，曾经有一座附属建筑，现已不存。原有的院子有两个大门，分别在东、西院墙上，它们是经过精心设计的，有三角形的山墙作为门头。教友们通过这两个大门进入教堂所在的小院，男、女可分流。

舍必崖教堂的设计非常简单，中殿七开间，两侧有侧廊，圣所也是非常规则的四边形（图 3-24），一个非常大的圆拱窗。教堂的主立面没有门廊，中殿部分的外墙突出于主立面，强调出主入口的位置。教堂没有钟塔，也没有耳堂，老照片上显示屋顶上曾经有一个小尖塔。教堂内部空间总长 26m，宽 11m，中殿宽 5.5m，圣所深 4m，与中殿同宽，但是高度上低于中殿，一个圆拱形高坛拱券将圣所与中殿分隔开。两排正方形截面的石柱，共 12 根，靠近祭台的两根石柱支撑起半圆拱券，将中殿与侧廊分隔开（图 3-25）。拱券之上是高窗的侧墙，这些高侧窗都比较矮，其上又撑托起锤式屋架。双坡屋顶上部的木结构被横梁和天花板遮挡。侧廊是非常简单的单坡顶，内部的横梁裸露在外。侧廊高 5.5m，中殿天花板高 8.45m，中殿侧墙的拱券高 4.7m。教堂外墙厚 47cm，壁柱突出外墙的部分也是 47cm。拉杆与铁扒锔一起加固了中殿和侧廊的屋顶结构（图 3-26、图 3-27）。

祭衣所依附在圣所的东侧，通过墙上的痕迹可知，应有另外一个小房间与祭衣所对称布置，目前已拆除。舍必崖教堂所有的窗框都是半圆拱形的，只是大小不同而已，圣所的北侧高窗已被封堵（图 3-27），目前通过两侧的两个小高窗采光，至 1930 年代许多西方传教士抱怨冬季太冷，后来建造的小教堂北侧极少开设窗户。教堂的主入口上部开有三个高窗，中间的较高大，两侧的略小。侧廊的每个开间都有一个窄窄的窗户，

---

① KADOC，C.I.C.M.，P.I.a.1.2.5.1.5.14. 1903 年 4 月 13 日和羹柏写给方济众的信，有关高家营子：“(...) Il n'y a à craindre que le manque de tôles qui doivent arriver de Shanghai，retard qui occasionnerait une interruption dans les travaux et exposerait la charpente à la pluie et au soleil” . KADOC，Archives C.I.C.M.，P.I.a.1.2.5.1.5.14. Letter of A. De Moerloose to Van Aertselaer，25 October 1901，about his work in Tianjin：“Nous sommes encore en pourparlers pour l'achat du bois et des tôles；comme l'achat est assez important nous nous sommes adressés à plusieurs marchands，il sera impossible de retourner à Pékin demain，je me suis excusé au capitaine Poole pour la réunion de dimanche soir.”

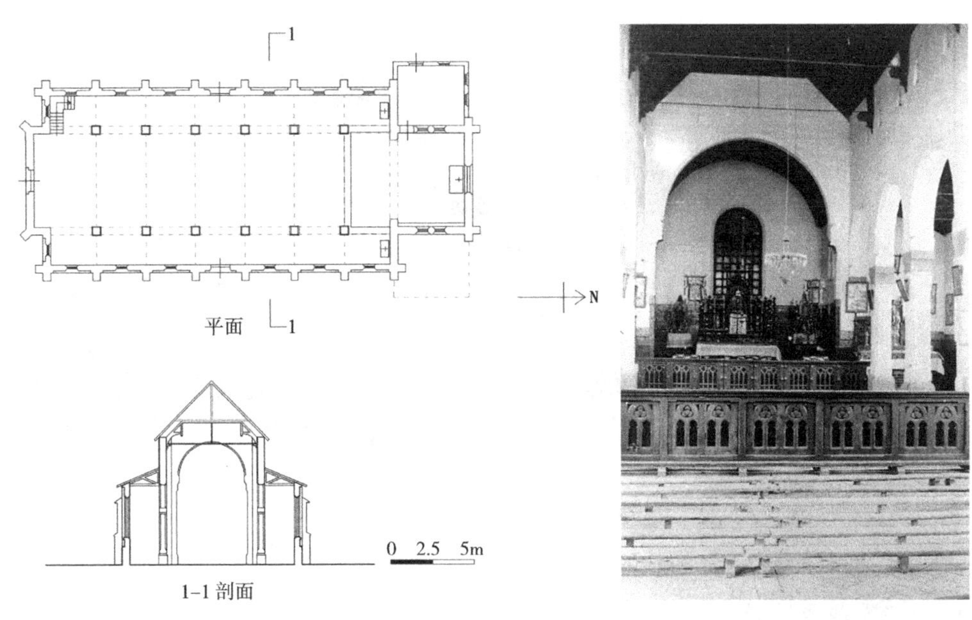

图 3-24 舍必崖教堂平面和剖面
图片来源：作者绘制，Thomas Coomans 协助，2011 年 11 月

图 3-25 舍必崖教堂室内
图片来源：KADOC，C.I.C.M. folder 20.2.13

第四开间不仅有侧门，过梁上方还有两个小窗。舍必崖教堂的高侧窗比较小，每侧 14 个，目前这些被涂刷成棕色的门窗及框都是原始的，并无任何破损（图 3-28、图 3-29）。

舍必崖教堂是在模数制的基础上建成的，其模数跟砖的尺寸 30cm × 14.5cm × 6.5cm 有关，墙体按一顺一丁式砌筑得非常细致。教堂内部，墙体粉刷成白色。为了节省材料，墙体的厚度依它所承担的结构功能不同而厚度不一：窗户四周一砖厚，墙基和壁柱厚出 1.5 砖，壁柱 3 个砖厚（图 3-30）。在墙体与屋檐的交接处，顶部墙体悬挑出墙面 1.5 砖厚，上面放置固定木结构屋顶的木板。门窗转角处的砖都做了 45° 的抹角。石材的使用很有限，主要集中在中殿的柱子和门窗框上，门窗的过梁也用的是石材。柱子都是正方形的，四角有 45° 的抹角，上部是带有小弧度曲线装饰的矩形柱头。室内的柱础都被粉刷了颜色，通过这些粗糙表面可以推测出使用的是某种比较坚硬的砂岩（图 3-28）。正门和边门的门框都用了一种棕红色的石材，还用它做了弧线形的替木，过梁使用的是浅黄色的石灰岩。教堂内部的铺地翻新过，目前使用的是彩色的长方形瓷砖。

如同大多数圣母圣心会的教堂一样，舍必崖教堂的原始家具已全部遗失，目前的家具质量较差（图 3-26）。教堂目前有三个祭台，主祭台布置在圣所，上面摆放着圣体龛，两个小祭台摆放在侧廊尽端靠近圣所的位置，供奉着耶稣圣心和圣女

图 3-26 舍必崖教堂中殿
图片来源：作者拍摄于 2011 年 5 月

图 3-27 舍必崖教堂北立面
图片来源：作者拍摄于 2011 年 5 月

图 3-28 舍必崖教堂侧廊
图片来源：作者拍摄于 2011 年 5 月

图 3-29 舍必崖教堂西侧立面
图片来源：作者拍摄于 2011 年 5 月

路德。圣体栏杆放在中殿的第一和第二开间之间，并且那个位置还设有两级踏步以示分隔圣所与中殿。在教堂的另一端，主入口内侧的上方是一个木质的看台，西侧廊处有楼梯可登临，这些栏杆扶手在修缮中已经被更换。教堂里没有独立出来的洗礼室。从老照片可知，根据当时的性别隔离传统，男士可以从侧门进入，并坐在中殿的前三个开间，距离圣所最近；而女士则通过主入口进入，坐于后三个开间以及看台之上。在第三与第四开间之间是圣体栏杆，用来分隔男女信众（图 3-25）。[①]

① NUYTS J. En tournée à travers le Vicariat. Missions de Scheut：revue mensuelle de la Congrégation du Cœur Immaculé de Marie [J]. Brussels：C.I.C.M.，1938：217；KADOC，C.I.C.M.，P.I.a.1.2.5.1.5.14. 1904 年 2 月 18 日和羹柏写给方济众的信。

图 3-30 舍必崖教堂西立面局部
图片来源：Thomas Coomans 拍摄于 2011 年 5 月

现状

这座经济、实用、精致的小教堂是普金风格或者圣路加风格堂区教堂的典型代表。[1] 如前所述，和羹柏先设计了高家营子教堂（河北省），一座位于高山上的小堂，建于 1902—1903 年，虽然这座教堂已经不存在了，一些照片和信件都为当时教堂建设提供了重要信息。舍必崖和高家营子教堂除了窗户的形状之外，其他方面都非常相似，如同孪生体：舍必崖教堂采用的都是半圆拱形窗，而高家营子教堂采用的是哥特式尖拱形窗户。

本案例是和羹柏设计的小教堂中保存最完好的一座，目前归教会所有，定期举行宗教活动，但是它仍旧需要专业人士对其进行保护和修缮。比如，内部墙面上有些粉刷的墙皮已经剥落，露出内层泥土和麦秸秆的混合物，这些破损的地方在潮湿和干燥交替的气候条件下，不加修缮可能会引起墙体潮湿发霉，进而对内部结构造成更大的损害。屋顶的木结构与比利时的小教堂一模一样，此类建筑的主要木结构需要定期检测和维护，目前教堂尚未列入文物保护单位，未得到专业技术人员的指导。

---

① 这种普金风格类型的小教堂的传播非常广泛，比如爱尔兰 Ballyhooly（Cork）的 Nativity of Blessed Virgin Mary 教堂，建于 1867—1870 年，建筑师是 George C. Ashlin 和普金。HILL R. Pugin's Churches [J]. Architectural History，49，2006：179-205.

三、玫瑰营子教堂——不完全对称的“人字堂”

对于不了解中国传统社会性别隔离传统的西方研究者而言，玫瑰营子教堂无疑是本书所选案例中最为费解的建筑，它是和羹柏设计的唯一一个局部现存的“人字堂”。1904年，和羹柏就设计了这座教堂，基于他的宗教信念，L形教堂不是他主张采用的形制，所以玫瑰营子教堂的建成一定有其他原因。1929年，随着宗座代牧区的调整，新设立了集宁宗座代牧区，玫瑰营子教堂成为该区的主教座堂，[①]毫无疑问这是一座离奇的主教座堂——唯一的哥特式人字堂主教座堂。目前教堂只有一翼尚存，自1980年起重新被用作教堂。[②]档案馆的老照片透露出一些非常有价值的信息，从研究基础的角度来看，深入分析玫瑰营子教堂条件不足：首先是档案资源不全面；其次，需结合老照片并实地考察方能辨析。在2010年3月实地考察了这座教堂，然而笔者并未将其识别，只能判断这里曾经有过一座教堂，由于改造太大无法将它与档案馆的老照片建立起联系。真正解读这座教堂，得益于西塞尔·梅苏里·多普女士（Cécile Masureel-Van Dorpe）提供的陶维新神父寄给比利时家人的照片，它补充了档案馆影像资料的不足，并且通过照片上的文字描述，终于将文字档案中的相关信息与之建立起联系。

圣母圣心会给这个天主教村子命名为Rosary[③]，中文名字叫玫瑰营子，源自该修会推崇的圣母玛利亚的祈祷文。村子位于察哈尔右翼前期的东北部，隶属于乌兰察布市，东距七苏木[④]30km，西距南壕堑[⑤]（也叫作尚义）60km。七苏木区域非常广阔，以至于圣母圣心会将其分为四个天主教教友聚居地，玫瑰营子是其中之一。[⑥]1907年之前，这个宗座代牧区最重要的聚点是南壕堑、平地泉、玫瑰营子和西大山四个村子，它们都发展成了重要的天主教村落。圣母圣心会为移居来的百姓提供了不可或缺的物资和其他资助，如农具、牲畜、种子、住所以及教育等，争取到不少教友。

---

① 1929年察哈尔代牧区被拆分，集宁附近成为本地化政策下第一个由中国神职人员管理的宗座代牧区。

② 玫瑰营神长教友欢度复活节[J].中国天主教，1981（3）：51-53.

③ 玫瑰营子在西方文献中常记载为如下形式：Mei-Kuei-ying-tzeu，Mei-koei-ing-tse，或者Rosary Village.

④ 七苏木也拼写为Ch'i-su-mu.苏木（Sumu）是蒙古语，它的本意是“箭”，目前作为内蒙古的行政区划使用，级别在乡镇和旗之间。

⑤ 七苏木和南壕堑都是圣母圣心会非常重要的传教堂口，和羹柏在这一带活动很多，他曾经在七苏木建了一座朝圣教堂，在南壕堑建了一座神学院。

⑥ VERHELST D & NESTOR P（eds.），C.I.C.M. Missionaries，Past and Present 1862—1987：History of the Congragation of the Immaculate Heart of Mary（Verbistiana，4）[M]. Leuven：Leuven University Press，1995：88.

1929 年 2 月，传信部在这里设立集宁宗座代牧区，作为宗座代牧区的中心，玫瑰营子最重大的变化便是开展了大量的建设工程，如神学院、学校、住宅、孤儿院等。这里还有另外两个宗教修会的修女们与中国神职人员共同工作，她们是献堂修女会和玛利亚方济各传教修女会。[①] 修女们负责学校、新信徒、医务室，并且照看教堂的日常工作，后来她们将自己修会的总部及居住地也设在了玫瑰营子。

和羹柏设计的“人字堂”

陶维新家族照片背面有一段注释：“玫瑰营子教堂坐落于西湾子代牧区，图片只展示了教堂给男人们使用的北翼；女人使用的另一翼与其成直角。这座教堂很大，为大约 3300 位教友使用，他们也相对集中地居住于教堂四周。这座教堂已经建成 20 年了。”[②] 这段注释说明教堂大约于 1906 年建成，这与之前有关和羹柏的书信也提及玫瑰营子教堂的建设时间相吻合。这些老照片清楚地显示了玫瑰营子教堂分两次建设，并且成 L 形平面布局。

和羹柏在 1904 年 2 月 18 日写给宗座代牧方济众的信中明确提到七苏木教堂，透露出他们当时对于建筑类型的争论。他写道：“我目前正忙于画七苏木教堂的图纸，将于两三天后完成。我不得不使用现有的基础，它是 L 形布局的，为女士建造的。如果我能在设计上获得更大的自由，我肯定不会选择这种设计，我很高兴地知道阁下您也不喜欢这种教堂。我甚至觉得 V 形布局的教堂都会更好些，如已经建成的 Sa-perh[③] 教堂……”[④] 根据历史档案及文献，可以判定和羹柏信中提到的七苏木教堂正是本书所选的玫瑰营子教堂。[⑤]

---

① Sisters of the Presentation of the Holy Virgin，或者 Association of the Presentation，也叫 Sœurs de la Présentation de la T.S.V.，中文名字为：献堂修女会。她们于 1930 年成立于集宁宗座代牧区。1948 年，这里已有 98 位修女。Franciscan Missionaries of Mary（F.M.M.）或者 “White Sisters”，拉丁语：*Institutum Franciscalium Missionariarum Mariae*，中文：玛利亚方济各传教修会。这些修女从 1886 年起在中国工作，工作区域涉及西湾子（1898）和南壕堑（1914），她们的工作包括教育、医疗卫生以及中国的贞女和修女。TIEDEMANN R G. Reference Guide to Christian Missionary Societies in China：From the Sixteenth to the Twentieth Century [M]. M.E. Sharpe，Armonk，New York：East Gate Books，2009：105，56.

② Missions de Scheut：revue mensuelle de la Congrégation du Cœur Immaculé de Marie [J]. Brussels：C.I.C.M.，34，1926：176.

③ “Sa-perh” 为书信档案中使用的地名，未能识别出真实的中文名称。

④ KADOC，C.I.C.M.，P.I.a.1.2.5.1.5.14.，1904 年 2 月 18 日和羹柏给方济众的信：“(...) Je m’occupe en ce moment de l’église de Tsi-sou-mou，ces dessins seront achevés dans deux ou trois jours. J’ai été obligé de suivre les fondements existants qui，avec l’église des femmes forment jenn tze tang ou équerre. Étant libre，je n’aurais certes pas choisi cette forme et suis heureux d’apprendre que V[otre] Gr[andeur] / [p. 2] n’en est pas partisan du tout. J’appréciais moins encore la forme V dont on a fait antérieurement un essai à Sa-perh. (...) .”

⑤ 在其他档案里，传教士们常用七苏木指代玫瑰营子，因为玫瑰营子是七苏木地区最重要的聚点。

玫瑰营子教堂之所以建成“人字堂”的形式，是为了利用原有基础，节约费用。“人字堂”在圣母圣心会来华早期就成为一种常用的教堂类型，但是20世纪初，这种建筑类型再也不能满足方济众与和羹柏对哥特范式建筑艺术的心理需求了。“人字堂”在声学和礼拜仪式上有很多缺点，它的成因来源于19世纪中国农村根深蒂固的性别隔离传统：“长久以来，为了不触犯中国的道德传统，传教士们非常尊重地保持了教堂里的性别隔离。在教堂两翼的结合处，通常放置祭台。神父不得不在祭台前向两边参加礼拜的教友布道。在这样的教堂中，声音的传播常常受到影响……”①

和羹柏给方济众主教的信件提供了很多有关施工的信息，如施工环境和玫瑰营子教堂的重要记事。1903—1906年，和羹柏承担了高强度的建筑设计工作。②在1902年的两封信中，和羹柏记录自己视察了七苏木工地。③在他1903年10月6日的信中提及玫瑰营子、高家营子、舍必崖和熙笃会的修道院教堂在同期建设。④这些教堂的建设经费都来自于清政府赔款。1904年2月至6月的五封信中，在同期众多的施工项目中，玫瑰营子教堂多次被提及：2月24日的信中讲到，玫瑰营子教堂的图纸很快就要绘制完成，他正在考虑如何处理好两个中殿；⑤3月9日，教堂图纸绘制完毕，但是在大量的工作间隙他还需要再绘制一份图纸；⑥4月底，他实地考察了玫瑰营子；⑦这次调研是必不可少的，因为新教堂要取代老的，并且这些工作需要分阶段有序进行。和羹柏写道：“老的教堂将给女人们使用，但是因为已有裂缝，也就是再用数年。我检查了墙体，注意到这堵墙使用土坯砌筑，只在两侧外墙用了半砖厚砖墙。目前我为男士设计的一翼正在建设，而我的设计使得另一半为女士设计

---

① 文章中有关七苏木“人字堂”教堂的描述，Missions de Scheut：revue mensuelle de la Congrégation du Cœur Immaculé de Marie [J]. Brussels：C.I.C.M.，34，1926：103：“Chine（Vicariat de Si-wan-tze）. L'église de T'eou-sou-mou（gros village de 2.000 chrétiens）. Cette église est double：une aile est destinée aux hommes，une autre est destinée aux femmes. Pendant longtemps，pour ne pas choquer les mœurs chinoises，les missionnaires ont maintenu dans les églises une entière séparation des sexes（Actuellement les mœurs ont évolué à cet égard）. Au sommet de l'angle aigu formé par les deux ailes de cette église-ci se trouve l'autel. C'est de l'autel que le prêtre doit prêcher aux deux groups de fidèles. L'acoustique est défectueuse dans les églises de ce genre. Le toit est couvert de tôles. Un toit chinois à la courbe élégante serait évidemment plus joli，mais il couterait horriblement cher et il serait bientôt en ruine. Les bâtiments chinois（...）.”

② COOMANS T & LUO W. Exporting Flemish Gothic Architecture to China：Meaning and Context of the Churches of Shebiya（Inner Mongolia）and Xuanhua（Hebei）built by Missionary-Architect Alphonse De Moerloose in 1903—1906 [J]. In：Relicta. Heritage Research in Flanders 9，2012：219-262.

③ KADOC，C.I.C.M.，P.I.a.1.2.5.1.5.14.，1902年8月13日和羹柏给方济众的信。

④ KADOC，C.I.C.M.，P.I.a.1.2.5.1.5.14.，1903年10月6日和羹柏给方济众的信。

⑤ KADOC，C.I.C.M.，P.I.a.1.2.5.1.5.14.，1904年2月23日和羹柏给方济众的信。

⑥ KADOC，C.I.C.M.，P.I.a.1.2.5.1.5.14.，1904年3月9日和羹柏给方济众的信。

⑦ KADOC，C.I.C.M.，P.I.a.1.2.5.1.5.14.，1904年4月25日和羹柏给方济众的信。

图 3-31 玫瑰营子教堂男士侧翼主入口
图片来源：KADOC，C.I.C.M. Archives，folder 17.4.4.11

的侧翼有重新建设的可能。”[①] 另外，他不得不处置老的基础，因此分两个阶段建设是非常有必要的。1904 年 6 月 20 日的信中提到第二次去看玫瑰营子教堂的施工，这次旅途他共视察了这个区域的 6 座工地。[②] 由于内蒙古地区恶劣的气候环境，每年只有 6 个月可以施工建设，因此所有的工作必须提前准备好，尽可能在当季完工。施工中的另外一位关键人物是工头，他受训于和羹柏，并长期与其合作。在描述舍必崖建设过程的书信中曾提到这位工头姚正魁，他熟悉和羹柏设计的构件尺寸，并且能够安排中国本地石匠和其他匠人的工作。由于 1905 年的书信中断，没能找到玫瑰营子教堂确切的完工时间，二期为女士加建的教堂中殿也没有档案可查。

复原“人字堂”

玫瑰营子教堂坐落在村子中央，包括数个院落，其中有一座圣婴院，以及宗座代牧及神父住宅、神学院和小学等。自 1929 年玫瑰营子成为集宁代牧区的中心之后，并且教堂晋升为主教座堂，这座建筑群成为非常重要的活动场所。1904 年建造的第一个侧翼将主入口朝东，为男教友使用（图 3-31）。[③] 利用档案照片以及照片背后文字记载的尺寸——中殿 24m 长，9m 宽，我们能够复原一个大概的建筑平面图

① KADOC，C.I.C.M.，P.I.a.1.2.5.1.5.14.，1904 年 5 月 22 日和羹柏给方济众的信。

② KADOC，C.I.C.M.，P.I.a.1.2.5.1.5.14.，1904 年 6 月 20 日和羹柏给方济众的信。

③ Du Père Jacques de Vigneron，jeune missionnaire à Mei-koei-ing-ze（Village du Rosaire）[J]. Missions de Scheut：revue mensuelle de la Congrégation du Cœur Immaculé de Marie. Brussels：C.I.C.M.，1926：176-182. 玫瑰营子教堂图片的描述如下，176 页：“Chine. L’église de Mei-koei-ing-ze（Village du Rosaire）dans le Vicariate de Si-wan-tze . On ne voit ici que l’aîle réservée aux hommes ； celle réservée aux femmes fait un angle droit avec celle-ci et a vue sur l’autel du côté de l’évangile. Cette église est très vaste ； elle sert à une chrétienté de 3300 chrétiens bien groupés dans son voisinage. Elle a été construite il y a vingt ans.”

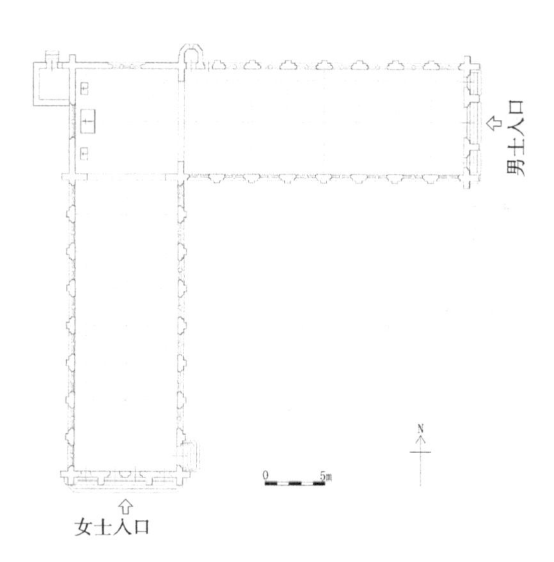

图 3-32　玫瑰营子教堂平面图
图片来源：罗薇绘制，Thomas Coomans 协助

图 3-33　玫瑰营子教堂女士侧翼
图片来源：陶维新家族档案

图 3-34　玫瑰营子教堂男士侧翼北立面
图片来源：Family archives of Van Dorpe

图 3-35　玫瑰营子教堂男士侧翼
图片来源：Family archives of Van Dorpe

图 3-36　玫瑰营子室内，男子侧翼中殿面向圣所拍摄
图片来源：Family archives of Van Dorpe

（图 3-32）。教堂的设计比较简单。为男士设计的侧翼是东西向布置的，为女士设计的侧翼是南北朝向的（图 3-33），主祭台被安置在男士一翼的西端。教堂的平面有 8 个开间，但是没有侧廊，末端为矩形的圣所，一个小的祭衣所依附于圣所西侧。这座教堂没有十字形的翼部，却在中庭和圣所之间的侧墙边有一个三边形塔楼为楼梯之用，且有两个侧门（图 3-34、图 3-35）。老照片上显示圣所之上有一个小塔。内坛与中殿同宽同高；高坛尖券和带有圣体栏杆的踏步将圣所和中殿分开。放在主祭台上的圣龛面向男士中殿，并且两侧附以侧坛。中殿的侧墙由木雀替支撑起木拱顶（结合处从中殿可见）。两个中式灯笼从中殿的屋顶垂挂下来（图 3-36）。另有一张照片显示出在高坛拱券的左侧有一个告解室。如同很多其他圣母圣心会教堂一样，中殿里没有跪凳。中殿的侧墙在外侧有壁柱加固，木结构的梁架通过铁杆加固并且由铁扒锔在外墙固定。

砖砌的扶壁柱将男士侧翼的主入口划分为三个部分。中间的门略高，上方为圆拱券，饰以卷叶。拱券落在两个短柱上，柱头刻有水迹叶。在中间的门上方有一个双尖券，其上的尖拱券下是一个圆窗，排气窗就设在坡屋顶之下。在山形墙的上部有一句拉丁文的题词“ANNO DOMINI MCMIV”显示了建设的年份——1904 年（图 3-31）。[1]

---

① ANNO DOMINI 表示主（耶稣）的世代，也就是公元后，第一个“M”表示 1000，“CM”表示 900，“IV”表示 4，罗马数字里没有零，将这些字母代表的数字相加就可得出“1904”。

两个旁侧小门和小窗是对称的，并且装饰比中间的简单。教堂的所有窗户都是大小不同的尖券窗：圣所伸出的礼拜堂有一个高窗，并且圣所本身也有三个尖券窗，尖券下悬有圆窗。中殿的每一个开间都有两个尖券窗，上方装饰尖券并开一圆窗。只在第八个开间侧门处设了两个缩小的窗户。内墙白灰粉刷，外墙为清水砖墙，在墙的顶部有出挑较短的檐口支撑着屋檐（图 3–35）。

在圣母圣心会传教的年代，按照性别隔离的传统，第一个侧翼为男士用，男士和女士分别从不同的入口进出，但是面对祭台男士们有更好的视线。除了楼梯塔楼和主入口外，女士的侧翼设计可以看作是男士侧翼的镜像。女士的主入口设于南侧，并且就像男士教堂的入口一样被分为三部分，只是装饰更简单些。中部开间较宽，开有二个门，侧门没有尖券。所有的高窗都是尖券窗，但是窗框却与男士教堂不同（图 3–33）。另外一个侧入口设在东侧的第一个开间处，通向院落（图 3–37）。教堂为双坡屋顶，每两个开间有一个老虎窗，用以采光和通风。山墙侧脊铺条石，而非常见的斜砌砖（weaved course）。

教堂的倒塌和转换

玫瑰营子主教座堂目前只有一部分西翼（女士部分）保留了下来，教友们 1980 年收回了教堂，并且于当年圣诞节正式恢复使用。当地的村民或者教友居住在老主教府的附属建筑里，其中很多房子都破败失修。由于改变太大，已经很难识别出主教座堂当年的模样。北翼（男士部分）已经被不留痕迹地完全毁掉，并且于以前的两翼结合处新建了一个砖混结构的主入口，如同原圣所高坛拱券的高度。在教堂的南端又加建了一个开间，所以原有的主入口立面也被毁坏无迹可寻了。此外，屋架结构损坏后，教堂中殿在重修时降低了高度，墙体高度降至原壁柱顶部的位置，之前的砖拱券和圆窗都消失了；采用大概 30° 的坡屋顶，取代了原有的 45° 坡屋顶和木结构拱顶（图 3–38）。巨大的变化让人无法相信眼前这座残败的教堂正是和羹柏设计的主教座堂。一处细节显示出之前部分圆窗和弧拱券发券处的细部，如今圆窗已被重复使用的砖填实（图 3–39）。

时至今日，这座教堂的状况仍然非常差，在冬季雪天侧墙受潮部分超过 1m。加建于南侧的一个开间质量也非常差，窗户被碎砖块填实，建筑物四面透风。教堂的西侧，另外有一栋被遗弃的两层楼建筑，开间、层高和破损的高窗暗示我们这里曾经是一所学校（图 3–40）。

图 3-37 玫瑰营子教堂外观，从东南角度拍摄，展示了 L 形的布局
图片来源：Family archives of Van Dorpe

图 3-38 玫瑰营子教堂现存侧翼
图片来源：作者拍摄于 2010 年 3 月

图 3-39 玫瑰营子教堂现存侧翼，降低后的拱券和圆窗细部
图片来源：作者拍摄于 2010 年 3 月

图 3-40 玫瑰营子教堂北侧附属建筑
图片来源：作者拍摄于 2010 年 3 月

困境中的“人字堂”

玫瑰营子教堂从辉煌到破败，期间的过程没有详细的文字记载。1902—1904年，和羹柏通过分期建设，用一个新的、坚固的、哥特式教堂替换掉老的土坯砖人字堂。玫瑰营子教堂并不是方济众与和羹柏中意的样式，对于那个年代的传教士和他们的欧洲中心论的思想而言，唯有哥特式教堂是基督宗教建筑艺术最为贴切的表达。玫瑰营子建设的时期，虽然已经是西方建筑风格大行其道，但是这里的传教士不得不被动地本土化。这个时期有了专业的建筑师，尽管他们有自己最擅长的建筑设计范式，也不得不考虑使用者的需要，将教堂建成L形，用来分隔男女教友，反映了建筑师在实际操作中进退两难的境地。然而，无论被动还是主动，无论中化还是西化，这期间不乏精彩之作，这是文化融合的过程。“人字堂”是西方天主教与中国传统文化习俗相妥协的产物，也可以说是中国社会接受外来宗教后一个自我选择的结果。在1929年玫瑰营子成为主教座堂，这里成了圣母圣心会内蒙古地区的第一个本地化教区。另外，为何后来拆除了男士使用的教堂而非女士？其中一个原因也许是女士使用的中殿是南北朝向的，更符合中国传统建筑的要求，更适合现有的村落肌理。

四、西湾子神学院礼拜堂

西湾子神学院建于1899—1900年间，它不仅是寄宿制学校，还涵盖了主教住所，是圣母圣心会在华建筑历史上的里程碑，也是和羹柏在中蒙古代牧区设计的第一座也是最重要的建筑。西湾子的这座小修院被看作是圣母圣心会会士在中国的基地（图3-41）。建筑设计非常理性，来源于比利时布鲁日地区的佛兰德斯建筑范式，通常为红砖砌筑，门楣及窗户四周都有精致的砖饰，石材使用不多，用在关键的部位，如门窗框、柱子、托臂等。这座修道院还建了一座哥特式小礼拜堂，非常精致，是整座建筑中最重要的部分。

方济众管理下的西湾子

方济众是圣母圣心会中蒙古地区1898—1924年间的省会会长，来华之前，于1887—1892年曾在布鲁塞尔任圣母圣心会总会长，1898年5月1日被派往中国，任命为中蒙古宗座代牧。[①] 方济众几乎是一到西湾子就将和羹柏从甘肃调来中蒙古，并

① VERHELST D & NESTOR P（eds.），C.I.C.M. Missionaries，Past and Present 1862—1987：History of the Congragation of the Immaculate Heart of Mary（Verbistiana，4）[M]. Leuven：Leuven University Press，1995：11-177.

图 3-41 西湾子神学院西南侧外观，工程即将竣工时的照片
图片来源：KADOC，C.I.C.M. Archives，folder 17.4.7.1

且委托他设计建造主教府和神学院。西湾子地形复杂，整个村子在海拔 1167m 的山谷里，周围山峰海拔在 1700~2000m。1898 年，6 位比利时方济各会的修女来到西湾子，主教安排她们在育婴院和女子学校工作。此后修女们一直住在神学院直到 1931 年，后来她们有了一座自己的女子学校。1916 年村里成立了一所男子学校。1900 年 5 月 9 日，西湾子建立了一座印刷厂，他们的印刷品为整个内蒙古代牧区服务，1938 年又转移到高家营子。①

建筑师与神学院

1898 年方济众再次回到中国时，立刻意识到中国籍神职人员的缺乏。因此，他需要建一所神学院培养神职人员，建设一座修院成为他当时的首要工作。他选择了在中蒙古代牧区教会发展最繁荣的地方——西湾子。这座神学院除了满足师生教学需要外，还要包含主教住所和省会会长的房间。② 由于方济众本人热爱西方哥特式基督教艺术，并且相信这是唯一适合的建筑风格。当时他考虑如果从比利时派一位专业的教会建筑师来中国负责这个项目效果虽好但成本太高，而且建筑师要经历长

---

① 隆德理（Rondelez Valère，C.I.C.M.），西湾子圣教源流 [C]// 古伟瀛 . 塞外传教史 . 台北：南怀仁中心，光启文化事业，2002：69，71.

② 解成编 . 基督教在华传播系年（河北卷）[M]. 天津：天津古籍出版社，2008：340："方主教上任不多时候就聘请了一位甘肃教士，名唤和羹柏，系一工程博士，为在西湾子建筑主教座堂。一千九百年前开始兴工。这座主教座堂系西式楼房，计长二十余丈，有膀子楼四个，分三层。全楼分三部分：第一部分为主教室和领长司铎室；第二部分为会长司铎和铎曹居室。新来的西教士也住在这第二部分，他们一年的工夫，或学中国方言，或被长上引领传教。第三部分为修道院，有教室、自习室和寝膳室等，还有一座体面的小堂。堂底前墙上有一块纪念石，刻有拉丁字云：'这一座圣堂，奉献于全能天主及耶稣圣心，在中国圣教窘难时开工，到一千九百年后落成。'一九零零年五月十日，本处创设一座印书馆，为教会印行经本圣书等；一九三六年，在主教座堂前院，又为印书馆建筑了一列新瓦舍；一九三八年为便利起见，那馆移至高家营。"

途跋涉才能到达西湾子。方济众了解到和羹柏已经在三十里铺建设了一座欧式教堂，[①]1899 年和羹柏被调到中蒙古，开启了他作为建筑师的职业生涯。依照贺歌南的说法：这座神学院是和羹柏建筑生涯的里程碑。[②]

圣母圣心会的文献和宣传杂志保存了不少有关西湾子的文章，其中以隆德理（Rondelez Valère）的《西湾子圣教源流》（La chrétienté de Siwantze）最为重要，按照时间先后顺序记载了西湾子教会发展的历史，1938 年以法语出版发行，一年后出了中文版。[③] 许多有关西湾子的老照片刊登在会刊上。西湾子神学院从 1899 年到 1900 年共建造了两年。这座神学院很好地尊重了中国建筑传统，整座建筑长轴是南北向，它的主要立面朝南。外部用砖砌的院墙将神学院整体围合起来，修士们在院子中开辟了一小块菜地。这座神学院包括一个长 60m、高 10m 的两层主楼，和与它垂直的四个侧翼，分别用作主教的住所、管理办公用房，省会会长的住所和管理办公用房，礼拜堂（图 3-42）以及神学院。[④] 神学院内部除了教室，还设计了阅览室、宿舍和一个餐厅。

这是一座哥特式风格的建筑，受到比利时圣路加学校提倡的中世纪哥特式风格的影响，与布鲁日地区的建筑非常相似。[⑤] 在 19 世纪末 20 世纪初的中蒙古代牧区，这座神学院是修会里最大的建筑，四个侧翼之一就是礼拜堂（图 3-43）。[⑥] 整座建筑是双坡屋顶，除礼拜堂外，每个开间的屋顶都开设一个老虎窗，每五个开间的屋顶上设一个烟囱，可见内部设有壁炉。主楼的东西两端山墙设计成阶梯状，三个侧翼的山墙也很精致，类似于布鲁日当地的窗构装饰。礼拜堂是一座外观朴实的红砖建筑，它也是整座建筑中最重要的部分，他们在这里进行宗教仪式。据记载，1925 年石德懋为修士们增加了一层房间。根据老照片，石懋德可能拆除了礼拜堂的祭衣所，并在圣所两侧加盖了许多房间，同左右两个侧翼相连（图 3-44）。1931 年 10 月，神

---

① VAN HECKEN J L. Alphonse Frédéric De Moerloose C.I.C.M.（1858—1932）et son œuvre d'architecte en Chine [J]. In：Neue Zeitschrift für Missionswissenschaft / Nouvelle Revue de science missionnaire，Immensee：Verein zur Förderung der Missionswissenschaft，24/3，1968：165.

② 同上：165.

③ RONDELEZ V. La chrétienté de Siwantze：Un centre d'activité en Mongolie [M]. Xiwanz，1938. 中文版 1939 年出版。

④ 古伟瀛 . 塞外传教史 [M]. 台北：南怀仁中心，光启文化事业，2002：68-69.

⑤ COOMANS T & LUO W. Exporting Flemish Gothic Architecture to China：Meaning and Context of the Churches of Shebiya（Inner Mongolia）and Xuanhua（Hebei）built by Missionary-Architect Alphonse De Moerloose in 1903—1906 [J]. In：Relicta. Heritage Research in Flanders 9，2012：219-262.

⑥ VAN HECKEN J L. Alphonse Frédéric De Moerloose C.I.C.M.（1858—1932）et son œuvre d'architecte en Chine [J]. In：Neue Zeitschrift für Missionswissenschaft / Nouvelle Revue de science missionnaire，Immensee：Verein zur Förderung der Missionswissenschaft，24/3，1968：165.

图 3-42　西湾子神学院东南侧外观
图片来源：南怀仁中心，C.I.C.M. Archives，folder Fr. J. De Clerk

图 3-43　西湾子神学院礼拜堂
图片来源：KADOC，C.I.C.M. Archives，folder 17.4.4.1

学院有了供电系统。1946 年，由于战争原因，西湾子神学院同新建成的罗马风式主教座堂一起被毁。

神学院的礼拜堂

尽管礼拜堂面积不大，但是它被传教士们看作是“一个哥特式艺术的珠宝”。[①] 礼拜堂的主入口与圣所在同一条轴线上，位于礼拜堂的北侧，入口在神学院的主楼。

① VAN HECKEN J L. Alphonse Frédéric De Moerloose C.I.C.M.（1858—1932）et son œuvre d'architecte en Chine [J]. In：Neue Zeitschrift für Missionswissenschaft / Nouvelle Revue de science missionnaire，Immensee：Verein zur Förderung der Missionswissenschaft，24/3，1968：165："La chapelle，quoique simple，était 'un petit bijou d'art gothique."

图 3-44　西湾子神学院的扩建工程
图片来源：南怀仁中心，C.I.C.M. Archives，folder CHC construct

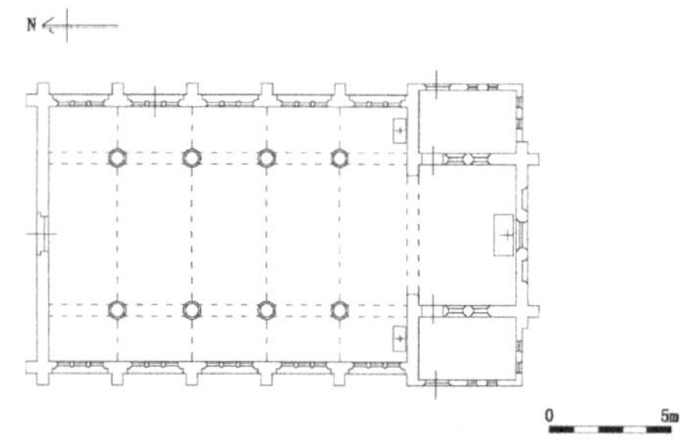

图 3-45　西湾子神学院礼拜堂平面图（开间尺寸结合舍必崖教堂测绘时的数据而定）
图片来源：罗薇绘制，Thomas Coomans 协助，2012 年 1 月

图 3-46　西湾子神学院礼拜堂室内
图片来源：Missions de Scheut：revue mensuelle de la Congrégation du Cœur Immaculé de Marie [J]. Brussels：C.I.C.M.，1928：109

礼拜堂是一个五开间的中殿，两旁带有侧廊，尽端是四边形的圣所，两侧的祭衣所外墙与圣所平齐，没有十字形的两翼（图 3-45）。尖尖的高坛拱券将圣所与中殿分隔开，圣所的屋顶低于中殿。中殿两侧各 4 根石柱，其中靠近祭台的两棵石柱撑托起哥特式尖拱券，分隔中殿和侧廊（图 3-46）。所有的墙面都采用一顺一丁式红砖砌筑，并且有壁柱加固。拉杆和铁扒锔用来固定中殿和侧廊屋顶的木结构。尖拱券之上的中殿侧墙开有高侧窗，每开间两个，拱券的边缘饰有彩绘。窗间墙上的托臂支撑着木勒，形成屋顶筒拱的木结构骨架。侧廊是简单的单坡顶，所有的屋顶使用金属板覆盖。在中殿南端的屋顶竖着一个小的开放式尖塔，内部悬有一口钟，屋顶上置十字架（图 3-46）。祭衣所的窗户比较简单，都是长方形的，设有一个侧门方便更衣者进出。祭衣所的单坡屋顶斜依在圣所的侧墙上，但比侧廊的屋顶更低。

除祭衣所外，所有的窗户都是尖券的，只是大小不同而已。圣所南端的立面外墙有一个巨大的哥特式高窗，并且装饰着石质的花窗格，两旁是比它略低的盲窗，设计成尖拱券。高窗上方是一个长方形的通风口，位于尖券窗框之内，两侧是略低的半个尖券窗。五个铁扒锔固定着山墙和内部的檩条。圣所侧墙开有两个哥特式尖拱窗，侧廊外墙的每个开间开有三个一组的哥特式尖拱窗，中间的一个较高。中殿的高侧窗，两个一组，并且上方有圆拱形砖饰带，此范式为比利时近代非常常见的哥特式建筑开窗方式。

档案中唯一的一张室内照片，向我们展示了礼拜堂室内装饰风格（图 3-46）。内墙粉刷为白色，上面绘制出砖砌图案。拱券的边缘和窗框也绘有彩色的几何形和花朵的图样，这些都是和羹柏在根特的圣路加建筑学校学习过的室内装饰内容。石材用于中殿中的柱子、13 世纪哥特式水迹叶柱头、石质花窗格以及门槛等。礼拜堂共有三个祭台：主祭台是装饰丰富的哥特式风格，摆放在圣所高高的尖券窗之下，圣体龛置于祭台上；两个小祭台摆放在边廊的第一个开间。三级踏步将圣所和中殿分隔开，也将主祭台上的人与中殿的修士们分隔开，天花上悬挂着非常精致的油灯，似乎来自欧洲。

神学院和礼拜堂：理性主义圣路加建筑

这座设计精美的西湾子礼拜堂是普金风格或者圣路加学校堂区教堂的翻版。在随后的 1902—1904 年，和羹柏受邀设计了高家营子教堂和舍必崖教堂，这是两座孪生的教堂，唯一的区别是一个是尖券窗，另一个是半圆拱形窗。由于高家营子教堂被拆除和西湾子神学院被毁，舍必崖教堂成了和羹柏在圣母圣心会管辖区设计的小教堂中的代表。[①] 对比那两座堂区教堂，西湾子神学院礼拜堂用了较多的石材，因此也更为尊贵：花窗格、柱头、柱身都是石材雕刻；高侧窗也比较高大，筒拱完全是尖拱券的。此外，两个或三个并用的哥特式尖拱窗是圣路加哥特式建筑的基本元素，这些都是和羹柏在比利时所学建筑知识的具体应用。

神学院主楼和它的四个垂直方向侧翼是西方理性主义建筑的典型。这种设计的传播得益于 1802 年让・尼古拉斯・路易斯・迪朗（Jean Nicolas Louis Durand）在巴黎科技专科学校出版的著名的建筑设计手册。[②] 比利时作为最早工业化的国家之一，迅速吸收了 19 世纪理性主义建筑，近代的比利时医院、军营、监狱、学校和修道院多采用这种形式。[③] 如果这类建筑的主楼带有侧翼，那么这些垂直方向的侧翼几乎都是对称的，然而建筑风格则从迪朗的新古典主义过渡到折中主义，再到其他历史风

---

① COOMANS T & LUO W. Exporting Flemish Gothic Architecture to China: Meaning and Context of the Churches of Shebiya (Inner Mongolia) and Xuanhua (Hebei) built by Missionary-Architect Alphonse De Moerloose in 1903—1906 [J]. In: Relicta. Heritage Research in Flanders 9, 2012: 219-262.

② DURAND J N L. Précis des leçons d'architecture données à l'École Royale Polytechnique [M]. 2 vol., Paris, 1802.

③ VAN DE VIJVER D. Vers une architecture qui soigne. Construction d'hôpitaux à pavillons en Belgique au XIXe siècle (1780—1914) [C]. BUYLE M, DEHAECK S and DEVESELEER J (eds.), L'architecture hospitalière en Belgique, 2004: 54-65.

图 3-47　比利时布鲁日 Minnewater 诊所
图片来源：谷歌截图 [2012-01-10]

图 3-48　比利时布鲁日 Minnewater 诊所礼拜堂外观
图片来源：作者拍摄于 2011 年 12 月

图 3-49　比利时布鲁日 Minnewater 诊所外观
图片来源：作者拍摄于 2011 年 12 月

格包括哥特复兴式，等等，保持布局不变的同时，风格上选择非常多样。

布鲁日哥特式复兴式风格建筑很常见，Minnewater 诊所就是一个非常好的案例，由建筑师路易斯·迪雷森海（Louis Delacenserie[①]）建于 1886 年。Minnewater 诊所沿街立面是长达百米的主楼，街的另一侧是七个垂直于它的侧翼，其中一个是礼拜堂（图 3-47~ 图 3-49）。整座建筑是典型的布鲁日砖构建筑，带有阶梯状山墙，十字窗，以及布鲁日窗构体系。Minnewater 诊所在和羹柏刚离开比利时去中国的时候才完全

① Louis Delacenserie（布鲁日，1856—1909），不是一位圣路加建筑师，但是通过设计建设新建筑和修复历史建筑，投身于复建布鲁日老城的工作。VAN LOO ANNE（ed.），*Dictionnaire de l'architecture en Belgique de 1830 à nos jours / Repertorium van de architectuur in België van 1830 tot heden* [Dictionnary of Architecture in Belgium from 1830 to Present] [M]. Antwerp：Mercatorfonds，2003：244-245.

图 3-50　比利时根特市 Byloke 医院及其之前修道院平面图
图片来源：谷歌截图 [2012-01-10]

建成，但是他肯定见过根特市最主要的医院 Byloke 医院，[①] 它建于 1863—1878 年之间，由建筑师阿道夫·鲍利（Adolphe Pauli）设计成哥特式风格的建筑，也是相似的理性主义建筑布局，一座长主楼，其他的几个侧翼互相平行且垂直于主楼，其中一个侧翼就是礼拜堂（图 3-50）。

和羹柏在中蒙古设计建造的第一个工程令方济众非常满意，建筑用作圣母圣心会行政管理中心，半个世纪以来承担着中蒙古整个代牧区的神职人员教育工作。这座建筑毫无疑问对圣母圣心会的所有在华建筑都产生过深刻的影响，它成为该修会在中国的标志。

五、大同总修院礼拜堂：矛盾的混合

大同市位于大同盆地，城市三面环山，在 20 世纪只有东部和西南有道路连通外界。由于铁路的修建，从大同经过张家口可到达北京，经过乌兰察布可到达呼和浩特，交通上十分便利，城市发展很快。大同市本身是多种宗教汇集的地方，如天主教、基督新教、佛教、道教和伊斯兰教。1921 年，在圣母圣心会总会会长吕登岸来华访问期间，邀请圣母圣心会所有宗座代牧在西湾子召开会议，会议决定在大同建立总修院。其中一个原因是，教区的中国籍神职人员落后于中国其他地区，急需提高神职人员的整体素质，也是为了贯彻本地化天主教传教政策，更多地培养中国籍神职人

① BUYLE M，COOMANS T，ESTHER J & GENICOT L F. Architecture gothique en Belgique / Gotosche architectuur in België [M]. Brussels-Tielt：Lannoo and Racine，1997：152-155.

图 3-51　大同总修院外观
图片来源：南怀仁中心，C.I.C.M. Archives，folder Albert De Smedt

员。[1] 在会议过程中，汤永望[2]（Constantin Daems，1872—1934），南甘肃监牧区会长，被选为总修院的院长。

1922 年后，总主教刚恒毅作为罗马的宗座驻华代表，发起在全中国范围建设四座天主教总修院，大同总修院是第一座（图 3-51）。[3] 同年，总修院在大同市远郊破土动工，1924 年神学院建筑主体完工，共耗费二十万银元。1924 年中国天主教第一届代表会议后，开始在全国范围内执行本地化基督教艺术政策，尤其是在中国文化和传统建筑艺术方面。大同总修院主体是和羹柏设计的西式建筑，而这与刚恒毅的主导思想相左。1928 年，大同总修院主楼加建了礼拜堂，与主体建筑相连，它是和羹柏在中国设计的最后一座建筑（图 3-52）。[4] 总修院的礼拜堂外观是西方式样，但是在 1931 年第二次室内装修时，由方希圣[5] 绘制的壁画却是刚恒毅提倡的中国画风。不幸的是，1946 年大同总修院在战争中被炸毁。

---

① TAVEIRNE P. 近代中国边陲的民族景象与低地国家传教士（1865—1948）[M]. 特木勒编，多元族群与中西文化交流：基于中西文献的新研究（人文社科新论丛书）. 上海：上海人民出版社，2010：213.

② 汤永望，1872 年 5 月 13 日出生于比利时 Westmalle，1934 年 12 月 11 日卒于苏联 Nigoreloye，1890 年加入圣母圣心会，1914—1922 年任甘肃宗座监木，1922—1930 年任大同大修院院长，1930—1934 年任司各特总会长（比利时）。VAN OVERMEIRE D（ed.）. 在华圣母圣心会士名录 Elenchus of C.I.C.M. in China [M]. 台北：见证月刊杂志社，2008：88.

③ SOETENS C. L'église catholique en Chine au XXe siècle [M]. Paris：Beauchesne，1997：95-112.

④ VAN HECKEN J L. Alphonse Frédéric De Moerloose C.I.C.M.（1858—1932）et son œuvre d'architecte en Chine [J]. In：Neue Zeitschrift für Missionswissenschaft / Nouvelle Revue de science missionnaire，Immensee：Verein zur Förderung der Missionswissenschaft，24/3，1968：172："Sa dernière construction fut une chapelle，en style roman，au Séminaire central de Ta-t'oung dans le Chan-si."

⑤ 方希圣，1903 年生于比利时 Geel，1930 年派遣来华，1947 年回到比利时，卒于 1974 年。他来到中国之前，西湾子省会会长石懋德，受到刚恒毅主教贯彻的本地化中国文化的影响，要求方希圣掌握中国传统绘画技艺，使得中国人能够更容易理解基督教福音。DE RIDDER K. Van Genechten's Chinese Christian Art：Inspiration and Background. DE RIDDER K，SWERTS L. Mon Van Genechten（1903—1974），Flemish Missionary and Chinese Painter：Inculturation of Christian Art in China（Leuven Chinese Studies，11）[M]. Leuven：Leuven University Press，2002：13-35.

图 3-52 大同总修院礼拜堂祝圣仪式
图片来源：Les Missions Catholiques. Bulletin hebdomadaire illustré de l'oeuvre de la propagation de la Foi [J].Lyon：Bureau des missions catholiques，1928：60

成立大同监牧区

1923 年，大同总修院开始教授所有的哲学和神学课程，这里成了培养中国籍神职人员最重要的教育机构。1929 年察哈尔宗座代牧区被拆分，它的西半部集宁[①]成为第一个实施本地化政策的区域。集宁当地的教会全部由中国籍神职人员来服务，主教也是中国人。与此同时，集宁地区由察哈尔移交给绥远。圣母圣心会执行了梵蒂冈和刚恒毅在中国推行的政策，建立一个由本土神职人员自行管理的代牧区。作为一个培养本土神职人员的教育机构，大同总修院不可避免要执行天主教教会的本地化政策。[②]

1920 年代，总修院所在位置在大同城门外向北 2km 的郊区叫作卧虎湾，约有 144 亩地。近三十年来，大同的城市发展非常迅速，当年的郊区如今已经城市化。即便有不少老照片，但是在今天的地图上仍然无法确定当年总修院的位置。这些珍贵的照片展示了总修院这个复合体建筑的兴建过程，修士们在建筑前的合影展示了整个建筑完工后的样子，几张礼拜堂的室内照片呈现了本地化政策对建筑的影响。面对修院炸毁后的老照片，感叹战争对历史建筑造成的巨大破坏。

和羹柏最后的作品

大同总修院于 1922 年动工建设，作为神学院最重要的部分礼拜堂直到 1928 年才加建。这个建筑全部采用半圆拱形窗，罗马风建筑常用的形式，这些元素很好地与已经建成的带有阶梯状山墙的哥特式主体建筑相结合。汤永望总修院院长在 1928 年 5

---

① 集宁市的蒙古语名字叫作乌兰察布。

② A-GUIRRE Y OTEGUI S. History of the Diosese of Xiwanzi under the C.I.C.M. Fathers（1865—1950）[C]. HEYNDRICKX J（ed.）. Historiography of the Chinese Catholic Church，Nineteenth and Twentieth Centuries（Leuven Chinese Studies，1）. Leuven：Ferdinand Verbiest Foundation，Leuven University Press，1994：280-281.

图 3-53　大同总修院礼拜堂西立面
图片来源：KADOC，C.I.C.M. Archives，folder 22.46

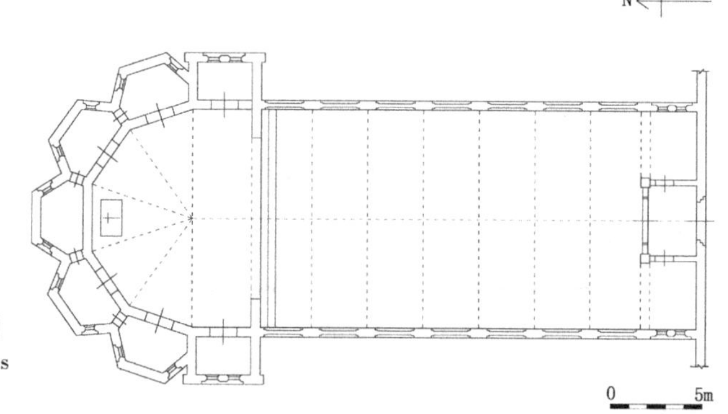

图 3-54　大同总修院礼拜堂平面图
图片来源：作者绘制，Thomas Coomans 协助，2012 年 1 月

月 13 日为礼拜堂祝圣并奠基（图 3-52）。礼拜堂奉圣女小德兰为主保（Saint Thérèse of Lisieux），教宗在 1927 年宣布她是传教的主保圣人（Patron saint of the missions）。建设进行于战争年代，工匠、修士和教授都时刻准备着听到警报就随时撤离修院。

根据老照片上显示的建筑阴影断定，这座总修院主楼长轴为东西向，四周有院墙围合。因此，礼拜堂的主入口在南侧，与主楼相连，而圣所则位于礼拜堂北端（图 3-53）。礼拜堂从外观看像是一座两层建筑，因为它的窗户分为两层。屋顶是双坡的，上有一个小尖塔，与总修院主楼的屋顶同高，非常协调地与已有建筑整合在一起，并且夹在两翼之间，占据了中心位置。由于礼拜堂是在主楼建成后 4 年加建的，它与主楼的结合处可能曾经有一座临时的北门。礼拜堂的中殿共有 8 个开间，没有侧廊和耳堂，尽端的圣所是七边形的，并且环绕着 5 个放射状的小圣堂和两个长方形的祭衣所（图 3-54）。[①] 中殿长约 24m，高 11m。根据老照片显示的比例，圣所比中殿略窄，祭

① Missions de Scheut: revue mensuelle de la Congrégation du Cœur Immaculé de Marie [J]. Brussels: C.I.C.M., January 1929: 5: "La chapelle a 24 m de long sur 11 m de large. Autour du chœur rayonnent six petites chapelles; afin que les six professeurs puissent célébrer simultanément. Le plan a été dressé par le R.P. De Moerloose, ancien missionnaire du Kansu et de Mongolie." 如果细看礼拜堂的室内照片，从正殿往圣所的方：这里应该有 5 个放射状礼拜室和两个祭衣所，原图片下的注释有误，提到有 6 个礼拜室 "six petites chapelles" .

衣所突出侧墙面。中殿侧墙很厚，内部一层是盲窗，外立面一层是圆拱形砖饰带，二层是半圆拱形窗，都来自罗马风建筑式样（图 3–55、图 3–56）。高祭台被放在建筑的主轴线尽端，中殿的第一个开间是门厅，上方二层是旁听席（图 3–57），只能通过相连的主楼楼梯前往。礼拜堂的室内墙壁上绘制了几幅壁画（图 3–58），[①] 中殿本身是一个巨大拱形的空间，半圆形的高坛拱券和三级台阶将圣所和中殿分隔开，圣所比中殿低一些。高侧窗之间的壁柱上安置了木托臂，其上撑托起中殿筒拱天花板，以及圣所的木质天花板。横向的金属拉杆同外墙的铁扒锔一起固定中殿的木屋顶结构。

礼拜堂立面上的半圆拱形窗开在巨大的圆拱下，大圆拱券的下方是带有一系列小圆拱券的砖饰带。中殿的侧墙上与入口门廊同层的最后一个开间有两个小圆拱形窗，圣所上方木拱顶每开间设一个圆窗，从外部看圆窗开在砖墙上（图 3–53），内部看则是开在木拱顶上（图 3–55）。祭衣所半圆形拱券下开有两个圆拱窗和一个小圆窗。每一个放射形的小圣堂侧墙都有两个小圆拱窗。中殿的屋顶每两个开间有一个通风的老虎窗，整个屋顶用金属板覆盖。圣所在第一个开间的屋顶上也有老虎窗，整个屋顶用金属板覆盖。

礼拜堂的家具都比较简朴，里面有 6 个祭台：主祭台置于圣所中轴线末端，其他 5 个小祭台分别放在 5 个放射状布置的小圣堂里。由于这里仅供神职人员和修士内部使用，大殿内不设圣体栏杆，没有忏悔室，没有讲道台，修士们都就坐在长凳上，或者跪在身前的跪凳上。

本地化中国传统文化和艺术

如前文所述，大同总修院的礼拜堂是一个矛盾的综合体，外表看上去是一座纯粹的西方建筑，作为本地化中国传统文化的回应，室内却是中式装饰风格。对比两张不同时期的室内老照片，可以看出礼拜堂装饰的差别。早期的室内照片大约拍摄于 1929 年（图 3–55），内部是白色粉刷的墙壁，主祭台后面挂壁毯或者帘布的简单装饰，深色的木结构拱顶与白墙之间对比鲜明。第二次装修后的照片摄于 1930 年代（图 3–56），彩绘勾勒出中殿内墙的结构，底层拱券的边缘都饰以中式彩绘，侧墙本身下半部也粉刷成了深色（黑白照片无法分辨具体颜色）。圣所内墙的下半部也粉刷

---

① Missions de Scheut：revue mensuelle de la Congrégation du Cœur Immaculé de Marie [J]. Brussels：C.I.C.M., January 1929：4–5：两张大同总修院礼拜堂的照片，一张室内，一张室外。注释写道："Nos grand séminaristes chinois auront désormais une chapelle un peu plus spacieuse et plus belle que la salle de classe dont ils avaient dû se servir jusqu'en 1928."

图 3-55 大同总修院礼拜堂室内，最初的室内陈设情况
图片来源：KADOC，C.I.C.M. Archives，folder 22.44.2

图 3-56 大同总修院礼拜堂室内，重新装饰后的景象
图片来源：南怀仁中心，C.I.C.M. Archives，folder Albert De Smedt

图 3-57 大同总修院礼拜堂室内，从圣所向旁听席的方向
图片来源：KADOC，C.I.C.M. Archives，folder 22.44.2

图 3-58 大同总修院礼拜堂室内壁画，方希圣神父 1931 年绘制
图片来源：KADOC，C.I.C.M. Archives，folder 22.44.2

成深色，上半部保留白色，并绘制了许多中式画风的宗教题材壁画（图 3-58）。可惜这些照片都是黑白的，无法欣赏室内颜色的协调统一。圆拱券和高坛拱券都饰以漂亮的彩绘，由于照片中没有放大的细部，难以识别具体的图样。

1928 年礼拜堂建成之后，总主教刚恒毅参观了这座礼拜堂，但是批评原有壁画带有太多的象征主义的符号以及法国象征主义艺术家莫里斯·丹尼斯（Maurice Denis，1870—1943）的影子。[①] 莫里斯·丹尼斯在 1922 年出版了有关现代宗教艺术的新理论（Nouvelles théories sur l'art modern，sur l'art sacré），他是现代宗教艺术的主要论辩者之一。莫里斯·丹尼斯对比利时宗教艺术曾产生过很大的影响，方希圣曾经在巴黎跟随他工作。[②] 为了遵照刚恒毅的艺术主张，圣母圣心会后期特别重视大同总修院礼拜堂的室内设计。因为大同总修院是培养本土修士的学院，室内装饰为中式风格则更为合适，并且表达的是基督教典故中的人物形象。这幅巨大的壁画高 1.5m，共刻画了 50 位人物形象，位于圣所后方的墙壁上。圣母圣心会不仅有自己的建筑师，还有自己的画家，其中最著名的就是方希圣。他本人在比利时受过很好的艺术教育，派遣来华后师从国画大师，又学习了中国壁画，并且参加了一些四处游走的行会，这些行会也为佛教寺庙服务，方希圣在这一过程中得到很多锻炼。后来，方希圣通过对中国画的学习，将圣经故事中人物形象进行了替换，选择了中国人比较熟悉的艺术表达方式，吸收了中国绘画线条造型的技法，画面效果比较二维化，描绘的故事情景不求写实。

---

① SWERTS L. Edmond Van Genechten：Lift and Work [C]. DE RIDDER K & SWERTS L. Mon Van Genechten（1903—1974），Flemish Missionary and Chinese Painter：Inculturation of Christian Art in China（Leuven Chinese Studies，11）[M]. Leuven：Leuven University Press，2002：68.

② VERLEY SEN C. Maurice Denis et la Belgique 1890—1930 [M].（KADOC-Artes，11）[M]. Leuven，2010.

图 3-59 大同总修院礼拜堂 1946 年被炸毁后的遗迹
图片来源：KADOC，C.I.C.M. Archives，folder 22.44.2

图 3-60 开封总修院
图片来源：作者拍摄于 2018 年 9 月

早期的耶稣会传教士艺术家郎世宁在清朝宫廷作画时，因油画技艺所表现的生动写实的绘画风格，受到清朝皇帝的青睐，即便在禁教时期，仍受到重用，为乾隆皇帝绘制画像，作品在宫内盛极一时。随着时间的推移，以及本地化政策的影响，两位西方艺术家在不同时期创作出截然不同的作品。

1946 年，在战争中整座修院被炸毁，修院的教授、工作人员面对这场灾难感到非常悲痛（图 3-59）。1948 年 1 月，路达天（Frans Vanderstraeten，1901—1967）代替高培信院长（Chapter Vicar），努力地维持余下的日常工作，包括学校、育婴堂和教区，[①]1952 年最后一位圣母圣心会会士离开大同。事实上，大同总修院建筑与西湾子神学院是同一种类型的理性主义建筑。然而在 1920 年代的中国大地上，这种纯西方样式的建筑已是完全过时的风格，当对比同期修建的开封总修院时（图 3-60），恍如隔世。大同总修院目的是培养中国本土神职人员，整个修院仅仅运

① VERHELST D & NESTOR P（eds.），C.I.C.M. Missionaries，Past and Present 1862—1987：History of the Congragation of the Immaculate Heart of Mary（Verbistiana，4）[M]. Leuven：Leuven University Press，1995：265.

图 3-61　赤峰林西大营子教堂主入口山墙
图片来源：作者拍摄于 2010 年 3 月

营了 23 年（1923—1946），并且重新装饰的礼拜堂仅存在了 15 年（1931—1946）。没有任何资料提供中国籍修士们对这座西式外表、中式内饰的礼拜堂的看法。无论如何，大同总修院的这种混杂风格在中国还是十分少见的。

第二节　其他传教士艺术家的设计

圣母圣心会在华传教期间，尤其是 1900 年至 1930 年之间，由于教会发展迅速，教友人数激增，传教聚点不断增加，使得修建更多的教堂成为圣母圣心会的重要工作之一。和羹柏作为职业建筑师，时间和精力都非常有限，他能够亲自设计的教堂已经让他疲于奔命。为了满足新的建设需要，一些传教士艺术家凭借着对建筑的一腔热忱和对自己家乡的怀念也积极参与到设计工作中来，他们很少有建筑背景，某些人受过绘画等艺术训练。和羹柏本人在设计、监督建筑工程的同时，也培养了几位会士作为他的学生，之后他们开始为其他教堂设计方案，有些绘制好图纸，递交给和羹柏审阅，根据反馈意见再修改，如赤峰的大营子教堂（图 3-61）就是其他传教士根据和羹柏的意见修改后建成的。它看上去与和羹柏设计的哥特复兴式教堂外观、规模都非常相似，但细节上仍有差距，如壁柱滴水石和窗台的处理上外观相似，但是底面没有凿出内凹的半圆形沟槽，西式建筑通常通过设置这道凹槽避免雨水浸湿墙面。还有一些细部的处理上略显笨拙，如主入口上方的石材处理，石材的铺排方向沿斜面方向，但其实石材下面已经有的砖砌斜压顶（比利时建筑的惯用做法）就是用来防止雨水渗漏的，因而石材的勾边应是多此一举。

一、巴拉盖的钟楼：哥特式钟楼

圣母圣心会于1880年开始在位于绥远宗座代牧区西南部的土默特平原活动。1893年传教士从中国教友手中购买了很多土地，建立了巴拉盖[①]天主教村。1898年，巴拉盖天主教村建立5年后，从附近的乡村吸引了400多名教友。[②]1902年，司怀智[③]（Stefaan Zech，1872—1923）被任命为巴拉盖本堂，成为巴拉盖村发展的推动者。司怀智带领教友在村子四周开挖沟渠，修筑灌溉系统，村民连年丰收，教村得到较好的发展和积累。1903年他为被遗弃的女婴建了一座育婴堂，为当地老人建养老院，1904年建书院，1907年他重建了神职人员的住所和教堂，1914年建了一所小学和一所女子的寄宿学校。[④]这些相关内容都由桑世晞（Jaak Leyssen，1889—1975）发表在 *Les missions catholiques* 天主教会的国际性期刊上，赞颂“美丽的巴拉盖”（La belle mission de Balagai）。[⑤]他的文章给出了几个准确的日期，描述了巴拉盖村的组成，提到了促进村子发展的一些政策。

巴拉盖钟楼是一座真正的佛兰德斯式钟楼，几十年间曾经是土默特平原天主教村落的最高建筑（图3-62）。其复杂的立面和装饰都来自于精心的设计和工匠们高超的手艺。不幸的是，这个非常独特的建筑已经被拆毁。我们仅仅从照片上了解到这个钟楼的形象，档案中没有关于建筑师和工匠的记载。这个钟楼的兴建是为了回应传教士们在1917年面对瘟疫时发的誓言。[⑥]当时有13位教友死于瘟疫，整个村子向圣心求助。余下的村民完全执行传教士教给他们的预防措施，幸免于难。1918年11月7日，钟楼作为对圣心的感恩正式启用，并且整个天主教村从此以后供奉圣心。基督圣心是

---

① 巴拉盖，距离呼和浩特西南大约120km，距离包头东南大约60km。

② VERHELST D & NESTOR P（eds.），C.I.C.M. Missionaries，Past and Present 1862—1987：History of the Congragation of the Immaculate Heart of Mary（Verbistiana，4）[M]. Leuven：Leuven University Press，1995：104-106.

③ 司怀智，1872年9月21日出生于比利时Mechelen，1923年9月24日卒于中国银匠窑子，1890年加入圣母圣心会，1896年晋铎，1896年派遣来华，1901—1920年任巴拉盖和二十四顷地副本堂。VAN OVERMEIRE D（ed.）. 在华圣母圣心会士名录 Elenchus of C.I.C.M. in China [M]. 台北：见证月刊杂志社，2008：682.

④ 同上：272.

⑤ Leyssen J.Mongolie. La belle mission de Palakai[J]. Les Missions Catholiques. Bulletin hebdomadaire illustré de l'oeuvre de la propagation de la Foi [Catholic Missions]，weekly，Lyon：Bureau des missions catholiques，56，1924：258-259，271-272，284-285，296-297，309-310. 桑世晞 Jaak Leyssen，1889年12月18日出生于比利时Bree，1975年7月12日卒于美国圣安东尼奥，1908年加入圣母圣心会，1915年晋铎，1921年派遣来华，1924—1927年任永盛堿本堂。VAN OVERMEIRE D（ed.）. 在华圣母圣心会士名录 Elenchus of C.I.C.M. in China [M]. 台北：见证月刊杂志社，2008：325.

⑥ Leyssen J. Mongolie. La belle mission de Palakai[J]. Les Missions Catholiques. Bulletin hebdomadaire illustré de l'oeuvre de la propagation de la Foi [Catholic Missions]，weekly，Lyon：Bureau des missions catholiques，56，1924：272.

图 3-62　巴拉盖钟楼外观
图片来源：南怀仁中心，C.I.C.M. archives，folder of Building and Residence

19 世纪和 20 世纪上半叶西方天主教教会主要供奉的对象。大部分在华圣母圣心会教堂都有一个祭台供奉基督圣心，通常情况下还有另外一个供奉的是圣母圣心。巴拉盖的教友因向基督圣心祈求保护而躲过了 1917 年的瘟疫，这座钟楼是对该事件的纪念。

哥特式砖砌钟楼

桑世睎在文章中提到巴拉盖的教堂是双中殿的，以及性别分隔的问题："教堂从外观看非常简单，从内到外的细节都是中式风格的。天花板的装饰、灯具、条幅或者题字都是中国的，尽管是天主教的内容，如同在他们家中一样，教堂尊重这种习惯和特殊的表达方式。内部的布置从祭台到中殿比较单调，柱子和讲道台成了唯一的装饰。"① 巴拉盖的这座钟楼独立于教堂一侧兴建，照片上钟楼的高度和精致的装饰与低矮的水平向的教堂形成鲜明的对比（图 3-62）。

钟楼的平面是正方形的，竖向共有 5 层，每层的高度皆不同（图 3-63）。通过仅有的文字和图片，我们无法确定钟楼的尺寸，但是，根据立面和在屋顶或墙角的人的比例，我们猜测正方形的边长大约为 4m，总体高度大约 20m。首层除了一个入口外，没有任何窗洞口。钟楼的转角处通过 45° 转角的壁柱加固。第二层仍旧是正方形的，一侧巨大的尖拱券下开有两个哥特式尖拱窗和一个圆窗；在西侧，两棵柱子支撑着一个悬挑出塔体墙面的壁龛，其内有一个尖券拱的神龛，很可能供奉着圣心雕像。第三层是四边形向八边形过渡的转换层，窗户上有反声板，内部可能是悬挂钟的位

① Leyssen J. Mongolie. La belle mission de Palakai[J]. Les Missions Catholiques. Bulletin hebdomadaire illustré de l'oeuvre de la propagation de la Foi [Catholic Missions], weekly, Lyon: Bureau des missions catholiques, 56, 1924: 284: "L'église, d'abord très simple à l'extérieur, offre au-dedans et jusque dans les moindres détails, un cachet vraiment chinois. Les ornements du plafond, les lustres, les inscriptions font penser que le Chinois, tout en se faisant chrétien, reste chez lui et que l'Église respecte les coutumes innocentes et les particularités de son pays. La cloison allant du chœur jusqu'au fond est coupée dans sa monotonie par les piliers en bois et par la chaire."

图 3-63 巴拉盖钟楼外观，从东南侧拍摄
图片来源：南怀仁中心，C.I.C.M. archives，folder of Building and Residence

置：四个小尖塔竖立在正方形起始处的四个角上，楼体本身则由于小尖塔的出现而向内退让，从而构成八边形，八边形其中有四个面开有圆拱形窗，其他四个面为实墙。由于第三层出现了反声板，所以第三层应该为钟室。第四层是八边形的，没有开窗，只在八个转角处有突出墙面的壁柱装饰，壁柱向外悬挑，同时撑起顶层的平台和装饰带，这一层是屋顶结构的过渡层。第五层是露天平台，砖砌的装饰，上下有两层砖饰带。八边形每个转角的壁柱上都有装饰或者雕塑（图片不清）。目前没有楼内部的信息，很有可能里面是木楼板和楼梯，用来悬挂铜钟的是脱离砖墙体的木结构支架。这个复杂的钟楼向我们展示了设计和修建者的高超技艺，每层不同的设计摆脱了砖砌墙面的单调，而且特殊部位使用的是抹角砖，筒体上组合使用了尖券和圆拱券的窗户和神龛，小尖塔和屋顶平台的外墙设计也很精美，工艺精良。钟楼的原型来自于中世纪晚期的哥特式建筑构成要素，可以说这是一座哥特复兴式风格的纪念碑。

钟楼的原型

“在远处，我们就能认出，在一片树林中央，有一个像布鲁日钟楼的、缩小的建筑物：那就是巴拉盖钟楼！”[①] 如桑世晞所言，这座钟楼在平坦的土默特平原，从远

① Leyssen J. Mongolie. La belle mission de Palakai[J]. Les Missions Catholiques. Bulletin hebdomadaire illustré de l'oeuvre de la propagation de la Foi [Catholic Missions], weekly, Lyon: Bureau des missions catholiques, 56, 1924: 259: “Au loin, nous reconnaissons, au milieu d'une véritable forêt, quelque chose qui ressemble au beffroi de Bruges an miniature; c'est le clocher de Palakai!”

图 3-64　比利时布鲁日钟楼
图片来源：http: //julia-mathewson.com/photowebpages/europe_2010/bruges.html [2011-11-10]

处即可识别，正如佛兰德斯海滨城市布鲁日城里的钟楼一样。布鲁日被称为北方威尼斯，是比利时中世纪重要的港口城市，2000 年列入世界文化遗产名录，这座钟楼是中世纪远航者回家的标志。

巴拉盖钟楼的原型便是这座比利时中世纪的重要建筑物（图 3-64），正方形与八边形的转化与叠合，小尖塔、上层和底层的角端壁柱都非常明显地参考了布鲁日钟楼。当然，巴拉盖钟楼不可能是布鲁日钟楼的复制品，布鲁日的钟楼是城市尺度的标志性建筑物，体量巨大，下部的多层建筑是当年的布行。钟楼从 1300 年左右开始建设，大概分别在 1345 年、1482—1486 年，进行了几次加建，钟楼下部用砖，上部用石材。①

钟楼这类比利时佛兰德斯地区中世纪的典型建筑物，在 Hainaut 和 Brabant 以及法国北部都很常见。荷兰语拼作 Belfort，法语是 Beffroi。在佛兰德斯的中世纪小镇，钟楼是市民权利和自由的象征——城市的钥匙、宪章以及其他特殊贵重的物品都存放在钟楼里。钟楼悬挂的是城市的时钟或者警钟，用来为开启城门、发出信号，以及如火灾、遭遇袭击时敲响警钟。钟楼顶上的雉堞没有什么军事用途，但它们是守卫和警戒的象

① Bouwen door de eeuwen heen. Inventaris van het cultuurbezit in België [M]. vol. 18na，Stad Brugge，oudste kern，1999：195-202.

征。[①] 有些钟楼是独立的建筑物，如比利时的 Tournai、Mons、Douai 和 Ghent（老钟楼），但是大多数都与其他建筑物整合在一起，如布鲁日、Ypres 和 Kortrijk 的钟楼与布行整合，Aalst、Oudenaarde、Dendermonde、Tielt、Lier 和 Sint-Truiden 钟楼都是市政厅的一部分。有时，钟楼也是城市里主要教堂的一部分，如安特卫普和鲁汶的钟楼。

由于它们本身的原真性，56 座比利时和法国的钟楼联合列入了《世界遗产名录》。它们的列入分为两部分，首先是 32 座比利时佛兰德斯和瓦隆地区的钟楼 1999 年列入《世界遗产名录》，这个组后来增加了 23 座法国北部加来地区（Nord Pas-de-Calais）和皮卡第大区（Picardy）的钟楼，以及位于瓦隆 Gembloux 地区的钟楼。UNESCO 世界遗产的网页提到加入名录的钟楼的标准："建于 11 世纪至 17 世纪之间，它们是罗马风式、哥特式、文艺复兴式、巴洛克式风格建筑的代表。它们是城市赢得自由的重要符号。当意大利、德国、英国的城镇选择建设市政厅时，这部分西北部的欧洲大陆非常强调建设钟楼。城市的统治者（市政厅）与钟塔（教会的象征）、城市钟楼形成了鲜明对比，后者象征着市参议院的权利。几个世纪之后，它们成为城镇影响和财富的体现。"[②]

巴拉盖钟楼的含义

刊登在 1935 年 Missions de Scheut 上的照片下有一句注释："巴拉盖钟楼是一座真正的钟楼，它让抢匪们望而生畏。"[③] 巴拉盖钟楼的意义首先是一个成功的天主教村在视觉上的象征，是这座天主教村成功渡过灾难的象征。可以肯定地说，在塞北地区再没有其他村子或者城市有这样一座西式的标志性钟楼。毫无疑问这是土默特平原最引人注目的建筑物之一，对于比利时原型的高度模仿也促成了它的唯一性。就像佛兰德斯中世纪的钟楼一样，巴拉盖钟楼可以登顶观望，用以戒备抢匪和袭击。[④]

1918 年 11 月 7 日，是祝圣钟楼的日子，值得一提的是，当时的比利时也上演着相似的故事。这是第一次世界大战停战日之后的第四天，这场战争对于比利时而言就

---

① COOMANS T. Belfries, Cloth Halls, Hospitals and Mendicant Churches: A New Urban Architecture in the Low Countries around 1300 [C]. GAJEWSKI A, OPACIC Z (ed.). The Year 1300 and the Creation of a New European Architecture (Architectura Medii Aevi, 1), Turnhout: Brepols, 2007: 185-202 (especially 188-190).

② UNESCO World Heritage: http://whc.unesco.org/en/list/943[2011-12-24]. 有关佛兰德斯钟楼，1999: http://whc.unesco.org/archive/advisory_body_evaluation/943bis.pdf [2011-12-24].

③ Missions de Scheut: revue mensuelle de la Congrégation du Cœur Immaculé de Marie [J]. Brussels: C.I.C.M., 43, 1935: 203: "La tour de Palakai. C'est un vrai beffroi dont la vue inspire aux brigands une sainte terreur."

④ Leyssen J Mongolie. La belle mission de Palakai[J]. Les Missions Catholiques. Bulletin hebdomadaire illustré de l'oeuvre de la propagation de la Foi [Catholic Missions], weekly, Lyon: Bureau des missions catholiques, 56, 1924: 272.

像一场可怕的瘟疫。在比利时布鲁塞尔 Koekelberg 的巨大巴西利卡，于 1919 年再次启动兴建，也奉圣心为主保，作为对基督圣心的感恩。① 这座奉献给圣心的国家级纪念性建筑，绝大部分建设成本来自国家的财政拨款。它是世界上第五大教堂，起初也设计为哥特式风格，但是经过多轮竞争，1922 年最终建为装饰艺术风格。② 而圣母圣心会依然坚持自己的风格，将奉献给基督圣心的巴拉盖钟楼建成中世纪佛兰德斯地区的样式。

二、什拉乌素壕教堂

什拉乌素壕村隶属于托克托县，大青山南麓，呼和浩特西南方大约 90km。如今的什拉乌素壕教堂是一座被遗弃的乡村小教堂。尽管它已破败不堪，但依旧是一座非常值得探究中西文化交融的小教堂。什拉乌素壕教堂是一座精美的砖砌教堂，在装饰上和结构上有哥特式和中式元素的混合。它在整座村里位置显著，是天主教村的核心，四周环绕带有雉堞的土围墙，至今周边仍有原教会附属建筑。

关于什拉乌素壕教堂有几张老照片，发表在 1920 年代 Missions de Scheut 上，照片的背景上展示出教堂和它环绕的夯土墙，但是它的建筑师和建设年代都未曾提及，建筑师很可能是一位圣母圣心会的传教士艺术家。刊登在会刊上的老照片（图 3-65），③ 展示了当年的建筑情况，照片上有两位圣母圣心会会士和两位中国人，他们都穿着厚重的棉衣，站在院子的大门旁边，照片拍到了教堂的圣所，注释写明拍摄于 1925 年 12 月。④ 所以教堂应建于 1901 年至 1925 年 12 月之间。南怀仁中心

---

① Koekelberg 的圣心巴西利卡开始兴建于 19 世纪，是世界上第五大教堂，差不多一个世纪以后才完工。如今我们看到的圣心教堂是当代装饰艺术的表达。http：//www.basilicakoekelberg.be/documents/basilica.xml?lang=en [2011-12-24].

② http：//www.basilique.be/admen/ [2011-12-24].

③ DE CLIPPELE M. Ma captivité chez les brigands. Missions de Scheut：revue mensuelle de la Congrégation du Cœur Immaculé de Marie [J]. Brussels：C.I.C.M.，1925：178-188，202-213，227-236，250-259，271-282；1926：37-46，49-53. Illustration，p. 44，with the following caption："Chine：Les remparts en terre battue élevés durant les derniers troubles autour du village de Che-la-ou-sou-hao，résidence du P. De Clippele."

④ DE CLIPPELE M. Le Siége de Tatung. Missions de Scheut：revue mensuelle de la Congrégation du Cœur Immaculé de Marie [J]. Brussels：C.I.C.M.，1927：61-70. Illustration，p. 66，with the following caption："Chine：Voyageurs arrivés en plein hiver dans la chrétienté de Che-la-ou-sou-hao（peu après la liberation du P.De Clippele）. Comme il y a près de 30° sous zéro，on s'emmitoufle de fourrures. De g. à droite：le R. P. Jacques Leyssen；puis un fonctionnaire païen，M. Lin，ami des missionnaires（il est assis au bord de son char de voyage），le R. P. Motte（il a enlevé son manteau de fourrures et ne garde que l'habit ouaté）；un charretier enveloppé de son grand manteau en peau de brebis；bonnet en peau de renard comme le P. Leyssen. Malgré le froid les missionnaires voyagent beaucoup durant l'hiver car en été les gens sont trop occupés par le travail des champs."

图 3-65 什拉乌素壕教堂圣所
图片来源：Missions de Scheut: revue mensuelle de la Congrégation du Cœur Immaculé de Marie [J]. Brussels：C.I.C.M.，1925：66

图 3-66 什拉乌素壕教堂东立面
图片来源：南怀仁中心，C.I.C.M. Archives，folder E.P. Derk Stokman

的老照片展示了建筑的东立面（图 3-66），陶维新的家族档案中发现的照片展示了教堂的建设过程。①

1938 年，苗安老（Adolphe Motte，1899—1969）发表了一篇有趣的文章讲述有关什拉乌素壕住所和育婴堂的修建。② 这篇叙述性的文章配有 8 张插图，其中包括了非常细节的建造过程，从基础到调制砂浆，再到砌墙和安装窗框，育婴堂有 15 个开间，住所 5 个开间。作者的用意不是写一篇有关建造技术的文章，而是向比利时的读者解释在一个贫穷的塞北乡村建造一座圣堂是多么艰难，同时展现了质朴的中国教友们对于建造圣堂的热情，包括孩子、妇女，他们帮工建设，却不要任何工钱。文章的结尾向为 96 名孤儿慈善捐款的比利时人致谢。

---

① 笔者于 2011 年 12 月 15 日拜访 Cécile Van Dorpe 女士在比利时 Roeselare 的家，家中存放了大量 Frantz Van Dorpe 的家书和照片，丰富了本案例的研究。

② MOTTE A. Quand il faut bâtir à Cheu la ou sou hao. Missions de Scheut：revue mensuelle de la Congrégation du Cœur Immaculé de Marie [J]. Brussels：C.I.C.M.，1938：220-225.

图 3-67 什拉乌素壕教堂外观，东南侧拍摄
图片来源：Thomas Coomans 拍摄于 2011 年 5 月

“文革”期间，教堂被遗弃，并且部分破损。1984 年教会收回房产，1985 年重建了教堂的高侧窗及屋顶。① 最近几年，由于教友数量减少，教友们建了一个新的小堂，老教堂年久失修而荒废。作者于 2011 年 5 月探访什拉乌素壕，并且进行了简单的测绘。

现在教堂位于整座村子的南部，主街的北侧（图 3-67）。这个院落中包含如下几座建筑：教堂、住所都是原来的老建筑，并且南北朝向，但是中轴线并非正南正北。住所是用土坯砖和烧结砖砌筑的，里面有几个带有火炕的卧室以及一个厨房。住所目前的状况比较差，部分坍塌，内设地下室用来贮存食物。老照片展示院墙的大门曾经是中式的，另外一张保存在南怀仁中心的照片展示了不同的住所大门，形式简单，但是有雉堞（图 3-66）。

精美的哥特复兴式与中式混合教堂

教堂按照中国传统，其长轴是南北朝向，整座教堂建于 1m 高的平台之上，有两处台阶通往教堂的入口，一个在南侧主入口的正中间，另一个在东侧第四个开间处，西侧墙没有门（图 3-68）②。教堂的平面很简单，建筑面积大约有 $100m^2$，中殿 3.75m × 23.75m，八个开间，正中两排细高的木柱将中殿与两侧廊分隔，侧廊宽 1.86m，故整个教堂宽约 8m，圣所比较窄小（3.45m × 3.70m）。南立面有三座门：正中的大门通向中殿，两侧的门分别通往侧廊。从教堂内部观察主入口两侧，有壁柱支撑着

① 访谈当地教友，讲述教堂在 1900 年左右建设，但是没有官方文献确定教堂的建设年代。
② 图 3-68 包括两张平面图：一个是教堂在 1.50m 高度处的横截面；另一个是教堂圣所在高侧窗处的横截面。

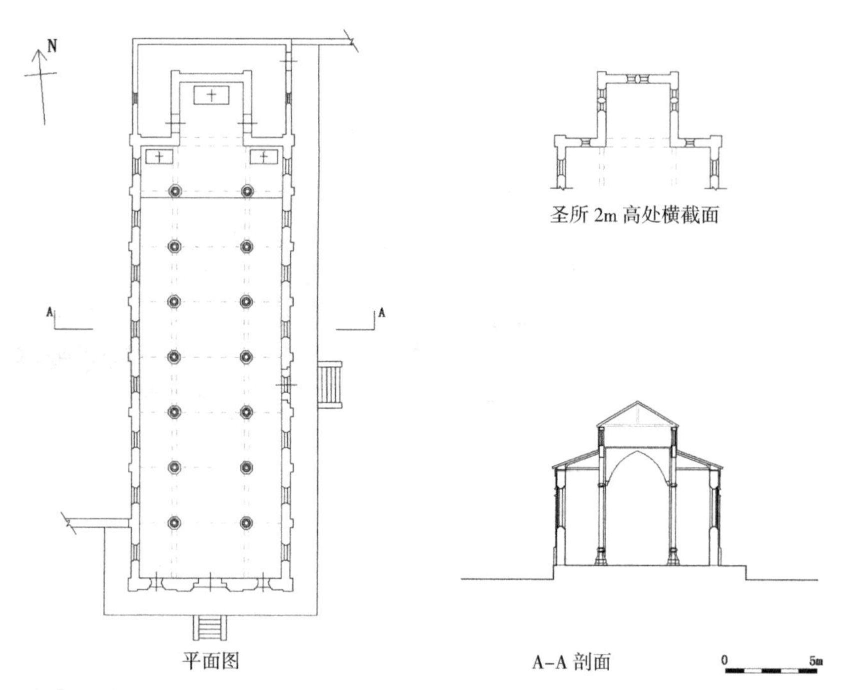

图 3–68 什拉乌素壕教堂平面及剖面
图片来源：罗薇绘制，Thomas Coomans 协助，2011 年 10 月

屋顶上的小钟塔。祭衣所非常狭窄，与边廊同宽，环绕整个圣所。在圣所的两侧分别有门通向祭衣所。

教堂的外立面非常简单，既没有耳堂也没有后殿。教堂的高侧窗部分很明显经过改动。主入口南立面与侧墙交接处通过壁柱加固，壁柱的一部分顶部局部突出墙面，形成漂亮的装饰（图 3–69）。起初的南立面是一个三角形的山墙，正中一个圆窗，山墙两端各有一个小尖塔。而高侧窗部分要比现在的复杂一些，每个开间都有一个矩形的条窗，条窗两侧分别有盲窗。双坡屋顶的坡度大约在 30°，金属板覆盖。侧廊的单坡屋顶大概在 20°。除了高侧窗仍然保持矩形窗之外，如今的教堂每个开间都开有尖券窗。现在的双坡顶大约是 30°，仍旧是金属板覆盖。侧廊的屋顶基本上保持原有的坡度（图 3–70）。

室内设计也相对简单（图 3–71、图 3–72），墙面平整，没有壁柱。室内简单的装饰加上高耸的中殿和侧廊，以及细高的柱廊，给人安静、平和的体验。每排 7 根细柱都被刷成黄色，高 4.21m，直径 0.25m，支撑着尖券拱廊。拱券之上的墙体便是高侧窗部分的墙面，教堂左右各 9 个高侧窗。内部 7.55m 高处有天花板，遮蔽起屋顶的木结构，部分天花板破损，并且天花板从梁上悬挂下来。天花板的木肋看上去较新，并且刷成了黄色，应为后期所为。侧廊处的天花是原始的，单坡顶下缘有横

图 3-69 什拉乌素壕教堂
图片来源：C.I.C.M. Archives，folder E.P. Derk Stokman

图 3-70 什拉乌素壕教堂正立面
图片来源：作者拍摄于 2011 年 5 月

梁连接柱廊，遗憾的是很多部分都破损且垂落。在坡屋顶与侧墙的交界处有一排木檐口，装饰着四瓣的花朵，十分精致，这也是仅有的原始装饰，和木拱顶一起，为我们提供了原始建筑信息。非常难得的是，老照片上显示柱子上原来绘有大理石的图案，而柱头也是彩色的植物叶子装饰。中殿由于性别隔离传统而被圣体栏杆分为前后两部分，靠近圣所的 4 个开间为男士席，东侧门以南的开间为女士席，圣所两旁悬挂有繁体中文字的条幅，另外有一行中文在圣所高窗之上，底饰是哥特式的羊皮卷形式。

教堂里最吸引眼球的莫过于柱础了（图 3-74），石头柱础 94cm 高，由三部分组成：底部 12cm 高的八边形；中部也是八边形，外轮廓由直线和凹弧线组成；上部是八边鼓形，且如同鼓一般上下有底和箍，也是弧线收边。这种混杂样式的柱础，鼓形部分是中式的，但是上面用的八边形却是西方常用的，通过老照片可知，这些柱础都是原有的设计，而柱头则经过简化。

中殿与圣所之间的一个开间比中殿高出两级踏步，这个略微高出的平台两端分别有一个侧祭台，都由石头制成。对比老照片，目前这些祭台后来经历了改建。圣所与中殿之间是高坛尖拱券，从墙壁上的石头托臂开始发券。圣所墙面上的彩绘装饰与中殿的颜色及内容都协调统一，与后来粉刷的黄色主祭台形成了鲜明的

图 3-71 什拉乌素壕教堂室内
图片来源：Family archives of Frantz Van Dorpe

图 3-72 什拉乌素壕教堂室内，从中殿向圣所拍摄
图片来源：作者拍摄于 2011 年 5 月

对比，圣所比侧坛还要高一级踏步，是教堂里的最高点。圣所在东、北、西三面墙上都有两个尖券的高侧窗，目前北侧的高窗已封堵。跟中殿一样，圣所的天花板也悬吊下来。圣所北侧的外墙有原始的山墙痕迹，说明原有的圣所要比中殿低（图 3-73）。

所有的内墙都粉刷成白色，除了门窗框和墙裙。墙裙大约 1.80m 高，粉刷成浅蓝色，并且有金色植物纹样的装饰。图样均匀绘制，可见使用了模具。在窗户之下，一条饰带写有连续的繁体中文。中殿和圣所的铺地都是矩形或者正方形的地砖。祭衣所非常狭窄，像走廊一样环绕圣所。

什拉乌素壕教堂的砖作非常精美，由于没有记载，这些砖饰的工匠和图样来源都不得而知。砖的尺寸大约为 30cm × 15cm × 6cm，一顺一丁式砌筑，壁柱在转角处都用丁砖砌筑（图 3-75）。壁柱与内部木结构通过金属拉杆加固，外墙上可看

图 3-73 什拉乌素壕教堂圣所侧后部（左）
图片来源：作者拍摄于 2011 年 5 月
图 3-74 什拉乌素壕教堂室内柱础细部（右）
图片来源：作者拍摄于 2011 年 5 月

图 3-75 什拉乌素壕教堂砖饰细部
图片来源：作者拍摄于 2011 年 5 月

到用来锚固的铁扒锔，该铁艺构件也很精致。教堂南立面的三座门都有精致的门楣，曲线形雕刻（图 3-75）。每座门上方都有尖券窗，中央的最高大，内部又再分成两个哥特式尖拱窗，两窗间一个圆形盲窗饰有四叶形花瓣。东西侧墙上每个开间都有一个尖券窗，并且饰有木质的花瓣形花窗格。东侧的小门上方也有略小的尖券窗。档案馆的老照片展示了中殿和圣所的原始木拱顶，看上去非常连贯、统一，比现在的质量也更好。侧墙与屋檐交界处有两层精致的砖饰带，三瓣尖券拱构成饰带（图 3-75）。教堂侧廊四角的壁柱顶部有非常别致的砖装饰。它们顶部是几何形的小尖塔，尖塔下饰有花纹，这些花的图样来自中国传统图样或其变形。

高侧窗的改变

正如前文多次提到的，教堂中殿的高侧窗以及圣所的上部都经过改造。目前的高侧窗是 1985 年修缮后改建的。遗憾的是，施工质量、砖的颜色、单调的矩形窗破坏了原有建筑的统一性。教堂内部、南立面墙的内侧和圣所的北墙都有原来屋顶结构留下的明显的痕迹（图 3-73）。老照片上显示了教堂中殿的高侧窗，以及圣所的外墙。南怀仁中心的老照片里清楚地显示了高侧窗及两侧的盲窗，可以想象出当时内部的采光情况更佳。老照片上中殿的双坡屋顶明显高于圣所的双坡屋顶，高坛拱券之上是一片三角形的山墙。根据老照片，双坡顶大约 45°，比现在的要高。今天的中殿屋顶斜面大概在 30° ，同时屋顶延伸到圣所，中间没有中断。我们可以假设原有的木拱顶和高侧窗在近百年间，因为无人使用而日渐破败，后来教友重修了中殿的屋顶，但是比较低。1985 年，修复中殿高侧窗，但是非常粗糙，几乎没有装饰。无论如何，室内空间恢复了原有的采光，曾经保证建筑内部不受风雨侵蚀。

折中式风格

设计什拉乌素壕教堂的建筑师仍是个谜，或许他是和羹柏的门徒，学习了砌筑、木拱顶及一些常用的哥特式构件。很显然他对中国文化的接受更为开放，就像他在教堂中展示的一样，木柱及外墙装饰采用多种中国元素。对于这座建筑，不能从风格统一的角度来进行评价，它早已不是和羹柏建造的纯粹的圣路加式教堂。这个小堂独特的风格和狭长高耸的中殿给人恬静的感觉。什拉乌素壕教堂目前处于废弃状态，许多植物在屋顶和墙面上肆意生长，造成墙体开裂，破坏了墙体和门窗结构，并且可能导致屋顶进一步坍塌。教堂四面透风，室内因为漏雨而使墙壁及柱子霉烂，鸟类栖居于此，亟待修缮。

第三节　主教座堂的设计与建造

主教座堂英文为“Cathedral”，原意是“有主教座椅的教堂”，主教座椅的英文为“Cathedra”，也就是说这里是主教所在的教堂，是主教辖区的中心。并不是所有的教会都有主教座堂，它只存在于罗马天主教、英国国教、东正教和某些路德、卫斯理教派的教堂中。时至今天，有许多新教使用的教堂仍旧沿用了主教座堂这个名字，也有一些现代的教堂建筑，因为它很宏伟也称之为主教座堂，虽然里面并没有主教席位，如美国加州的水晶大教堂（Crystal Cathedral）在 1981 年建成时并没有主教。

通常情况下，主教座堂是用来给主教及其属下的神职人员举行宗教仪式的地方，由于中世纪以后主教的权势增加并且管辖的事务也越来越多，主教座堂往往规模很大，通常建在城市的中心，现代建筑发展之前，它往往是城市中最高的建筑。主教座堂由于地位尊贵，其建筑的内外装饰都极其华丽，彩色玻璃、雕像、浮雕等都是用于描绘基督生平、教会历史及重大事件，有如一本图解的《圣经》。

本节谈及的三个主教座堂案例，西湾子主教座堂、二十四顷地主教座堂、呼和浩特主教座堂，它们的共同特点是建筑师都是未接受过建筑专业培训的传教士。西湾子的第一座主教座堂是遣使会留下来的 L 形布局的双爱堂，由于西湾子是中蒙古的管理中心，也是圣母圣心会在中国的标志，曾在西湾子负责的三位主教在自己的任期内都对建设一座宏伟的新主教座堂做出了不懈努力。前文曾提及，因为 L 形的小教堂不匹配圣母圣心会在华中心管理区的主教座堂的地位，方济众主教决定在西湾子建设新的西式主教座堂，但是由于只能靠教会自行募集资金，共筹备了 20 多年。新的主教座堂由石德懋设计，后来石德懋本人成为西湾子的主教。西湾子新主教座堂不仅是圣母圣心会管辖区内最宏伟的大教堂，关内许多城市中的主教座堂都不及它的规模。

二十四顷地位于土默特平原，目前隶属于包头市土默特右旗，它的主教座堂与呼和浩特主教座堂有着千丝万缕的联系。最早的西南蒙古宗座驻地设在三盛公，后来二十四顷地村作为西南蒙古的管理中心，大概经营了 40 年。由于西南蒙古宗座代牧区地域广阔，后来划分为三部分：小桥畔区以城川为中心；二十四顷地区隶属萨拉齐厅，以二十四顷地为中心；三道河区，主要在阿拉善旗，以三道河为中心。在一场旱灾中，圣母圣心会会士将一部分孤儿和教友移至人口少、开垦不多的三道河区域。韩默理从甘肃代牧区调来成为西南蒙古代牧区的管理者，共计 12 年。1893 年，由于教友数量激增，韩默理和蓝广济[①]（Willem Lemmens，1860—1943）在三道河建了一个圣堂。1899 年，萨拉齐出现了霜冻，1900 年又遇大旱，严重地损害了这个区域的粮食生产。在圣母圣心会会士的感召下，新的教友在二十四顷地附近建立了大约 50 座天主教村，而且发展比较成熟。天主教社群的蓬勃发展使得从三盛公来远程管

① 蓝广济，1860 年 1 月 3 日出生于荷兰 Beek，1943 年 3 月 31 日卒于中国归化城（今呼和浩特），1885 年加入圣母圣心会，1885 年晋铎，1886 年派遣来华，1892—1893 年任三道河学校校长，1893—1899 年任二十四顷地和小桥畔本堂，1899—1900 年任巴拉盖本堂，1903—1905 年任二十四顷地本堂，1928—1943 年退休于归化城。AN OVERMEIRE D（ed.）. 在华圣母圣心会士名录 Elenchus of C.I.C.M. in China [M]. 台北：见证月刊杂志社，2008：320. 古伟瀛 . 塞外传教史 [M]. 台北：光启文化事业，2002：198.

图 3-76 内蒙古四子王旗库伦图教堂
图片来源：作者拍摄于 2010 年 3 月

理这个区域显得力不从心，韩默理遂将主教座堂、神学院、育婴堂搬至二十四顷地和巴拉盖。[①]

1904 年，教会用清政府赔款重建了二十四顷地主教座堂，一直用至 1924 年。圣母圣心会曾有继续向北方的蒙古人传教的打算，并且在四子王旗的库伦图建了一座很大的圣堂（图 3-76），打算作为主教座堂使用，但是四子王旗地广人稀，未能实现将那里变为传教中心的愿望。后来，由于绥远城市发展迅速，铁路的修建，便利的交通，使得这里成为理想的传教中心。故后来主教席位转移至呼和浩特新建成的主教座堂。

一、二十四顷地主教座堂：双中殿圣堂

二十四顷地主教座堂至今仍然屹立（图 3-77），这座教堂在一百多年间，经历过几次修缮，塔楼上半部分重建，屋檐也通过增加斜撑、斗栱等构件向外延伸，用以保护墙面。2009 年由当地政府出资，进行了修缮。圣母圣心会时期的建筑还有一座典型的哥特复兴式的小礼拜堂，与和羹柏神父设计的宣化主教座堂旁的修院建筑群立面十分相似，根据其建筑的精美程度可推断应是和羹柏的作品（图 3-78）。[②] 对于二十四顷地主教座堂的关注一是因为形制比较特殊，它是双中

① TAVEIRNE P. Han-Mongol Encounters and Missionary Endeavors：A History of Scheut in Ordos（Hetao），1874—1911（Leuven Chinese Studies，15）[M]. Leuven：Leuven University Press，2004：501；VERHELST D & NESTOR P（eds.），C.I.C.M. Missionaries，Past and Present 1862—1987：History of the Congragation of the Immaculate Heart of Mary（Verbistiana，4）[M]. Leuven：Leuven University Press，1995：103.

② 作者于 2010 年 3 月实地考察该堂。

图 3-77 二十四顷地主教座堂主立面
图片来源：作者拍摄于 2010 年 3 月

图 3-78 二十四顷地小礼拜堂外观
图片来源：KADOC，C.I.C.M. Archives，folder 20.2.1.2

殿的教堂，遵从当时中国性别隔离的传统，二是它的屋架体系有别于中国的传统抬梁或穿斗式结构。

资料来源

欧洲的档案中没有主教座堂的原始图纸，仅有一封和羹柏于 1904 年 2 月 18 日写给方济众的信提及教堂的设计，信中对这种类型的教堂进行了批判。[①] 会刊上的一篇文章提到主教座堂的建筑师是蓝广济，他是圣堂的设计和监理者。根据目前掌握的资料，蓝广济并没有建筑背景，同其他的传教士一样，对建筑和营造非常感兴趣。在修建二十四顷地主教座堂之前，他在 1890—1892 年间还修建了三道河的一座教堂

① KADOC，C.I.C.M. Archives，folder P.I.2.5.1.5.14.

和主教住所。① 从 2009 年起，苏州市文物古建筑工程有限公司开始对二十四顷地主教座堂及其附属建筑进行测绘和修缮。通过苏州市文物古建筑工程有限公司提供的测绘图纸可以与档案照片进行更好的比较和研究。②

晚清时期，二十四顷地隶属于萨拉齐厅，归绥道，这里也是达拉特牧场的一部分。清末，一位汉族商人高九威从达拉特旗租了 24 顷土地，并且命名为“二十四顷地”。事实上这个区域并不止 24 顷，1887 年丈量时，真正面积超过 100 顷。蒙古人是游牧民族，他们对土地的价值缺乏认知，所以当他们出租自己的土地时，从来不丈量，仅仅是骑马跑上一圈，然后给出一个数字作为总面积。③ 后来，教会购买了二十四顷地，几十年间不断发展扩大，并且不断购置新的土地，达到 200 顷左右。④ 但是，直到今天这里始终保持着最初的名字“二十四顷地”。⑤

在闵玉清的帮助下，新主教座堂花费白银 1.3 万两，1500~2000 位工匠参与施工，建设很顺利。主教座堂和城墙的修筑同时开工，整个城墙周长有大约 3km，高 4m，底部宽 7m，上部宽 3m，南北设两座大门。在南北大门和四个角部顶上安置了大炮，也修建了卫戍的营房，当地清政府没有干预城防体系的修建。⑥ 主教座堂于 1905 年冬全面完工，之后又开始蓬勃发展，二十四顷地教友的数量比三道河和小桥畔高出许多倍。

1980 年教会收回教产并且开始重修。1980 年 12 月 25 日圣诞节，举行了教堂重开的庆祝活动。由于小修院已经废弃，1984—1986 年教友们拆除了修院，并且用拆下来的材料重修了教堂的钟塔。1993 年左右，教产基本上都重新修缮过，周边的环境也大大改善。由于一些结构和设施上的问题，2009 年主教座堂再次进行修缮。⑦

主教座堂的建筑师——蓝广济

二十四顷地主教座堂由蓝广济设计修建，重建教堂要求用更少的时间，1904 年

① 古伟瀛 . 塞外传教史 [M]. 台北：光启文化事业，2002：198.

② 感谢苏州市文物古建筑工程有限公司提供的二十四顷地教堂测绘图纸，一些细部设计得以仔细推敲。

③ 张彧 . 晚清时期圣母圣心会在内蒙古地区传教活动研究（1865—1911）[D]. 广州：暨南大学，2006：57：“从不着实丈量，已成惯例，不过骑马巡视一周，指为十顷则十顷，指为百顷则百顷。”

④ 赵坤生 . 近代外国天主教会在内蒙古侵占土地的情况及影响 [J]. 内蒙古社会科学，1985，3：62，64.

⑤ TAVEIRNE P. Han-Mongol Encounters and Missionary Endeavors：A History of Scheut in Ordos（Hetao），1874—1911（Leuven Chinese Studies，15）[M]. Leuven：Leuven University Press，2004：243-244.

⑥ 张彧 . 晚清时期圣母圣心会在内蒙古地区传教活动研究（1865—1911）[D]. 广州：暨南大学，2006：156-157.

⑦ 根据二十四顷地教堂测绘图提供的信息，不均匀沉降引起墙体裂缝，最大处达 3cm。

教堂建成了。[①] 此前，他已经设计建造了几座建筑，[②] 或许他在建造技术上有过一些基础的训练。

1903 年底，蓝广济给方济众写信："我没有时间来设计新的教堂，所以请安排和羹柏为二十四顷地教堂绘制图纸。我希望您能够让和羹柏两年内摆脱其他工作的烦扰，专心从事建筑师的工作。和羹柏不太会拒绝这个安排的，因为建筑就是他最喜欢的工作。"[③] 后来在 1904 年 6 月 2 日的信中，蓝广济写道："关于和羹柏，我已经亲自通知他。主教和我希望下一年他能够为我们腾出一点时间，但是我害怕即便这样，他还是没有时间设计。我已经再次问过他是否有时间为我们设计教堂。如果明年开始建设教堂也可以的话，我将尽量安排，他会在明年有些时间。毫无疑问，他的建议会给我很多帮助。"[④] 1903 年 10 月 6 日和羹柏写给主教方济众的信中提到，蓝广济邀请他为二十四顷地主教座堂设计方案，但是他最终还是拒绝了，因为当时非常忙，其中一个工程便是杨家坪的熙笃会修道院项目。[⑤] 由于当地恶劣的气候条件，只有夏季是工程建设的最佳时间，最终，蓝广济没有等到和羹柏设计的图纸，1904 年他本人设计了新的主教座堂。"反对的声音仅仅是关于钟塔的，而这反对是来自主教的。主教希望设计一个简单便宜的塔楼，然而蓝广济设计了一个高的，像纪念碑一样的钟塔。当然，那样的话会花费更多的钱。花太多的钱是不被允许的，因为主教需要

---

① 翻译自 VAN HECKEN J L. Documentatie betreffende de missiegeschiedenis van het apostolisch vicariaat Zuidwest-Mongolie [M]. Ordos，Schilde，1981：150. Nog hetzelfde jaar 1904 was de kerk gereed.

② 同上：148："(...) Als procureur moest P[ater] Lemmens ook nog zorgen voor de bevoorrading van de missionarissen. Maar zijn voornaamste werk was het bouwen van een bisschoppelijke residentie，een provinciaal huis，een kerk，een versterking rond het dorp en een seminarie."

③ KADOC，C.I.C.M. archive，P.I.a.1.2.5.1.3.2.，1903 年 12 月 17日蓝广济写给方济众的信："Wegens de groote drukte in deze christenheid，vrees ik geen tijd te hebben om mij met het bouwen der kerk，aanstaande jaar kunnen bezig te houden. Te meer daar nog een ts'ai tzeu zal gemaakt worden. Daarom had ik aan Monseigneur Bermijn voorgesteld het plan der kerk door De Moerloose te laten maken. Tot nu toe heb ik nog niet den tijd gehad het grondplan der kerk te maken，'t geen De Moerloose zou moeten hebben，om de rest te teekenen. Daarom verzoekt Mgr Bermijn Uwe Doorl. Hoogwaardigheid om P. De Moerloose voor een of twee jaren af te staan，indien het mogelijk is. Hiermee waren wij uit eene groote moeilijkheid gered en ik zou Zijne Doorl. Hoogwaardigheid er uiterst dankbaar voor zijn. Of Pater De Moerloose zou aannemen? Dat weet ik niet，maar indien hij door niets verhinderd is，dunkt mij dat hij er niets tegen zal hebben，daar bouwen zijn leven is."

④ KADOC，C.I.C.M. archive，P.I.a.1.2.5.1.3.2.，1904 年 6 月 2 日蓝广济写给方济众的信："Van de zaak P. De Moerloose was ik al door hem zelf ingelicht. Monseigneur en ik hopen dat wij hem aanstaande jaar eenigen tijd konden hebben. Maar gezien al die werken，vrees ik dat ook d á t niet zal lukken. Ik heb hem nu nog verzocht，als hij tijd zou hebben，mij een plan te maken voor onze kerk. Ik zou er zoveel van afmaken als de tijd dit jaar toelaat，dan kan hij zoo mogelijk de rest doen aanst.[aand] jaar. Dat zijne raad mij goed te pas komt is zonder de minste twijfel."

⑤ KADOC，C.I.C.M. archive，P.I.a.1.2.5.1.5.14，1903 年 10 月 3 日和羹柏写给方济众的信："Le R[évérend] P[ère] Lemmens (procureur) est chargé de la reconstruction de l'église d'XXIV tsing ti et me demande des plans. De même le T[rès] R[évérend] Père Provincial pour Hang.houo.ti；les R[évérends] P[ères] Vonke pour Tsi.sou.mou et Hustin pour Sabernoor. Je suis occupé pour La Trappe."

用钱来吸引更多的慕道者，而不是建造塔楼。蓝广济不得不放弃自己的方案，建了一座简单的塔楼，事情也就了了。”① 由于财力有限，蓝广济设计了一个简单的塔楼。

双中殿的主教座堂

主教座堂的长轴是南北向偏东 20°，平面拉丁十字形，除了东北角的祭衣所外，建筑几乎是完全对称的。建筑面积是 932.20m^2，长 50.80m，宽 24.47m，由五部分组成：南侧主立面及钟塔，双中殿，两个侧礼拜室，圣所和祭衣所（图 3–79）。第一部分，主立面开间 3.70m，像中殿的前堂（antechurch）。正方形的钟塔位于中轴线上，两旁是两个前厅连通着东西两侧的入口。钟塔在中轴线上并没有设入口，但是内部有楼梯通往钟室，② 放置铜钟的房间四面安装了反声板。钟塔的西侧，可通过外部的门和室内的门到达楼梯间和前厅；在钟塔的东侧是南立面的主入口。第二部分，中殿内部为八开间，每开间 3.82m 宽。南端的最后一个开间比其他的要短 14cm。教堂的中殿整体宽 16.40m，中殿中央被一排柱子平分为二。第三部分，中殿北端是两个侧礼拜室，分别有两个开间，3.80m 宽，3.60m 长。由于侧礼拜室的存在，教堂看上去呈现拉丁十字形，但是并没有真正的高耸的十字交叉空间及形成两翼，因为它们只是空间上与中殿分隔开。礼拜室与中殿之间是尖券的柱廊，柱子四边形。礼拜室朝南一侧设有出入口，可以方便男女信众从不同的门进出。教堂的第四部分是圣所，比中殿高出 12cm。圣所的后殿平直，两侧各一个礼拜室，组成五个后殿。③ 圣所伸出的礼拜室开有三个尖券窗。第五部分是祭衣所，通过圣所右侧的小门可以进入。祭衣所中有一小神龛，目前封堵。墙面上的痕迹表明原来应该有另一个房间与祭衣所对称布置，后来被拆除了。教堂四周的散水是 1% 坡度，并且是水泥制，替换了原有的砖石散水。

室内的双中殿和圣所并不协调，在一个连续的屋顶下而没有天花板装饰，由 9 榀豪式木屋架构成整个屋面结构体系（图 3–80、图 3–81）。这种双坡屋顶下的双中殿教堂在中国十分少见，但是顺应了性别隔离的要求。中央的柱子之间镶有木板，将

---

① 翻译自 VAN HECKEN J L. Documentatie betreffende de missiegeschiedenis van het apostolisch vicariaat Zuidwest-Mongolie [M]. Ordos，Schilde，1981：150：“Alleen met de toren kwam er tegenstand en dan nog door de bisschop. Hij was voor het eenvoudige en het goedkope，maar P[ater] Lemmens had voor de toren een plan gemaakt，dat aan de kerk een mooi en hoog monument van een toren zou schenken. Deze toren zou natuurlijk veel geld kosten. Dat mocht niet want het geld van de bisschop was bestemd om catechumenen aan te werven en niet om torens te bouwen. P[ater] Lemmens moest zijn plan laten varen en een eenvoudig torentje bouwen. Daar is het dan bij gebleven.”

② 教堂西侧的楼梯通往二层的平台，这部分有矩形的窗户，并且用壁柱装饰。

③ 像十字两翼，两个礼拜室宽 3.53m，在圣所的礼拜室两侧，靠近圣所的礼拜室略窄，2.3m 宽。

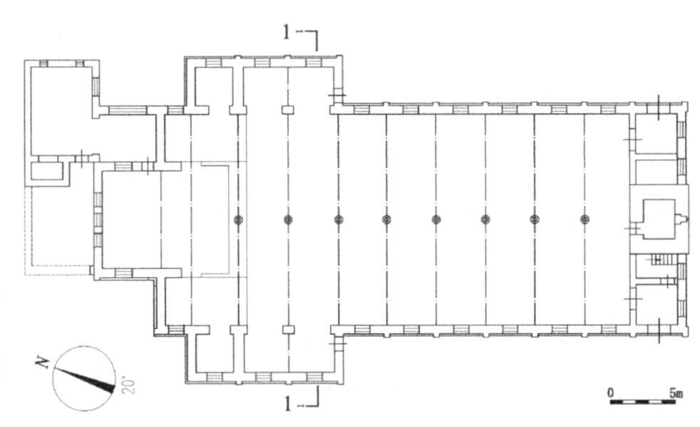

图 3-79　二十四顷地主教座堂平面图
图片来源：作者基于原有测绘图基础上绘制，2010 年 10 月

图 3-80　二十四顷地主教座堂室内
图片来源：KADOC，C.I.C.M. Archives，folder 20.2.1.2

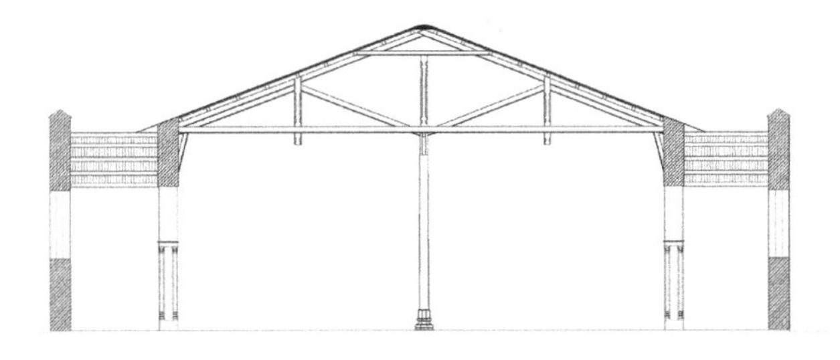

图 3-81　二十四顷地主教座堂 1-1 剖面
图片来源：作者基于原有测绘图基础上绘制，2010 年 10 月

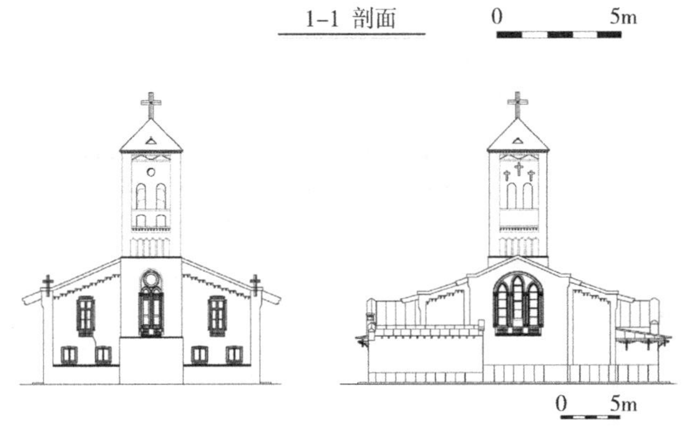

图 3-82　二十四顷地主教座堂南、北立面图
图片来源：作者基于原有测绘图基础上绘制，2010 年 10 月

中殿等分：左侧男士就座，右侧女士就座。在中世纪的欧洲，教堂中如果有多个同高的中殿则被称为“hall-churches”（来自于德语的 Hellenkirchen），但是通常也会同时有多个平行的双坡屋顶一起覆盖中殿，这种教堂很多时候是不断扩建的结果（图 3-82）。方济众喜欢比利时佛兰德斯地区的这种类型教堂，希望能在内蒙古建几座。1904 年 2 月 18 日，和羹柏在写给方济众的信中，配以草图解释了为什么放弃双中殿平面的教堂（图 3-83）。主要有两个原因：第一，主祭台正对着中间的柱子，坐在两旁中殿里的信众不易观看祭台上举行的仪式；第二，双中殿需要两个双坡屋顶，导致两个双坡顶之间形成一条排水沟，这带来了极大的不便。在内蒙古，因为气候恶劣，冬季降雪很大，会导致积雪滑向中间的排水沟，在这里安装镀锌铁皮排水管是不实际的。双屋顶教堂的弊端主要是实际操作的问题，而不仅是美学上的。西方建筑的屋顶坡度原则取决于它所要承受的降水或者降雪量。一位比利时非常著名的根特大学教授路易斯·克洛凯（Louis Cloquet）在其书 *Traité d'Architecture: éléments de l'architecture, types d'édifices, esthétique, composition et pratique de l'architecture* 中阐述：坡度大的屋顶主要是用来应对雨水，适合于雨水温和且频繁的北欧；坡度小的屋顶适合欧洲南部。这些是 20 世纪早期工程师和建筑师都会在学校里学习的建筑知识。[①] 相较于比利时，传教士们在内蒙古的建设，屋顶需要承载连续数月厚重的大雪，却不需要应对持续不断的雨水。所以内蒙古气候条件下的屋顶更接近于欧洲北部，坡度通常接近 60° 或者更高。二十四顷地主教座堂最终采用一个坡度很缓的双坡顶覆盖了两个中殿。从和羹柏的观点来看，这样的教堂设计，立面像一个“大烤箱”。[②]

二十四顷地主教座堂的屋顶木结构体系是西方工业建筑的屋架结构。它通过细长的横梁和两根主檩构成三角形的屋架，坡度大约是 35°。由于两个中殿之间有一排柱子，横梁便在柱子顶部搭接。横梁由两片大小相同的木梁拼成，两段横梁中间再

① CLOQUET L. Traité d'Architecture：éléments de l'architecture，types d'édifices，esthétique，composition et pratique de l'architecture [M]. Paris：Librairie polytechnique，1911：337.

② KADOC，C.I.C.M. archive，P.I.a.1.2.5.1.5.14，1904 年 2 月 18 日和羹柏写给方济众的信："Je me rappelle très bien qu'à propos du programme pour la maison de Si-wan-tze Votre Grandeur m'exprimait le désir d'avoir une chapelle à deux nefs. Parmi les vieilles églises des Flandres il y en a quelques unes de ce genre，mais cette forme a été abandonnée surtout pour deux raisons dont la première est que l'autel principal ne fait pas face au centre du bâtiment，on ne le voit qu'à demi；la seconde est qu'une nef double nécessite un toit double dont les versants intérieurs se rencontrent dans une corniche centrale qui est cause de grands inconvénients. Je fis observer à Votre Grandeur qu'en ces pays surtout les neiges viendraient s'engouffrer entre ces deux toitures et un conduit d'eau en zinc serait impraticable，nous en avons eu l'expérience à Siwan. Le meilleur moyen d'y obvier serait de faire ce conduit d'eau en pierre de taille. L'obstacle est donc plutôt du côté pratique que de l'esthétique. C'est une question à étudier. À San-tou-ho，où l'église a cette forme，on a voulu détourner la difficulté en faisant un toit presque plat sur tout le bâtiment，mais tout le monde est d'accord pour dire que l'effet produit est désastreux，c'est comme un immense four à briques（...）."

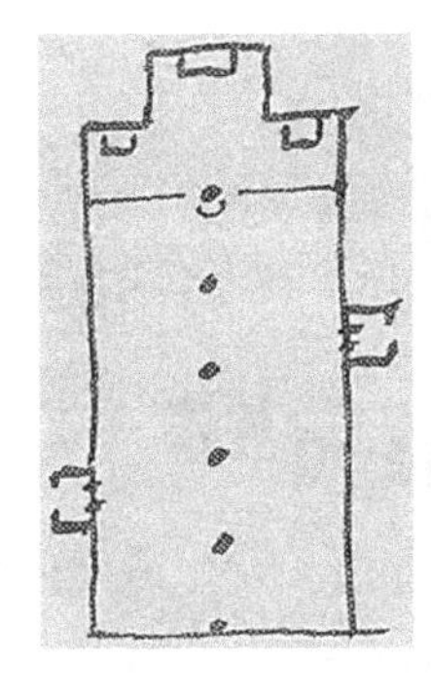

图 3-83 和羹柏手绘草图（左）
图片来源：KADOC, C.I.C.M. Archives, folder P.I..2.5.1.5.14
图 3-84 二十四顷地主教座堂修缮后室内（右）
图片来源：作者拍摄于 2010 年 3 月

用螺栓将一根短柱与两片木板和檩条固定。另外，再有两条细木料在短柱两侧，与横梁一起构成小三角形。一条短梁置于大三角形的上部，进一步固定两个檩条，但是没有加垫板。所有屋架上的木构件都有精致抹角。屋顶本身的望板厚 2.5cm，苫背厚 5cm，金属板厚 3cm。中殿里的木柱都是细细的圆柱形，如今漆成红色，柱础是八边形的石柱础，漆成蓝色和橘黄色，柱子顶部没有柱头，只是将部分柱子漆成了蓝色（图 3-84）。

钟塔是正方形的平面，高 20.90m，非常有纪念性。墙体明显分为两部分，原因是上部的钟塔毁坏后，用了不同颜色的砖砌筑。底部是原有的钟塔部分，高 9.94m，上部钟室部分重建于 1986 年。原来的钟室在窗户处装有反声板，钟塔上的窗户是两个尖券窗中间夹圆窗的构图，外边再有一个尖拱券，这些都是中世纪时典型的教堂窗构模式。1986 年重建的钟塔上部有两种窗户，从下至上，首先是两个装有反声板的圆弧窗，其次是两个装有反声板圆拱形窗，最后是一个圆窗，用作通风口。顶部是方锥形屋顶。二十四顷地教堂的钟塔既是天主教社群的象征，也是主教权力的象征。

主教座堂的窗户都很精致，中殿、祭衣所、礼拜室、主立面，除了钟塔上的窗户之外，所有的窗户外部都有三层的砖砌窗台，窗户两侧有壁柱装饰（图 3-85）。圣所的高侧窗已经替换成了塑钢窗框，但仍然用尖券的样式。教堂所用砖大小是 29cm × 14cm × 7cm，梅花式砌筑。内部墙体下部有几何形装饰的一条砖饰带，形似云彩，内墙上部粉刷成白色。根据结构部位不同，墙体的厚度也不同，同时达到降低成本的目的：窗户四周墙壁厚 66cm，过梁及外侧壁柱厚 81cm，扶壁柱整体厚 121cm。与屋檐交接处的墙体有一排连续 10cm 厚的檐口。石材的使用仅限于柱和门窗框。

因为这是一座主教座堂，比普通堂区教堂的三座祭台要多。首先主祭台位于圣

图 3-85 二十四顷地主教座堂窗户细部（左）
图片来源：作者拍摄于 2010 年 3 月
图 3-86 二十四顷地主教座堂外檐细部（右）
图片来源：作者拍摄于 2010 年 3 月

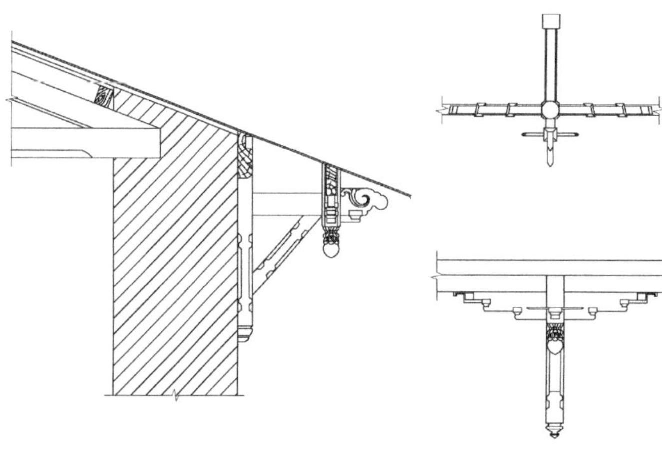

图 3-87 二十四顷地主教座堂，屋檐细部大样
图片来源：作者基于原测绘图基础上绘制

所中心轴线底端，其他四个小祭台分别位于两侧的四个礼拜室，靠近圣所的两个小祭台分别供奉着圣母玛利亚和圣约翰。教堂里的其他家具都非常简单，老照片上中殿除了中央的柱子和隔板外，没有椅子和跪凳。伸出墙体部分的屋檐和斗栱未知加建年代，它用来保护墙体以免受潮。这些斗栱是中西建筑结构技术的结合，上面有中式的云纹和莲花装饰（图 3-86、图 3-87）。

这座当年的主教座堂及它现存的附属建筑如今都收归教会所有，并且保存得很好。主教座堂和院中的一个小礼拜堂是二十四顷地村主要历史建筑，皆为西式风格。这些都是基于当地的气候、材料、传统等实际因素所得的结果。建筑师将教堂的设计尽量契合当地的实际条件，并且通过分隔中殿以适应性别隔离的中国传统。这里的豪式屋架是个例外，展示了当时欧洲先进的工业建筑技术。由于参与实际建设的是中国工匠，可以想象他们在劳动过程中很自然地加进一些中式元素。在近期修缮中，铺地整体更换，中殿添加两排照明设备，一个新的铜钟放置在钟室。柱子中间的隔板被去掉，因为男女不再需要分隔就座（图 3-84）。二十四顷地主教座堂是本书中唯一一个双中殿的案例，丰富了圣母圣心会的教堂建筑类型。

二、西湾子之新主教座堂

西湾子的新主教座堂建于 1923—1926 年间，是圣母圣心会在华建设的最重要建筑。尽管西湾子堂口最初由遣使会建设，但它是在圣母圣心会以及方济众主教手上蓬勃发展起来的，成为天主教教友理想的栖居之地。1923 年石德懋[①]（Leon De Smedt，1881—1951）任西湾子修院院长时，绘制了新主教座堂的图纸——新罗马风式建筑。这座带有两座高塔的主教座堂在山谷里显得十分醒目，是比利时传教士和教友们的骄傲，一座成功的天主教村落的象征，其照片还被制成明信片寄回欧洲，现存于比利时多处档案馆。在西湾子还有许多其他的重要教会建筑，如神学院、本尼迪克特礼拜堂、学校、孤儿院、方济各会修女院以及印刷厂等。[②]1946 年教堂在战争中被毁，之后一直是废墟状态，近年来当地教友争取到一块新的土地兴建大教堂。作者于 2010 年 3 月考察西湾子时，新的工程还未开工，许多老主教座堂的构件如柱础、柱头等都散落在现场。时至今日，这里已建起一座带有两个高高尖塔的新教堂。

资料来源

关于西湾子主教座堂的文献主要是来自圣母圣心会会刊上发表的文章及插图。DIEU 的文章记述了教堂的修建过程，[③] 并且赞扬了石德懋在建筑方面的才华。散落在 KADOC 的档案资料主要是主教座堂的建设照片，和几张被毁后的照片。遗憾的是，没有任何教堂图纸保存在公共档案馆里。机缘巧合，笔者有幸搜集到建筑各个角度的图像信息以及相关文字描述，得以重绘其平面图。主教座堂虽由石德懋设计，但是由一位曾经受过和羹柏训练的工匠——姚正魁监督施工。查阅石德懋的档案资料，找到一本速写，多是用水彩描绘自然环境，目前所知，石德懋没有任何建筑背景，同其他的传教士艺术家一样对建筑和营造感兴趣。

---

① 石德懋，1881 年 12 月 3 日出生于比利时 Sint-Niklaas，1951 年 11 月 24 日卒于中国张家口，1899 年加入圣母圣心会，1905 年晋铎，1905 年派遣来华，1913—1923 年任西湾子会院院长，1923—1927 年任西湾子省会长，1932—1943 年任中蒙古代牧（西湾子），1943—1945 年被拘于潍县和北京，1945—1951 年退休于张家口。VAN OVERMEIRE D（ed.）. 在华圣母圣心会士名录 Elenchus of C.I.C.M. in China [M]. 台北：见证月刊杂志社，2008：135.

② VERHELST D & NESTOR P（eds.），C.I.C.M. Missionaries，Past and Present 1862—1987：History of the Congragation of the Immaculate Heart of Mary（Verbistiana，4）[M]. Leuven：Leuven University Press，1995：256-258.

③ DIEU L. La Nouvelle Cathédrale de Si-wan-tze. Bénédiction de la Première Pierre. Missions de Scheut：revue mensuelle de la Congrégation du Cœur Immaculé de Marie [J]. Brussels：C.I.C.M.，31/5，1923：97-103.

教堂和建设者

方济众喜欢欧洲中世纪的建筑风格，如前文介绍的西湾子神学院。他从到达西湾子的那一刻起就想建造一座哥特式的主教座堂，希望新的教堂能够容纳2000~3000位教友。①从1901年起教会就开始募集资金。富裕的教友为教堂捐赠了大量金钱，贫穷的教友提供免费的劳力，之后传教士将款项存在上海的银行，以获取更高的利息。②大约1800位教友共筹集30300比利时法郎的经费。十多年后，他们终于筹集了足够的经费，但是由于时局一直动荡不安，未能开始建造主教座堂。1914年，圣母圣心会在伦敦和西湾子都举行了圣母圣心会成立五十周年的庆祝大会。利用这个契机，蓝玉田邀请当地信众慷慨捐赠，决定为纪念修会成立建一座新教堂供奉荣福童真玛利亚。1923年西湾子新主教座堂的建设准备就绪，教友们烧制砖瓦，从附近的采石场购买石材，从外地买来建造屋顶的木材、金属板瓦等。所有家庭都借出自家牲口帮助搬运建材，并且提供免费的劳力。③通常情况下，有经验的木匠为基础放线，带领泥瓦匠工作，调整尺寸。整个工程由姚正魁师傅监督施工，他与和羹柏配合施工过多个项目，有丰富的工程经验，能够准确地理解石德懋的图纸要求，严格执行设计方案。不幸的是，姚师傅在教堂完工之前去世了。

主教座堂形制

遵循西方基督教的传统，西湾子主教座堂是东西朝向的，主入口门廊朝西，圣所朝东。④一张从西边山上的鸟瞰照片展示了整个西湾子天主教村以及四周的山谷。主教座堂西边是老教堂钟塔和学校，西北侧是和羹柏设计的西湾子神学院，极具比利时特色的新哥特式建筑。在新主教座堂附近的建筑群中还有方济各女修道院、圣

---

① VERHELST D & NESTOR P (eds.), C.I.C.M. Missionaries, Past and Present 1862—1987: History of the Congragation of the Immaculate Heart of Mary (Verbistiana, 4) [M]. Leuven: Leuven University Press, 1995: 90.

② DIEU L. La nouvelle église de Si-wan-zi. Missions de Scheut: revue mensuelle de la Congrégation du Cœur Immaculé de Marie [J]. Brussels: C.I.C.M., 1926: 147-148.

③ DIEU L. La Nouvelle Cathédrale de Si-wan-tze. Bénédiction de la Première Pierre. Missions de Scheut: revue mensuelle de la Congrégation du Cœur Immaculé de Marie [J]. Brussels: C.I.C.M., 31/5, 1923: 147-148: "Ils s'adressèrent au P. Desmedt qui n'était pas encore provincial, et ils lui exposèrent leurs de les satisfaire; de les accorder; il fit un plan pour lequel on obtint l'approbation épiscopale, puis on commença l.exécution. On avait déjà durant les années d'attente, prépare des briques par dizaines de mille; on se mit alors à charrier des pierres de taille pour les fondations, et pour les colonnes, des poutres pour la toiture, de la chaux pour faire le mortier. Toutes les familles prêtèrent leurs charrettes et leurs animaux, et ainsi tous les, matériaux furent amenés à pied d'œuvre sans frais pour la mission."

④ 同上：149："L'église est orientée: le portail regarde vers l'ouest et le chœur vers l'est; celui-ci est entouré de cinq chapelles rayonnantes; l'an dernier nous avons donné une photo de l'église en construction où ces chapelles apparaissent nettement."

图 3-88 西湾子主教座堂及老教堂钟塔和其他周边教会建筑远观
图片来源：KADOC，C.I.C.M. Archives，folder 17.4.5.8

图 3-89 正在建设中的西湾子主教座堂西南侧外观
图片来源：KADOC，C.I.C.M. Archives，folder 17.4.5.8

婴会的孤儿院和印刷厂等（图 3-88）。

新主教座堂是塞外最宏伟的教堂，建筑设计的概念来源于“主教座堂类型”，也就是“拉丁十字”，一个纯粹西式的、和谐的主立面，带有两座高塔，长长的中殿和侧廊，交叉的两翼，形成真正的十字交会，十字形翼部与中殿同高，圣所进深大，以后殿收尾，环绕半圆形回廊，并连接放射状礼拜室（图 3-89）。这种主教座堂类型是参照欧洲 12—13 世纪的中世纪主教座堂形制，其中最完美的案例莫过于亚眠、兰斯和巴黎的主教座堂。[①]

隆德理在《西湾子圣教源统》中描述道：这是一座罗马风的主教座堂，长 63.50m，宽 18m。[②] 西湾子主教座堂的平面并不是完全对称的，由四个主要部分组成：西立面、带侧廊的中殿、十字形翼部以及圣所（图 3-90）。第一部分，西立面进深约一个开间，主入口在主轴线上，两个高塔在侧廊的延长线上。门廊由三个

① VIOLLET-LE-DUC E E. Dictionnaire raisonné de l'architecture française du XIe au XVIe siècle [M]. vol. 2，1967：279-392；TRACHTENBERG M，HYMAN I. Architecture，from Prehistory to Postmodernity [M]. New Jersey：Prentice Hall，2003：223-273.

② 《西湾子圣教源流》收录于《塞外传教史》一书。古伟瀛. 塞外传教史 [M]. 台北：光启文化事业，2002：70-71.

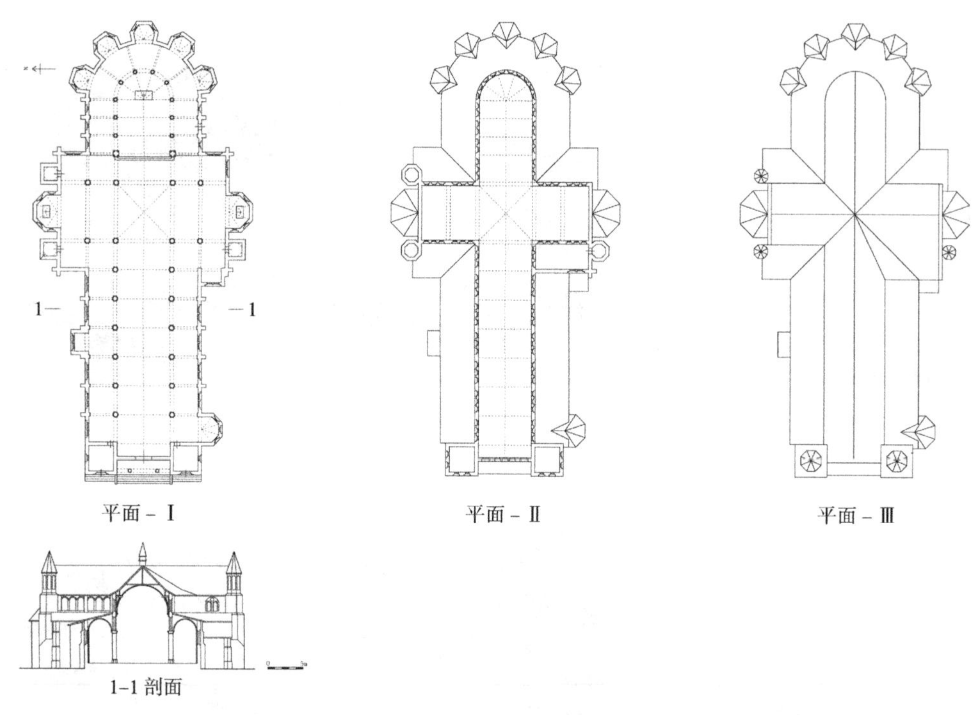

图 3-90 西湾子主教座堂平面及剖面图
图片来源：作者绘制，Thomas Coomans 协助，2011 年 12 月

拱券构成，中间高两边略低。两个钟塔内设楼梯通往顶部，塔顶的钟室窗户安装了反声板。第二部分，中殿，七开间（最后一个开间与十字形翼部共用），两翼带侧廊。南侧钟塔紧挨着一个多边形的小房间，很可能是施洗所。在北侧的第五个开间有一个矩形的小房间功能不详。第三部分，十字形翼部及其侧廊的内部柱子、拱券与中殿的建筑构件具有相同的比例和尺度，在中央十字交会后两翼对称延伸，并以多边形的后殿结束，用作小礼拜堂。十字形翼部的角部有小塔：北侧两座，南侧一座。南侧的小塔内部有楼梯通往二层。房间功能并不确定，可以肯定它不是一个旁听席，因为不易到达且与其他部分的二层不相连，很可能用作档案收藏室。[①] 主教座堂的第四部分是圣所，由后殿、侧殿、回廊和 5 个放射状的礼拜堂组成（图 3-91）。圣所比中殿的地面高出 3 级踏步，用以划分礼拜仪式的空间，该部分仅为神职人员所使用。

从老照片上可以看到主教座堂的内部主要空间就是中殿、十字交会处和圣所，整个屋顶皆由连续的木筒拱覆盖，但是并不连贯（图 3-92、图 3-93）。高侧窗两旁

① 在中世纪的主教座堂中，相似的房间出现在第二层的会被用作档案收藏室，以防偷盗。在威斯敏斯特主教座堂，它的档案室就在与西湾子相同的地方。

图 3-91 正在建设中的西湾子主教座堂（左上）
图片来源：南怀仁中心，C.I.C.M. Archives，folder Constr church

图 3-92 西湾子主教座堂室内（左下）
图片来源：RONDELEZ Valère，La chrétienté de Siwantze：Un centre d'activité missionnaire en Mongolie，1938：106-107

图 3-93 即将完工的西湾子主教座堂室内（右）
图片来源：Missions de Scheut：revue mensuelle de la Congrégation du Cœur Immaculé de Marie [J]. Brussels：C.I.C.M.，37，1926：148

的墙壁上伸出托臂，支撑起筒拱。主教座堂柱子皆为圆柱形，八边形的柱础，柱头用浅黄色花岗石雕刻成植草状。用来做柱子的石材是浅黄色花岗石，从附近的采石场购买。[①] 根据老照片中展示的中殿柱廊比例,重绘出十字交会处的剖面（图 3-90）。四个柱子支撑着上方十字交叉的拱券，并且其上的砖砌山墙成为屋顶的重要结构组成。这种结构形成的筒拱屋顶比较轻质，除侧廊是单坡顶外，其余的大空间都是此种做法。铁拉杆与外墙的铁扒锔一起加固中殿和侧廊。

西侧协调统一的罗马风式主立面，两个钟塔完全对称，底部平面正方形，顶部从钟室开始转化为十二边形，并且上部覆盖十二边方锥形顶。双塔非常具有纪念性，

---

① DIEU L. La nouvelle église de Si-wan-zi. Missions de Scheut：revue mensuelle de la Congrégation du Cœur Immaculé de Marie [J]. Brussels：C.I.C.M.，1926：149："Faisons remarquer la beauté des piliers. Ils sont en granit jaune-pâle pris dans une carrière de environs. Ce ne fut pas une mince besogne que de hisser sur les colonnes les chapiteaux qui sont naturellement d'une seule pièce. Ce n'est pas du truqué."

比例优美，墙面开窗方式及装饰变化平稳，与中部壁柱的竖向线条处理恰当。塔的底层没有壁柱，但是转角处装饰有石制隅石。所有的门窗洞都为圆拱券，钟室的窗户略宽。钟塔十二边形的部分与塔底部相比十分精致，每边一个圆拱形窗洞，加上十二边形的锥顶，如皇冠一般。

两个侧翼角部的小塔，底部正方形，上面逐渐转化成八边形，并且自下而上截面越来越小。主教座堂所有窗洞都是圆形或者半圆拱形的。遵从中世纪主教座堂的传统，西立面和两个十字形翼部的山墙上都有玫瑰窗。两翼向外伸出的后殿和放射状的礼拜堂也都是半圆拱形窗。侧殿底层的窗户和回廊的窗户都是大圆拱下有两个圆拱窗，并且中间夹一个圆窗的构图。中殿和两翼侧墙的高侧窗部分，每个开间有三个半圆拱形窗。两翼向外伸出的后殿和放射状的礼拜堂也都是半圆拱形窗。西立面山墙的玫瑰窗和四个圆拱形窗，外围有布鲁日窗构系统的砖饰带。[①] 这种组合与杨家坪熙笃会修道院礼拜堂的立面组合十分相似，杨家坪修道院是和羹柏 1903 年设计的。沿西立面山墙的三角形两斜边有 13 个大小相同的圆拱形窗，阶梯状排列，使得主立面不失变化且非常有纪念性（图 3-89）。这种设计来源于中世纪的教堂原型，如比利时 Tournai 教堂的十字形翼部，或者德国科隆的几座带有“dwarf-galleries”的教堂。

西湾子主教座堂的主立面属于现代化了的罗马式风格，这种样式在第一次世界大战之后成为一种风尚，但是在比利时并不十分流行。这种样式的教堂与同时代的前卫的混凝土教堂相比当然是非常传统的。[②] 为了解该种风格的普及性，研究选择了同时期两座相似主立面设计的案例，荷兰马斯特里赫特的 Saint Lambert 教堂 [③] 和加拿大 Montreal-Lachine 的 Saints-Anges-Gardiens 教堂 [④]，同样带有两个钟塔、圆锥形的尖顶、门廊、拱券装饰、中央精致的窗户（图 3-94、图 3-95）。虽然这两个案例来自不同的大洲，表明这种类型的立面设计流传广泛，但是立面背后的设计却是完全不同的：马斯特里赫特的教堂是一个拉丁十字形的巴西利卡，十字交会处有一个巨大的穹顶，蒙特利尔的教堂设计为巨大中殿，侧殿上部带有旁听席，但是教堂没有十字形交会的两翼。石德懋一定了解一些教堂案例，西湾子主教座堂的设计也许是基于这些案例进行的。

---

① 布鲁日窗构系统开间（Bruges bay）是一种非常典型的佛兰德斯中世纪晚期的砖构建筑的做法：立面装饰以每开间相同的或相似的垂直方向的柱子加上几层窗户，末端以拱券收尾的砖饰体系，非常精致。

② 如巴黎附近的 Notre-Dame du Raincy，由建筑师 Auguste Perret 建于 1921—1922 年。

③ 建筑师 Hubert van Groenendael 建于 1914—1916 年。

④ 建筑师 Dalbé Viau and Alphonse Venne 建于 1929—1920 年。NOPPEN L，MORISSET L. Les églises du Québec. Un patrimoine à réinventer [M]. Québec：Presses de l'Université du Québec，2005：317.

图 3-94 荷兰马斯特里赫特的 Saint Lambert 教堂，1914—1916 年建造
图片来源：http://www.kerkgebouwen-in-limburg.nl/files/usr_leon/Maastricht/lambert6.jpg [2012-02-09]

图 3-95 加拿大 Montreal-Lachine 的 Saints-Anges-Gardiens 教堂，1919—1920 年建造
图片来源：http://imtl.org/image/big/Saints-Anges-Gardiens_Lachine.jpg[2012-02-09]

西湾子主教座堂能够容纳 1200 人，男士在圣所的左侧就座，女士在右侧就座。因为主教座堂形制等级高，设有多个礼拜堂。首先，主祭台置于圣所后殿的中间。第一个高祭台是之前双爱堂的，后来 1935 年教友们使用西湾子附近山中开采的云母大理石做了一个更加精致的新装置艺术风格的高祭台，中间设圣体龛，替代了老的。两个重要的祭台放在东侧翼部的侧廊里：一个供奉的是圣女小德兰，她是一位大约在主教座堂修建时新近封圣的圣人；另一个祭台供奉的是西班牙籍传教士圣徒方济各·沙勿略，第一位来到中国的西方传教士，1552 年死于上川岛，1927 罗马教廷宣布他为蒙古的主保，以及外国传教士的主保。祭台中保存着非常珍贵的方济各的遗物，他帽子的一部分，这也是远东地区唯一的方济各遗物。[①] 圣所四周设有 5 个放射状布置的小礼拜堂，供神职人员单独进行弥撒。

主教座堂的衰败

1946 年，西湾子由国共两党军队交替占领。同年 12 月，整个教会建筑群被炸后烧毁，只剩下学校。[②] 从老照片可知，主教座堂的屋顶基本上坍塌，木质屋架

① 方济各在上川岛的墓地是非常重要的朝圣地。

② 佛兰德斯地区的报纸 De Zondagachtend, 21 December 1947，保存在 KADOC, C.I.C.M. Archives, folder Z.II.C.1.5.

图 3-96　西湾子主教座堂，烧毁的中殿
图片来源：KADOC，C.I.C.M. Archives，17.4.5

图 3-97　西湾子主教座堂，烧毁后的主立面
图片来源：KADOC，C.I.C.M. Archives，17.4.5

图 3-98　西湾子教堂的柱头和其他散落构件
图片来源：Jean-Marc de Moerloose 拍摄于 2011 年 5 月

皆被烧毁，金属板屋顶也全部毁坏，只有西立面两座钟塔和大部分的墙体未倒塌（图 3-96、图 3-97）。2010 年作者在西湾子调研时发现，老教堂遗留下来的残迹，柱身、柱头及其他构件堆在工地旁边（图 3-98）。[①] 工地旁张贴着即将建成的大教堂透视图，与已经烧毁的新罗马风式主教座堂很相似。即将建成的大教堂也有两座高大的钟塔，立面上有许多哥特式风格的构件装饰。

西湾子主教座堂，可谓圣母圣心会在华的旗舰建筑，一座非常精美的新罗马风式纪念性建筑。它拥有中世纪主教座堂的平面布局，宏伟的主立面，丰富的装饰。这座主教座堂不论从风格统一的角度，还是从 1920 年代天主教传教士和他们所持有的欧洲中心论角度来看都是一座完美的纪念物。西湾子主教座堂从 1901 年开始筹划，直到 1923 年才破土动工，其建设正值中国天主教教会改革的关键期。虽然天主教教会在 1919 年颁布了 Maximum illud（“夫至大”通谕），刚恒毅作为宗座代表在中国推行了一系列本地化中国文化的政策，但仅是本地化过程的第一步，也是创立中国天主教教会的开始。显然，西湾子主教座堂的建设不在本地化进程之列，仍旧是西方教会彰显天主教精神的象征。主教座堂的烧毁非常遗憾，家具和所有的内部装饰都消失殆尽。当地教友希望重建一座西式风格的大教堂，可见仍然十分怀念当年辉煌的主教座堂。这种情绪一方面是教友们怀旧的表达，另一方面是西式风格教堂给普通民众留下了深刻的宗教归属感。

① 感谢 Jean-Marc De Moerloose 提供他在 2011 年 5 月 25 日探访西湾子时拍摄的照片。

三、呼和浩特主教座堂

今天的内蒙古自治区首府呼和浩特是 1913 年绥远和归化两个县合并而来，称作归绥，1950 年升级为市。呼和浩特主教座堂是 1922 年创立的绥远宗座代牧区主教席位所在地，是土默特平原圣母圣心会保存最完好的建筑。圣母圣心会的利奥・方德芒斯[①]（Leo Vendelmans，1882—1964）设计了这座教堂，一支来自天津的工程队从 1922 至 1924 年花了近两年的时间营建。[②]方德芒斯在中国的另外一个重要贡献是设计建造了呼和浩特市公教医院，这家医院在战争中救死扶伤，收治过大量伤兵。天主教会收回主教座堂及院中的其他附属建筑后，该教堂用作呼和浩特总教区的主教座堂，它是呼和浩特市的地标性历史建筑，1992 年 10 月 7 日成为内蒙古自治区文物保护单位。作者于 2010 年 3 月和 2011 年 5 月两次到访呼和浩特主教座堂，并对教堂做了简单测绘。

多宗教并存

呼和浩特，蒙古语意为“青色的城”，西文文献中称“Blue City”，是内蒙古自治区的首府。中心城区位于蒙古高原南部边缘的土默特平原东北，背山面水。近代绥远地区是农牧文化交界地带，也是多种宗教汇集的地方，如基督教、藏传佛教、蒙古萨满教、道教和伊斯兰教，这些宗教相互之间产生了不少影响，表现在其首府呼和浩特城市风貌上尤为明显，天主教的主教座堂和神学院四周位于穆斯林聚居区，为伊斯兰教大小清真寺、住宅等建筑群所环绕，从通道南街隐约可见其建筑局部，给人以大隐于市的印象（图 3-99、图 3-100）。

呼和浩特主教座堂非常特别：第一，它的位置在穆斯林聚居区，需要展示它的天主教建筑特征，使得从视觉上有别于周围建筑；第二，建于 1920 年代初，在教会政策颁布及建筑风格转型，推行本地化传教策略的历史背景下；第三，外观风貌与圣母圣心会推行的中世纪哥特式建筑有较大的差别。

---

① 方德芒斯，1882 年 7 月 20 日出生于比利时，1964 年 8 月 20 日卒于比利时 Saint-Pieters-Leeuw，1902 年加入圣母圣心会，1908 年晋铎神父，1908—1909 年在菲律宾碧瑶学语言，1909—1921 年任 Bambang、Aritao、Nueva Vizcaya 副本堂，1922 年派遣来华，1922—1925 年在上海任会计，归化城（绥远公教）医院的计划发展者，1926年回到比利时。VAN OVERMEIRE D(ed.),在华圣母圣心会士名录 Elenchus of C.I.C.M. in China [M]. 台北：见证月刊杂志社，2008：618.

② 方旭艳．呼和浩特牛东沿天主教堂建筑研究 [J]. 内蒙古工业大学学报（自然科学版），2010，29（2）：154-160.

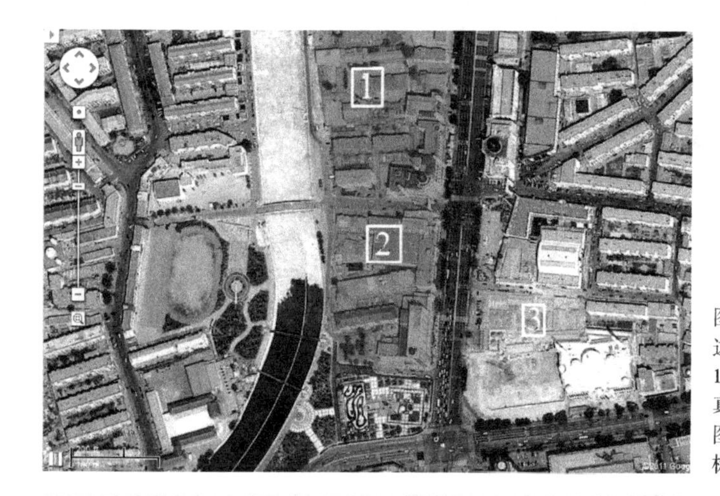

图 3-99 呼和浩特主教座堂周边地图
1. 主教座堂；2. 建控地带；3. 清真大寺
图片来源：谷歌截图并由作者标注，2011 年 11 月

图 3-100 呼和浩特主教座堂西南侧外观
图片来源：南怀仁中心，C.I.C.M. Archives，folder Heeroom in China

天主教建筑总体情况

由于圣母圣心会管辖地区不断地划分重组，呼和浩特和土默特平原地区隶属过不同的几个代牧区：起初呼和浩特属于 1840 年创立的蒙古宗座代牧区，1883 年起属于西南蒙古代牧区，1922 年起属于绥远代牧区。[①] 如前文所述，这个教区主教席位是从西南蒙古代牧所在地二十四顷地迁至呼和浩特的。1920 年左右，圣母圣心会决定向更北的四子王旗的蒙古人传福音，他们在库伦图建了一座大教堂，作为主教座堂，教堂建造得很漂亮，但是教会在当地没有发展起来（图 3-76）。[②] 库伦图隶

① 西南蒙古宗教代牧区 1883 年 12 月 21 日成立；西南蒙古代牧区的鄂尔多斯北部地区和一部分的中蒙古代牧区曾被方济众分开，1922 年 3 月 14 日这部分教区重新整合在一起，成了绥远宗座代牧区。VERHELST D & NESTOR P (eds.), C.I.C.M. Missionaries, Past and Present 1862—1987: History of the Congragation of the Immaculate Heart of Mary (Verbistiana, 4)[M]. Leuven: Leuven University Press, 1995: 177-180.

② 库伦图教堂是新罗马风格的，准确地说它的圆拱窗样式来自德国的 “Rundbogenstil”。大雪破坏了教堂高耸的钟塔屋顶，余下的部分保存完好，笔者于 2010 年 3 月实地调研，当时的钟塔内部都是积雪覆盖。

属于四子王旗，离今天的蒙古国比较近，事实上在这里建设新代牧区的决定收效甚微，当年这里人口密度太低，离圣母圣心会的中央管理太远，并不适合将整个管理中心迁移至此。因此，圣母圣心会决定重新选择管理中心，最终迁移到了归绥，即现在的呼和浩特。

呼和浩特第一座西式建筑建于 1874 年，名为双爱堂，也就是今天该市主教座堂的位置，战乱中教堂及其附属建筑被毁。[①]1900—1922 年间，圣母圣心会未在原址建设教堂，只建了几间房子给神父们居住。1901 年后，在呼和浩特近郊的三合村建了一座小礼拜堂。哥特式尖拱窗和砖砌的斜压顶是区别小教堂与周边建筑的显著标志。在主教座堂建成之前，这里作为主要的教堂，服务周边地区教友。后来，葛崇德[②]（Louis Van Dyck，1862—1937）被派往绥远任职。1922—1924 年，建造了主教座堂，成为当地最宏伟的天主教建筑。1924 年秋，葛崇德和省会长贾名远[③]把主教座堂从二十四顷地迁至归化城。

1920 年，宗座代牧吕登岸决定在呼和浩特市建立一座公教医院（图 3-101）。医院位于归化城内的市场，归绥远城西南 3km 处。他对建设医院给出了明确的指示，要求建筑师设计建造医院时充分考虑当地的气候条件。[④]医院几乎与主教座堂同期建造，1924 年秋完工。[⑤]绥远神哲学院礼拜堂建设于 1935 年，1936 年秋完成并投入使用，位于主教座堂北侧 800m 左右处，礼拜堂主立面的装饰精美，相较于其他圣母圣心会建筑，绥远神哲学院混合了中西建筑元素，更契合中国天主教本地化政策的要求（图 3-102）。

---

① 包慕萍，村松申．1727—1862 年呼和浩特（归化城）的城市空间构造——民族史观的近代建筑史研究之一 [C]. 中国近代建筑研究与保护（第二辑）. 北京：清华大学出版社，2001：188-20；方旭艳．呼和浩特基督教文化建筑考察与研究 [D]. 西安：西安建筑科技大学，2004.

② 葛崇德，1862 年 1 月 21 日生于比利时 Loenhout，1937 年 12 月 4 日卒于中国归化城，1886 年加入圣母圣心会，1885 年晋铎，1887 年派遣来华，1898—1908 年任东蒙古省会长，1922—1937 年任西南蒙古代牧。VAN OVERMEIRE D（ed.）. 在华圣母圣心会士名录 Elenchus of C.I.C.M. in China [M]. 台北：见证月刊杂志社，2008：547.

③ 贾名远（Ivo Stragier），1862 年 8 月 5 日出生于比利时 Izegem，1928 年 4 月 2 日卒于中国归化城（归绥），1886 年加入圣母圣心会，1887 年晋铎，1888 年派遣来华，1920—1928 年任西南蒙古省会长。同上：482.

④ VANYSACKER Dries. Body and Soul. Professional Health Care in the Catholic Missions in China between 1920 and 1940 [C]. DE RIDDER K（ed.）. Footsteps in Deserted Valleys：Missionary Cases，Strategies and Practice in Qing China（Leuven Chinese Studies，8）. Leuven：Leuven University Press，2000：41："Rutten，a man of vision，had a strategy for the hospital from the very beginning. His intention was threefold：1）the construction of a hospital in several pavilions and adapted to the climate，where a maternity ward would also be provided；2）the construction of an adjacent catholic school for male and female nurses and 3）his dream：the establishment of a laboratory where one could prepare anti-typhus vaccines，distribute them and teach the missionaries how to inoculate themselves."

⑤ 同上，42："From 1922 on there was competition from a Chinese hospital at the same street.（...）this was of great importance. When the construction of the hospital was finished in autumn of 1924 already some private patients were coming."

图 3-101　归绥公教医院
图片来源：南怀仁中心，Archives of Catholic Hospital

图 3-102　绥远神哲学院礼拜堂南立面
图片来源：KADOC，C.I.C.M. Archives，folder 20.3.5

穆斯林区的天主教建筑群

主教座堂所在的穆斯林聚居区，周围是呼和浩特市回民中学和清真大寺、小寺等。西侧是札达盖河（图 3-100），这条河流经呼和浩特市区。主教座堂建成之初，院落的大门是一个巨大的圆拱形门廊，上部有雉堞，大门通往札达盖河河岸，如今的札达盖河已经干涸。主教座堂建筑群[①]目前大约占地 14 000m^2（图 3-103），院子的北侧是一座长 50m 的二层小楼，与主教座堂同期建设，是主教府所在地。主教府旁边是一座 1934 年建成的二层小楼，为办公用房和神父的住所。在主教府与办公楼之间是一座供奉有圣女路德的假山石洞，大约“文革”时期拆除。女修道院和孤儿院分别位于院子的西北角和东南角，建成时间较晚。仓库位于院子的南侧。1985 年后，主教府和办公楼用作神学院，西北侧的小院子从 1992 年起用作修女院。主教座堂东侧是老城区内繁华的通道南街，街的对面便是呼和浩特市著名的清真大寺[②]，始建于 1789 年，1870 年重建为现在的中式建筑风格。这种强烈的对比使得主教座堂在这个区域里显得十分独特。

有关主教座堂及其建筑师的稀有文献

在 KADOC 和南怀仁中心的档案里有关呼和浩特主教座堂的资料非常少，当年的大部分档案都遗失了。一些照片刊登在会刊上。后来在当地文物部门提供的第七

---

① 第七批全国重点文物保护单位申报登记表，内蒙古博物馆科技处。1996 年起成为文物保护单位。
② 清真大寺为国家级重点文物保护单位。

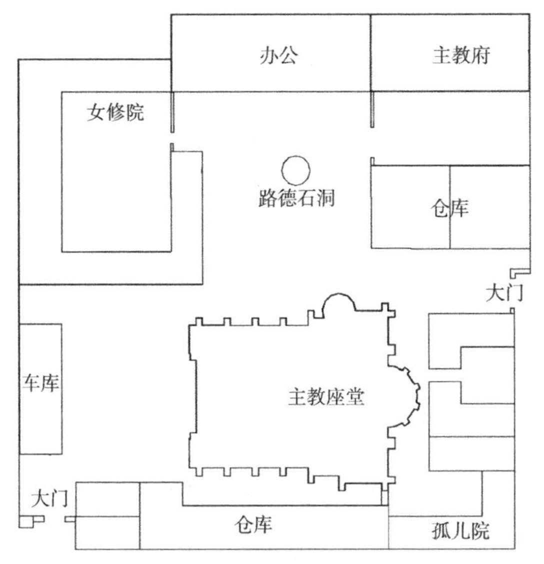

图 3-103 呼和浩特主教座堂总平面图
图片来源：作者基于《呼和浩特基督教文化建筑考察与研究》，2004：22 页图片改绘

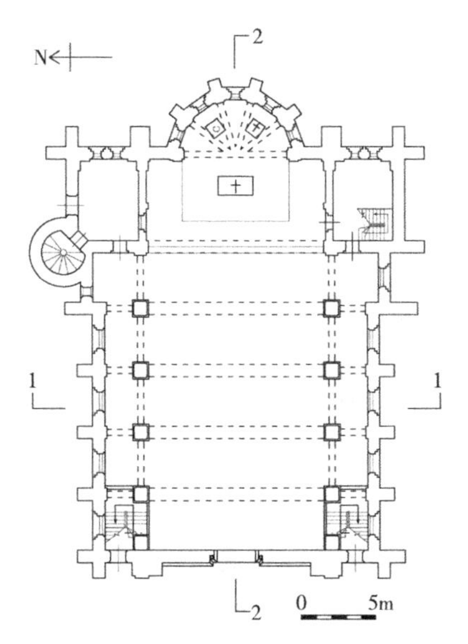

图 3-104 呼和浩特主教座堂平面图
图片来源：作者绘制，Thomas Coomans 协助，2011 年 12 月

批全国重点文物保护单位申报登记表中给出了确切的建设年代，描述了当时的情况，也列出了最近发表的一些涉及主教座堂的研究。① 建筑师利奥·方德芒斯在 1909—1921 年间曾在菲律宾做传教士，在那里他是一位传教士建筑师，或许积累了一些施工经验。设计主教座堂不是即兴创作，它需要非常有经验的建筑师。利奥·方德芒斯除了呼和浩特的公教医院和主教座堂外，再没有设计其他建筑，他本人在中国仅停留了 3 年（1922—1925）。1925 年，43 岁的利奥·方德芒斯回到比利时，为几个堂区服务，1936—1964 年间他是 Sint-Pieters-Leew 的本堂神父，在那里他继续建筑实践，设计建造了 Sint-Stafanus 教堂（1938—1941）。②

建筑设计及历史变迁

主教座堂长轴东西向，建筑面积大约 $600m^2$，建筑高 20m、宽 26m。教堂平面由一个巨大的五开间中殿（带侧廊），带二层拱廊的耳堂，以及五边形平面的圣所后殿组成（图 3-104）。从外立面看来，耳堂有着高耸的山墙及精致的砖饰，然而教堂内部的十字交会处却是圣所的位置，耳堂用作祭衣所等附属功能。换句话说，从外立面

① 内蒙古自治区宗教志编纂委员会，内蒙古自治区志·宗教志 [M]. 呼和浩特，2010. 方旭艳 . 呼和浩特基督教文化建筑考察与研究 [D]. 西安：西安建筑科技大学，2004. 郝倩茹 . 呼和浩特与包头市近代建筑的保护与再利用 [D]. 西安：西安建筑科技大学，2005.

② 根据当地档案查得，https：//inventaris.onroerendefgoed.be/dibe/relict/90816 [2012-01-15].

看来，教堂有十字形的侧翼，然而从室内来看这个十字交会并不明显，空间上没有中世纪主教座堂那样清晰的“十”字空间的划分。中殿内高 14m，加上屋顶 21.8m，整个屋顶为钢筋混凝土，这在 1920 年代的呼和浩特并不多见（图 3-105、图 3-106）。

在北侧耳堂与中殿侧廊之间是一座钟楼，高 30m，共 4 层，横截面从圆形逐渐演化成八边形。可通过教堂北侧耳堂的主入口到达钟楼，内部通过固定在石柱上的旋转木楼梯通往屋顶。钟楼的外侧装饰圆拱形盲窗，每层有条形的采光窗。八边形的顶层便是钟室，墙上开拱形窗，并且安装了反声板。原来悬挂顶层的两口钟都来自欧洲，1924 年制成，目前不知去向。八边形房间的顶部是一个小尖塔，金属板覆盖，上置十字架（图 3-107）。

教堂北侧的入口门厅，地板以下是两位主教的墓室，上部二层是拱廊。南耳堂的一层是祭衣所，二层也是拱廊。一个巨大的圆拱形高坛拱券将圣所和十字交会

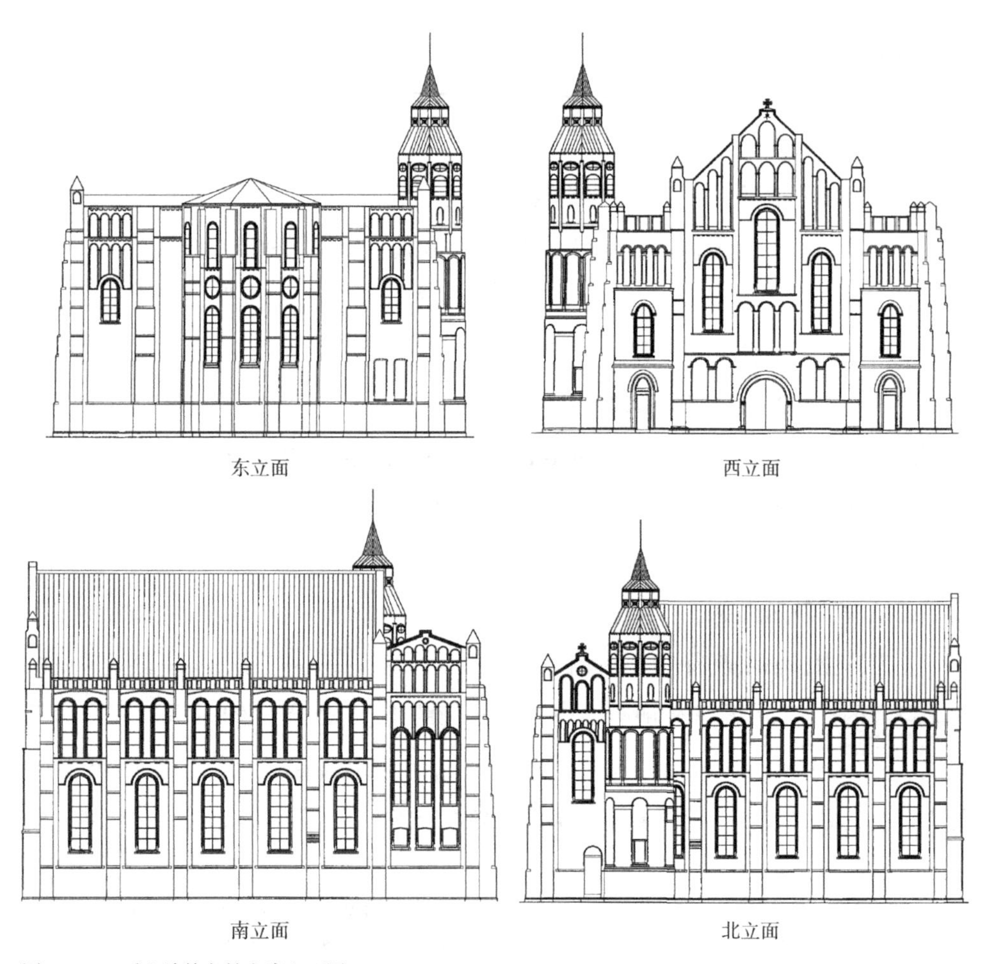

图 3-105 呼和浩特主教座堂立面图
图片来源：《呼和浩特基督教文化建筑考察与研究》，2004：22-27

处分开。每排五棵正方形柱子，上方发圆拱形券，将中殿与侧廊分隔开，侧廊很窄，只供通行，圆拱高 10.20m（图 3–108）。圆拱之上的中殿侧墙通过精致的托臂和横向的肋骨支撑着三边折线形天花板，天花板之上是双坡屋顶。靠近西侧主入口立面的柱间距暗示着教堂原有平面设计应该有更多的开间向西延伸，或者建筑师计

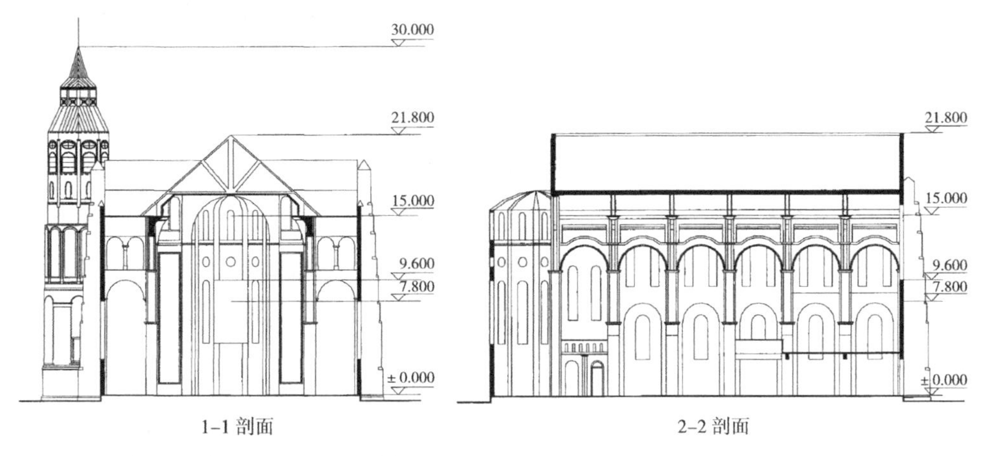

图 3–106　呼和浩特主教座堂 1–1、2–2 剖面图
图片来源：《呼和浩特基督教文化建筑考察与研究》，2004：28–29

图 3–107　呼和浩特主教座堂北立面
图片来源：作者拍摄于 2010 年 3 月

图 3–108　呼和浩特主教座堂室内，朝向圣所（左）
图片来源：作者拍摄于 2010 年 3 月
图 3–109　呼和浩特主教座堂室内，南侧廊的最后一个开间（右）
图片来源：作者拍摄于 2010 年 3 月

划将来可以将教堂向西侧扩建更多的开间，出现这种情况很可能与当时的资金有关（图 3–109）。教堂侧廊的天花板由两层不同大小的圆拱券支撑，形成的券廊非常美观（图 3–110），侧廊屋顶是简单的可供登临的平屋顶。柱廊拱券非常高，配合高大的侧窗，为室内提供了丰富的光线。柱廊除了将空间划分为中殿与侧廊之外，更是形成了从西侧山墙至中殿，再到圣所后殿的连续的、通畅的、宽敞的、有纪念性的内部崇拜空间，给人视觉统一的感受。

“文革”期间，教堂内的家具全部遗失，中殿和侧廊内加建了二层楼座，目的是将主教座堂改成一座电影院，但是这个计划失败了，因为回声过大，影响电影观看，后来改作仓库使用。教会收回圣堂后，重新布置了新家具，建筑本身经过修缮情况良好，主教座椅和圣体龛都摆放在圣所的后殿（图 3–108）。从外立面来看教堂的壁柱非常粗大，设滴水石，并且从下至上不断内收，位置越高处的壁柱截面尺寸越小，顶部饰以小尖塔：圣所后殿的壁柱宽 0.80m，厚 0.60m；圣所的壁柱 0.80m 宽，厚 1.30m；侧廊的壁柱 0.80m 宽，厚 1m。壁柱本身自下而上不断减小厚度，一方面由于它的侧推力从下而上不断减小，另一方面也为减轻自重（图 3–111）。

图 3–110　呼和浩特主教座堂室内，朝向西侧入口
图片来源：作者拍摄于 2010 年 3 月

图 3–111　呼和浩特主教座堂南侧壁柱
图片来源：作者拍摄于 2010 年 3 月

图 3-112 呼和浩特主教座堂西立面
图片来源：作者拍摄于 2010 年 3 月

图 3-113 英国 Salisbury 主教座堂西立面
图片来源：http://en.wikipedia.org/wiki/File:Salisbury_Cathedral_West_Front_niche_enum [2012-01-15]

主教座堂最具特色的两个部分：西立面（图 3-112）和东部的圣所后殿都来自中世纪案例的模仿。西立面主入口位于教堂的中轴线上，两旁各一个侧门，由壁柱隔开。墙面开 5 个圆拱形高窗，以及圆拱形盲窗。顶部的三角形山墙是等腰直角三角形，上有 3 组圆拱形砖饰带，并且阶梯状布置，创造出非常有节奏感的立面构图。西立面并不是参照典型的法国哥特式主教座堂形制，没有两座高塔，中部也没有玫瑰窗。中央的三角形山墙两侧，也就是侧廊位置为平屋顶，比较低，装饰简化。呼和浩特主教座堂的装饰性西立面与建于 13 世纪下半叶的索尔兹伯里主教座堂（Salisbury Cathedral，英格兰，威尔特郡）西立面主要的特征和构图比例很相似（图 3-113）。当然索尔兹伯里主教座堂的装饰更加丰富，更加哥特，且为石材建造。但是，对比它与呼和浩特主教座堂在基本构图、立面开窗的规律上有一定的相似性。索尔兹伯里主教座堂是中世纪建筑的里程碑，并且是不同于法国教堂主立面的另外一种做法，或许这是方德芒斯参考这座标志性建筑的原因。

呼和浩特主教座堂的圣所后殿由三层窗构成：第一、三层都是圆拱形窗，中间层是圆形窗。这个立面组合与比利时瓦隆地区著名的世界遗产 Abbey Church of Villers 的圣殿有相似之处（图 3–114），它的后殿中间层是两排圆窗，而圆窗上下都是哥特式尖拱窗。[①] Villers 修道院的遗址是比利时建筑院校学生必须参观学习的建筑，同时也是许多修士和宗教组织必访之处。方德芒斯保持了后殿开窗的构图，仅将窗的做法统一为圆拱形。

图 3–114　比利时 Villers–la–Ville 修道院遗迹，教堂后殿
图片来源：作者拍摄于 2008 年 10 月

重修及保护

“文革”期间，主教座堂作为仓库使用，1980 年 5 月 4 日重新开放，室内分别在 1980、1997、2004 和 2009 年重新装修。内墙粉刷为白色，窗户的玻璃和吊灯皆为新近更换，主教座椅也是新的。呼和浩特市文物局从 1985 年开始对主教座堂进行调查研究，1992 年定为呼和浩特市文保单位，2006 年成为内蒙古自治区级文保单位，西侧主立面前立有两块汉白玉石碑，用蒙、汉两种文字注明主教座堂为：自治区级文物保护单位。[②]

---

① COOMANS T. L'abbaye de Villers–en–Brabant. Construction，configuration et signification d'une abbaye cistercienne gothique. Bruxelles：Racine，2000：154–155，181–189.

② 碑文如下：“呼和浩特市重点文物保护单位，天主教堂，呼和浩特市人民政府，一九九二年十月十七日公布”（前侧）“1922 年，罗马教廷将内蒙古西部划归比利时圣母圣心会管辖，今属宁夏绥远二教区。比利时会长吕登岸在此建教堂，原占地 22 亩，教堂建筑用欧洲罗马古典形制，圣堂高 25 米，宽 20 米，建筑面积 600 平方米。钟楼一座高 30 米，内有大小钟各一个，用铜合金制造。院正中为主教楼，1934 年又增建一幢二层西楼。”（后侧）

第四章 中国教会建筑的本地化转型，1920 年代中—1949 年

第一节　中国固有式建筑的兴起

近代中国，随着西方文化的传入，西式建筑涌入早期开埠城市，如北京、天津、上海、广州、武汉等城市，随之出现了中式建筑、西式建筑、中国传统复兴式建筑杂陈的局面。随着第一次世界大战的结束，中国近代历史进入崭新的一页。1927 年起，国民政府开始推行与现代化转型相关的一系列政策。中国传统复兴式建筑也被称为“中国固有式建筑”，官方建筑大约开始于 1920 年代，多体现为采用西方建筑科学技术，同时结合中国传统建筑风格的一种设计理念。在外观样式上，再现中国传统建筑风貌；在内部功能上，符合近代建筑功能使用需要的新型空间。自 1922 年起，中国天主教会的“本地化”运动正式开始，但是由于战争和经济危机的影响，时间短暂，最终未能形成相对成熟的新的建筑形式，而停滞在朴素的折中主义状态。

基督教在世界范围内推行“本地化运动”，使得当时的教会学校设计在建筑上主要表现为西式屋架与中国传统屋顶形式相结合的状况，其中较具代表性的外籍建筑师主要有墨菲[①]（Henry Killam Murphy，1877—1954）和格里森。墨菲将中国传统

---

① 墨菲（1877—1954），美国建筑师，他设计了很多高校建筑，如清华大学大礼堂、北京大学水塔、圣约翰大学科学馆等。CODY J W. Building in China：Henry K. Murphy's "Adaptive Architecture" 1914—1935 [M]. Hong Kong and Seattle：Chinese University Press and University of Washington Press，2001.

建筑形式与西方现代建筑理念相结合，设计出一批质量较高的中西合璧的校园建筑，其中以教会大学建筑最为典型。本笃会会士格里森是出身教会的建筑师，他通过对中国本土建筑的参观学习，领会中国传统建筑艺术，设计建成了四座重要的建筑：辅仁大学主楼、开封总修院、香港华南总修院、宣化主徒会修院。近代时期，中国建筑师也同样对传统复兴式建筑探索作出了贡献，如梁思成、杨廷宝两位先生留学于美国宾夕法尼亚大学，掌握西方建筑设计理念，结合本民族的文化与艺术，对中国传统复兴式建筑的尝试非常具有代表性意义。国立中央博物院是梁思成先生设计建成的第一座"大屋顶"建筑；杨廷宝先生作品众多，在北京、南京的几座近代建筑中运用西方设计理念结合中式艺术，创作了大量富有本民族特色的建筑，为中国建筑的现代化转型作出不懈的努力。

第二节　罗马天主教本地化政策的颁布与实施

第一次世界大战不仅对圣母圣心会的在华传教工作造成巨大的困难，对于其他欧美修会在华和世界范围的传教工作也造成障碍。当时的罗马天主教会，宣誓成为传教士的人越来越少；战争引起资金紧张，善款难以筹集，许多教会的学校、医院等机构都不得不停办。战后的另一个重要变化是罗马天主教会执行了新的传教政策，教皇通谕 Maximum Illud 和 Rerum Ecclesiae 分别颁布于 1919 年和 1926 年，强调培养本土神职人员的重要性，新政策还涉及重新审视宗教艺术和建造本土特色的教会建筑。19 世纪中叶以来，中国天主教会一直受法国的保教权监管，中国教会与罗马教廷之间没有建立直接联系。中国政府与罗马教廷之间曾多次表达直接通使的愿望和行动，但由于法国从中作梗，终未成行。Maximum Illud 通谕之后，教廷终于下决心打破这种僵局，1922 年总主教刚恒毅作为派驻中国的第一任宗座代表，远渡重洋来到中国，成为第一次世界大战后推动中国天主教会发展进程中举足轻重的人物。

1919年11月，罗马教廷向全世界发布了通谕Maximum Illud，[①]由于其行文以"夫

① Benedict XV，Maximum Illud：Apostolic Letter on the Propagation of the Faith Throughout the World. 30 November 1919. Translated by Thomas J. M. Burke，S.J. Washington，DC：National Catholic Welfare Office. http：//www.svdcuria.org/public/mission/docs/encycl/mi-en.htm[2012-08-20].

至大至之任务”为起首，在随后的中国教会文献中被称为“夫至大”通谕。[①] 这道通谕阐发的是罗马天主教会对于教会在世界各地发展的普遍意义，目的是更好地鼓励传教士及神职人员的传教工作，但其中有许多地方却有针对性的切中在华天主教的积弊。文中首先提到的是教会在中国历史上的发展，从鲁布鲁克（William of Rubruck）讲到教宗格里高利十世派出第一批传教士到中国，再到圣方济各（Francis of Assisi）发现中国有相当数量的基督教徒，然后沙勿略[②]（Francis Xavier，1506—1552）竭尽全力向远东传教，最后卒于上川岛。教宗在通谕中号召全世界的传教士追随他，将天主教扎根于本地社会之中。

通谕指出，如果条件允许的话，尽量建立越来越多的传教站点，这样可以用更加直接和有效的方式传播福音。当条件成熟时，拆分现有的代牧区，发展良好的站点可以直接转换成为新的代牧区或者监牧区的管理中心。通谕中非常强调培养本土神职人员，在天主教会本地化的过程中，需要准备足够的本土培养的神职人员去开展下一步工作。并且，强调这个准备不是未成熟的、随便的准备，不是刚刚有资格的修士就可以晋铎，而是必须同欧洲一样，培育内容完整，并且在各个方面都优秀完成作业。这些本土神职人员不再作为外籍神父的助手工作，而是要承担起全部的责任。并且强调为了让本地人不再感到教会是外来的，教会不是任何国家的入侵者。教会应该是通过本民族的神职人员自己实践，管理教区。1924 年刚恒毅在上海徐家汇召集中国天主教第一次全国教务会议指明：“在建造和装饰宗教建筑和传教士的住所时，西方样式的艺术不能够继续采用，只要有可能，尽量使用中国本土的艺术形式。”[③]“夫至大”通谕反对民族歧视，以及由此产生的平等之义与当时中国教会内部正在酝酿的反思与忧思有着共鸣和呼应的一面。

“夫至大”通谕颁布之后，教廷重新考虑中国天主教会知名人士英俭之、马相伯的建议在中国开办天主教大学。1923 年 2 月，教宗庇护十一世向北京天主教大学捐赠开办费十万里拉。随后，美国本笃会联席主席司泰来（Aureliues Stehle）和本笃会士奥图尔博士（Dr. Barry O'Toole）受托来华筹办辅仁大学，并选定载涛亲王府邸为校址。在缓慢的本地化进程中，天主教会的修院和国籍神职班也有所增加。据 1934

---

① 顾卫民 . 中国与罗马教廷关系史略 [M]. 北京：东方出版社，2000：141-154.

② 沙勿略是亚洲的开教之祖，创立了印度、日本和中国的传教基业，他的死唤起了更多的传教士不畏艰难险阻来到中国。

③ TICOZZI S. Celso Costantini's Contribution to the Localization and Inculturation of the Church in China [J]. Tripod, Hong Kong, 28/148, 2008. [2013-01-13]. 转引自马相伯文集之教宗本笃十五世通牒，第 231-235 页。同上：142.

年的统计，120 个教区中有大修生 1000 人，小修生 4000 人，修院 120 所，总修院 12 处。在这个本地化的过程中，一些外籍教会人士抱有抵触情绪，但这种政策上的改变毕竟削弱了天主教会在 19 世纪所带来的殖民主义色彩，而更强调了宗教本身应有的肃穆和感化力。中国天主教的本地化运动，在其发展的过程中由于对教育、医疗、慈善等方面的投入，演绎出更广泛的意义。

第三节　圣母圣心会的中国固有式教堂建筑

一、五号教堂——中国固有式建筑

五号村位于西湾子东北 30km，在四号村和六号村之间，同处一个大山谷中，曾属于中蒙古宗座代牧区管辖，目前行政隶属于河北省张家口市崇礼区。五号教堂是圣母圣心会建筑发展史上的里程碑，建于 1930 年代初，刚恒毅在这段时间推行本地化中国建筑。尽管五号教堂目前已不存，[①] 关于它的很多信息散布在圣母圣心会的档案中，因为他们为有这样一座教堂感到非常骄傲，并且会刊上登载了一些教堂的照片。这座教堂由比利时人米化中[②]（Jozef Michiels，1895—1964）设计，祭台由另外一位传教士艺术家方希圣设计，他们都是和羹柏之后的下一代艺术家，探索中式基督教艺术和建筑风格之出路。五号教堂的主入口非常引人注目，三个中式的曲面屋顶主宰着整个立面，以及本土化的中式基督教图样。方希圣设计了几座中式祭台和告解室，并且绘制了中式的壁画，如大同总修院礼拜堂内部第二次装饰时绘制的壁画。

研究过程中收集到五号教堂的外观照片三张，室内照片三张和一张祭台上装饰架的照片，皆刊登在修会的杂志上，但是未发现对其个案研究文章。[③] 五号教堂的祭

---

① 五号村位于高家营子东北，作者在 2010 年 3 月调研高家营子村时采访了一位当地教友，由于当地方言极为难懂，交谈并不顺畅，但从他的讲述中得知五号教堂已不存。

② 米化中，1895 年 6 月 24 日生于比利时 Koningshooikt，1964 年 7 月 14 日卒于比利时鲁汶，1914 年加入圣母圣心会，1924 年晋铎，1925 年派遣来华，1926—1952 年间在蛮会、圣家营子、黄羊木头等处任本堂或者副本堂。VAN OVERMEIRE D（ed.）. 在华圣母圣心会士名录 Elenchus of C.I.C.M. in China [M]. 台北：见证月刊杂志社，2008：357.

③ 古伟瀛 . 塞外传教史 [M]. 台北：光启文化事业，2002：50；Ghesquière S.J. Comment bâtirons nous en Chine demain ?[J]. Collectanea commissionis synodalis，Beijing，14，1941：471，472，473（outer views）；平山政十 . 蒙疆カトリック大観（アジア学叢書 21）[M]. 大空社株式会社，1997（1939 第一版）：60.

图 4–1　五号村堂口，住所和第一座教堂
图片来源：陶维新家族档案

台作为方希圣的主要作品之一，发表在研究他的专著上，[①] 南怀仁中心从方希圣的家族档案收集到九张祭台的细部照片。[②] 一张六号教堂的室内照片刊登在圣母圣心会杂志上，也是方希圣设计的中式祭台。[③] 此外，从现有资料可知，五号村先后存在过两个教堂。这两座教堂都使用了中国元素，第一座教堂建于 1873 年，[④] 比较简化。陶维新家族收藏有两张五号村老照片，拍摄于 1904 年，一张为室内，一张为居住地的外观照片（图 4–1）；第二座教堂由米化中设计，高大宏伟，质量良好，是本节的重点。

1905 年 3 月 15 日在和羹柏神父写给丙存德的信中提到："这里有两张五号新教堂的设计图。当地教友募集了资金，承担大部分的建设成本。估计总共需要 3800 两白银。" [⑤] 由于文献中没有关于 1905 年重建五号教堂的信息，和羹柏的设计很可能并未真正实施。照片一角可看出，五号的老教堂是一座中式建筑，这座中式教堂一直用到 1926 年，刊登在会刊上的两张照片报道了教堂和驻地被毁的情况。随后，米化中被委托设计建造一座新的教堂。

① DE RIDDER K & SWERTS L. Mon Van Genechten（1903—1974），Flemish Missionary and Chinese Painter：Inculturation of Christian Art in China（Leuven Chinese Studies，11）[M]. Leuven：Leuven University Press，2002：81.

② FVI，C.I.C.M. Archives，folder of Mon Van Genechten.

③ DE RIDDER K & SWERTS L. Mon Van Genechten（1903—1974），Flemish Missionary and Chinese Painter：Inculturation of Christian Art in China（Leuven Chinese Studies，11）[M]. Leuven：Leuven University Press，2002：50.

④ 中蒙古教区教堂略表，见张彧 . 晚清时期圣母圣心会在内蒙古地区传教活动研究（1865—1911）[D]. 广州：暨南大学，2006：154–155.

⑤ KADOC，C.I.C.M.，P.I.a.1.2.5.1.5.14. 和羹柏写给丙存德（Adolf Van Hecke），15 March 1905："（...）voici deux photographies prises sur un dessin pour une nouvelle église à Ou–hao. Les chrétiens coopèrent pour une grande part dans les frais de construction. L'estimation est de 3800 taëls toute achevée."

图 4-2 五号教堂
图片来源：KADOC，C.I.C.M. Archives，folder 17.4.4.5

米化中设计的中式建筑主立面

五号教堂建设于 1930—1933 年，由于档案有限，没有照片能够展示建筑全貌，这是一座由西方传教士自行设计的中式塔楼，这在圣母圣心会在华教堂建筑历史上非常罕见，顺应当时的教会政策及建筑风格发展趋势。教堂位于半山腰（图 4-2），根据现有的材料不能够准确判断这座教堂的朝向。教堂主立面由一个高耸的、重檐屋顶的塔楼和两侧对称的、退后的次入口组成，层层叠落的反曲屋面主宰了整个主立面，且与周边建筑明确区分开来。曲面屋顶的部分由铺瓦覆盖，中殿及侧廊部分的屋顶用金属板覆盖，比较容易维护和更换，圣母圣心会的许多建筑都采用这种金属板材，价格便宜，施工速度快。

中间的塔模仿中式重檐歇山顶，顶层屋檐的四角伸出墙面，其余部分屋檐局部伸出墙面，未形成环绕连贯的整体屋面。一张细部的照片显示屋脊上饰以走兽，这座建筑的砖工艺非常考究。教堂主入口不是清官式建筑的做法，它使用了隐角梁，一种非常当地的做法，多用于河北、山西、陕西、河南几省的木构做法。屋檐下砖檐口模仿木构斗栱，成为屋檐和墙体之间的过渡（图 4-3）。尽管这个屋顶仅仅是模仿歇山顶建筑，但采用了重檐的形式，显示出它的建筑等级。在五号教堂的山墙上没有悬鱼和如意，用小铃铛或者小钟悬挂于子角梁上。在重檐屋顶之下是钟室，是安置铜钟的房间，钟室四周安装有反声板的叠涩拱窗，由于钟楼正面的第一层没有出檐，故正面的窗户比两侧要高。钟室窗户之下是非常精致的中式砖雕花纹。主立面逐层内退的墙面上有“天主堂”三个字，简单的四瓣花窗和圆拱形的主入口自上而下沿中轴排列。

图 4-3　五号教堂主立面局部
图片来源：南怀仁中心，C.I.C.M. Archives，folder of Mon Van Genechten

图 4-4　英国 Quarr Abbey，Isle of Wight. Dom Paul Bellot 设计的修道院入口细部
图片来源：WILLIS P. Dom Paul Bellot Architect and Monk，1996：5

主入口两侧的两个开间向后退约半个开间，塔楼的两侧各增开两个侧窗。左右两开间的正立面连开两个叠涩拱窗；侧开间的入口则是在一个大的圆拱下开了一个弧拱门，上方设叠涩窗，从另一种角度来看，似乎是依照布鲁日窗构系统的原则设计的，只是在装饰上采用中式元素。侧门的设计很可能是由于当地的性别隔离传统，男女教友分别从不同的门进出。虽然中国传统建筑中也有叠涩砌筑方法，但是此处叠涩窗的设计应是受到西方影响。从五号教堂非常精致的砖工艺，尤其是窗户的处理，可了解到米化中的设计似乎受到著名的隐修士建筑师 Dom Paul Bellot[①] 的影响，他设计的建筑很好地应用了混凝土和砖的彩饰工艺，并且他对光和构件的比例曾有别出心裁的探索（图 4-4）。

西式木结构屋顶与中式内饰

虽然档案里没有五号教堂的整体外观照片，但是结合室内外的照片可以推测出，教堂的中殿至少有 6 个开间并且没有十字交会的横翼。中殿的室内空间被两排细细

---

① Dom Paul Bellot，在巴黎美术学校学习建筑（ École des Beaux-Arts in Paris，1968 年该校建筑科分离出学校，学校亦更名为 École nationale supérieure des Beaux-Arts），后来他成为本笃会的隐修士，在比利时、英国、法国、荷兰、葡萄牙建造了一系列宗教建筑。1937 年移民加拿大，他完成了蒙特利尔圣若瑟小礼拜堂的穹顶，并建设了魁北克 Saint-Benoît-du-Lac 修道院第一部分，也是他后来埋葬的地方。WILLIS P. Dom Paul Bellot Architect and Monk：And the publication of Propos d'un bâtisseur du Bon Dieu 1949 [M]. Elysium Press Publishers，1996.

图 4–5 五号教堂中殿，朝向祭台方向拍摄
图片来源：Ghesquière S.J. Comment bâtirons nous en Chine demain ?[J]. Collectanea commissionis synodalis，Beijing，14，1941：47

图 4–6 五号教堂室内，侧廊向祭台方向拍摄
图片来源：Ghesquière S.J. Comment bâtirons nous en Chine demain ?[J]. Collectanea commissionis synodalis，Beijing，14，1941：47

的柱子分成三个部分（图 4–5、图 4–6），中部较宽，约是两侧廊宽度的 3 倍。柱子与天花板交接处的替木非常精致，雕以花卉、叶子和鸟等中式图案，木柱下都用石柱础。西式的木结构屋架体系通过使用较小的木料就能营造出比较宽敞的室内空间，这种方式已被 1920 年代的中国工匠模仿并掌握。

五号教堂中殿的剖面是经过精心设计的，中殿要比两侧的侧廊高出大约 1/4 柱高。主入口的门楼采用了类似歇山顶的做法，中殿内部由于天花板的遮挡，不能准确判断屋架的结构体系，其屋架结构有两种可能：一种是五或七檩前后廊式，只是这里的前后廊变成中殿两边的侧廊，兴合场教堂同样为圣母圣心会所建教堂，采用中式抬梁体系；另一种是中殿可能是西式的豪式屋架，虽然整个屋顶在侧廊处形成折线，有可能是通过设计其他木构件有意做出的天花板骨架。天花板是用简单的木肋连接墙、柱、梁，没有多余的装饰，生成简洁轻快的几何形图案，且描绘出屋顶上部的梁架位置。对比同等规模的西方教堂，五号教堂的室内空间并不高，水平的天花板与和羹柏的哥特式教堂中殿是完全不同的空间体验。照片显示，教堂内部有至少两排圣体栏杆将内部空间分成三部分：第一个开间安置了一排圣体栏杆，用来分隔教友和神职人员；第二排栏杆放在第四和第五个开间之间，用来分隔男、女教友，通常情况男士在前，女士在后。圣体栏杆由木扶手和镶板构成，每块镶板上饰木雕花两朵。左侧祭台供奉圣母玛利亚，没有照片显示右侧祭台。

方希圣设计的中式教堂家具

方希圣是一位非常著名的圣母圣心会艺术家，他中学毕业之后，进入马林神学院（Seminary of Mechelen），成为蚀刻师德克·贝克斯坦（Dirk Baksteen，1886—1971）的学生。1924 年，方希圣加入圣母圣心会，之后师从当时非常著名的艺术大师弗兰克·布朗万（Frank Brangwijn，1867—1956，伦敦）和莫里斯·丹尼斯（Maurice Denis，1870—1943，巴黎）学习壁画技术。1929 年，方希圣晋铎为神父，次年被派往中国，1946 年返回欧洲。在西湾子工作的时间，省会会长石德懋为了响应罗马发出的本地化中国艺术的号召，要求方希圣学习并掌握中国传统绘画技巧和相关工艺，这也是刚恒毅来华后所推行的本地化艺术的具体措施之一。

方希圣在六号教堂和大同总修院绘制了一系列壁画，并且设计了五号教堂的祭台（图 4–7）。后来，他又被派去辅仁大学艺术系做了教授，在那里他的国画得到傅心畬亲授。尽管，方希圣绘画主要关注宗教主题和风景，但他对中式壁画和木雕也涉猎了不少，跟随中国的壁画师傅在北方各地实地练习绘制壁画。1939—1942 年，他在中国举办了一系列画展，并用其化名方希圣。回到比利时之后，他对佛兰德斯绘画进行了中国画风格的实践，直到 1974 年去世，在比利时也办过多次画展。[1]

五号教堂的主祭台质量非常高，可以看作是教堂里的“微型教堂”。祭台分为两部分：一张平展的条案和一扇精致的祭坛装饰屏。祭坛屏中间是精致的圣体龛，上有华盖，像中式的小房子。在其之上是一个重檐歇山顶的小亭子，亭子中间摆放十字架（图 4–8）。祭坛屏中央的最顶端雕刻有一个龙头，身背十字架。两边的镶板雕刻着非常精致漂亮的中式图案，如鹭、莲花、凤凰、蜜蜂，这些都是中国传统文化艺术品中经常使用的图样，象征警醒、纯洁、不朽和追求。条案的二层两侧各摆放了两个花瓶，象征和平与平静。侧祭台也由方希圣设计，同样使用了中式元素。在盖斯基埃（Ghesquiere）的一篇文章中提到，五号教堂的圣体龛设计很可能是受到中国式牌楼的影响。[2] 如果我们仔细观察五号教堂的主祭台，它的基本框架和比例似乎来

---

① DE RIDDER K. Van Genechten's Chinese Christian Art：Inspiration and Background. DE RIDDER K，SWERTS L. Mon Van Genechten（1903—1974），Flemish Missionary and Chinese Painter：Inculturation of Christian Art in China（Leuven Chinese Studies，11）[M]. Leuven：Leuven University Press，2002：13–35.

② Ghesquière S.J. Comment bâtirons nous en Chine demain ?[J]. Collectanea commissionis synodalis，Beijing，14，1941：48–49："Le Tabernacle，de préférence légèrement engagé dans la muraille，ne dépasse pas l'alignement des gradins de l'autel et cela évite d'entailler les nappes，qui ne pourraient alors servir que pour un autel déterminé. Dans le dessin même du tabernacle，qui s'inspirera，par exemple du genre 'PAI LOU' nous aurons prévu la pose facile du conopée，suspendu comme une tenture à porte de cuivre doré. Il faut que les accessoires exigés par les rubriques s'intègrent dans l'ensemble architectural et ne soient pas des éléments disparates surajoutés. En choisissant la forme d'autel et sa matière：bois pierre ou marbre，nous fixons déjà le genre du mobilier adopté，fut-il très simple et fabriqué par de petits artisans locaux."

图 4-7 五号教堂主祭台
图片来源：DE RIDDER K & SWERTS L. Mon Van Genechten (1903—1974), Flemish Missionary and Chinese Painter: Inculturation of Christian Art in China (Leuven Chinese Studies, 11) [M]. Leuven: Leuven University Press, 2002: 81

图 4-8 五号教堂主祭台，木刻细部
图片来源：南怀仁中心，C.I.C.M. Archives，folder of Mon Van Genechten

自中式的牌楼。祭台的精美再度强调了它在天主教宗教仪式中的重要作用，只不过五号教堂祭台换上了中式的象征符号。米化中也把这种设计思路在教堂设计中贯彻下来。

1937 年左右，附近山区的另外一座乡村教堂——六号教堂重建，也采用了中式风格，同样有中式的壁画、家具和内饰。[①] 在传教士的心目中，这种类型的建筑风格会带来其他宗教精神上的引导，如佛教中的“塔”。但是，面对本地化的政策，当时的传教士在设计上似乎并未探索出其他更合适的艺术形式。

中式基督教风格和中国固有式建筑

无独有偶，位于上海多伦路 59 号的原上海中华基督教会的鸿德堂在外观上与五号教堂十分相似。鸿德堂建成于 1928 年 10 月，教堂至今尚在，1994 年成为上海市级文物保护建筑。这是一座长老会教堂，由当地教友捐资筹建，1925 年起动工。鸿

① DE RIDDER K, SWERTS L. Mon Van Genechten (1903—1974), Flemish Missionary and Chinese Painter: Inculturation of Christian Art in China (Leuven Chinese Studies, 11) [M]. Leuven: Leuven University Press, 2002: 68-69.

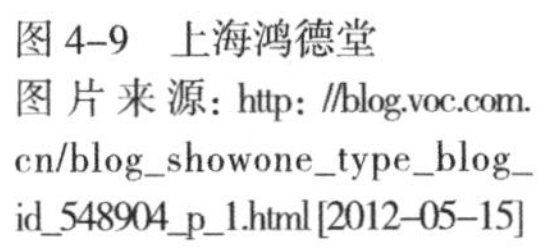

图 4-9　上海鸿德堂
图片来源：http://blog.voc.com.cn/blog_showone_type_blog_id_548904_p_1.html[2012-05-15]

图 4-10　上海鸿德堂：左为效果图，右为建成后照片
图片来源：CHAI Xuyuan，A Primary Research on the History of Modern Church Architecture in Shanghai，2006：124

德堂由著名建筑师杨锡镠[①]设计，他是凯泰建筑师事务所的合伙人之一。教堂建筑面积多于 700m^2，中部三层，两侧二层，中部钟楼部分高于两边侧廊，礼拜堂位于二层。钟楼为重檐攒尖顶，两侧廊为重檐歇山顶。青砖外墙，红色仿木壁柱和斗栱既为构图需要，也平添了许多中国特色（图 4-9、图 4-10）。[②]

城市中的鸿德堂比位于乡村中的五号教堂要大许多，且更为华丽。鸿德堂的设计中强调了中国建筑的木结构框架和彩饰特征，整个屋顶都是重檐的，混凝土柱子漆成红色，且成对出现，斗栱的可见部分漆成了绿色。由于五号教堂的老照片都是黑白的，无法比较它与鸿德堂在色彩上的差别。这两座教堂的主入口立面比例非常相似，都体现了新的中式基督教建筑风格的发展方向，一个出自天主教修会，一个出自基督新教差会。这些做法与美国建筑师墨菲设计的南京金陵女子学院（1918—1923）和北京燕京大学（1919—1926）的校园建筑手法十分相似。墨菲认为中国建筑有五个突出特点：反曲的屋面、有序的布局、构件间的完美比例、构造真率以及华丽的色彩。[③]在世界范围内基督教本地化当地艺术的浪潮中，对比外在的艺术形式，不变的是宗教信仰。教堂建筑的中国风格探索，恰逢中华民国建设现代的、民族式中国风格——中国固有式建筑的潮流，可以说是在教堂这种特殊建筑类型上的探索，

---

① 杨锡镠，1899 年出生于江苏吴县（今苏州），字右辛，出身于书香世家。他就读于上海工业专门学校中学部（上海交通大学前身），1918 年，中学部毕业后，进入交通部上海工业专门学校的“土木工程”专科就读，三年后入唐山大学读四年级。曾任职于上海东南建筑公司，创办凯泰建筑师事务所，任《中国建筑》杂志社发行人，《申报》建筑专刊主编，最著名的建筑作品是上海百乐门舞厅。

② 黄元炤，杨锡镠 . 中国近代的三栖建筑人 [J]. 世界建筑导报，2013，149（1）：33-35.

③ 赖德霖 . 梁思成“建筑可译论”之前的中国实践 [J]. 建筑师，2009（137）：22-30.

也是对时局的回应[①]。五号教堂依然保留了天主教教堂最基本的平面布局，满足它的宗教仪式功能，用装饰上的大量中式元素来回应本地化中国艺术的号召。

二、绥远神哲学院的礼拜堂

绥远[②]神哲学院始建于1935年，1936年秋完工并投入使用。[③]对比西湾子神学院和大同神学院，绥远神哲学院混合了中西建筑元素，更契合中国天主教本地化政策的要求。西湾子神学院和大同神学院是由和羹柏分别在1900年左右和1922—1929年修建的，它们都是纯粹的西方建筑风格，准确地说是圣路加学校所推崇的哥特式建筑风格。而绥远神哲学院则由一位中国工匠设计——姚正魁，1867年8月16日他出生于山西省灵丘县，这里因木匠辈出而闻名，年轻时他就来到中蒙古地区当木匠，之后受训于和羹柏，配合和羹柏承担施工和监理，同时掌握了西洋建筑样式的设计和建造技术，这就是在圣母圣心会档案中常常被提到的姚师傅。[④]但是，姚正魁在西湾子主教座堂完工之前就已经去世，可能仅设计了这座神哲学院，未能亲自监理。大同总修院的礼拜堂在1931年重新装修，室内中式壁画由方希圣绘制，但是礼拜堂与修院建筑群体仍然是统一的西式建筑风格。在呼和浩特市的通道南街共有两处天主教建筑群，绥远神哲学院位于主教座堂以北800m的位置，在呼和浩特主教座堂（1924年）完工之后修建，主教座堂的西式风格和高耸的塔楼在周围穆斯林建筑群中彰显了它的宗教特征，绥远神哲学院相对而言没有那么醒目（图4-11、图4-12）。

绥远神哲学院和礼拜堂建筑至今仍然存在，礼拜堂主立面的装饰工艺精美，也采用了新一代基督教建筑的设计手法。目前建筑曾被用作电视机厂，同时电视机厂的员工也住在院落中，所以北侧的原神哲学院教学楼建筑已成为私人住所，未能进入参观，仅在礼拜堂内短暂驻足，并拍摄照片，总体印象是礼拜堂结构上存在安全隐患。

---

① LAI D L. Searching for a Modern Chinese Monument. The Design of the Sun Yat-Sen Mausoleum in Nanjing[J]. Journal of the Society of Architectural Historians，64/1，2005：22-25.

② 在西文文献中绥远常拼写为 Soei-Yuan、Soei-Yuen 和 Sui-yüan。归化常拼写为 Kwei-hwa 和 Kuei-sui。

③ 方旭艳．呼和浩特基督教文化建筑考察与研究 [D]．西安：西安建筑科技大学，2004：32："1955年，内蒙古包头市二十四顷地小修道院合并于归绥市神哲学院，称为呼和浩特市天主教修道院。现保存仍较完整，分别由回民区公安分局、电视设备厂等占用。"

④ 包慕萍．蒙古教区基督教建筑的历史及沿革 [C]// 张复合主编，中国近代建筑研究与保护（七）．北京：清华大学出版社，2010：61.

图 4–11　呼和浩特主教座堂顶部鸟瞰绥远神哲学院和主教府
图片来源：南怀仁中心，C.I.C.M. Archives，folder Building and residence

图 4–12　呼和浩特主教座堂周边地图
1. 主教座堂；2. 主教府；3. 修女院；4. 神哲学院；5. 神哲学院礼拜堂
图片来源：谷歌截图并由作者改绘，2012 年 1 月

图 4–13　绥远神哲学院施工过程照片
图片来源：KADOC，C.I.C.M. Archives，folder Kadoc China

1922 年，西南蒙古代牧区拆分成宁夏和绥远两个代牧区，归绥（今呼和浩特）是当年绥远代牧区的管理中心。尽管中国和比利时档案在其建设年代上有些出入，但由于大同总修院的哲学部拆分后于 1936 年或 1937 年移至绥远，所以绥远神哲学院基本建设部分应在此前完工（图 4–13）。[①] 这里作为神哲学院，为附近教区培养神职人员。《圣母圣心会的过去和现在，1862—1987：圣母圣心会的历史》一书中提到，绥远修道院在 1951 年曾被改做军队医院，最后一批圣母圣心会会士包括神哲学院院长廉启心（Léon Baudouin，1897—1987）在 1952—1953 年之间离开绥远。[②] 中国官方要求一位中国籍神父 Josephus Jen Yu–ju 取代廉启心的院长职位。1952 年 Josephus Jen Yu–ju 被派去上海做财务管理的助手，标志着绥远神哲学院教学运营的彻底结束。

绥远神哲学院建筑尚未列入呼和浩特市级或者内蒙古自治区级文物保护单位。它的西侧部分被拆除，年代不详，西侧原神哲学院用地已经改为住宅用地，东侧部分和礼拜堂基本保留。有关绥远神哲学院的档案非常少，几张老照片存放在 KADOC 中心和南怀仁中心，向我们展示了礼拜堂的主入口立面和神哲学院的东侧。但是，神哲学院的设计图纸尚未被发现，甚至学院的各部分功能构成也未可知。在圣母圣心会的杂志 *Missions de Scheut* 刊登过两张外观照片，些许提到这个新成立的神哲学院。[③] 根据这些老照片，原有的神哲学院应是由两处院落组成，由礼拜堂西侧向南伸出的墙垣分隔开，学院前面是一片向日葵田地。尚不清楚修士们的宿舍、教室、图书馆、食堂以及教授们的宿舍等这些用房如何安置在这座建筑群中，也没有资料显示这个神哲学院可容纳多少学生。根据开间和窗户的宽度，东侧部分更宽一些，很可能是神哲学院，而西侧部分则有可能是住宿部分。建筑的两翼都朝南，但是并不对齐，东侧的建筑略向北后退一些（图 4–14）。

神哲学院：布鲁日窗构艺术和图案式砌筑工艺

神哲学院礼拜堂成为学习场所和休息场所的一个分隔，分隔两个院落的墙在礼拜堂西山墙的延长线上，并且有小门连通两个院落。神哲学院的主入口设在通道南

---

① 古伟瀛．塞外传教史 [M]. 台北：光启文化事业，2002：7："1922 年以前，西湾子修道院内大小修士都有，那年已有第一批大修士升入新成立的大同修院。这座修院于 1936 年改为专攻神学的大修院，哲学院另成立于归化城。"

② VERHELST D & NESTOR P（eds.），C.I.C.M. Missionaries，Past and Present 1862—1987：History of the Congragation of the Immaculate Heart of Mary（Verbistiana，4）[M]. Leuven：Leuven University Press，1995：262–263.

③ Missions de Scheut：revue mensuelle de la Congrégation du Cœur Immaculé de Marie [J]. Brussels：C.I.C.M.，1936：55（general view from the south）；同上：1938：111（visit of Vicar Apostolic Zanin and bishop Otto C.I.C.M.）.

街，同今天一样，但是 1930 年代的道路比今天要窄得多。老照片显示，学院东侧翼有一部分略矮的附加建筑，只有一层（图 4–15）。由于近年来呼和浩特市发展的需要，通道南街被拓宽，神哲学院东侧翼的部分建筑被拆除。东翼建筑整体建在一个大平台上，比院子高出 1m 左右。建筑为双坡顶，屋面覆金属板。整座建筑并不对称，一层的中部有一个小圣堂，圣堂右侧 9 个开间，左侧 12 个开间。小圣堂突出墙面的部分呈三边形，与大平台边缘对齐。小圣堂非常引人注目，不仅是因为它的位置，还有形状和高窗都非常特殊。小圣堂面南的一边是一个三角形的山墙带两个通过起拱石突出的短墙，中间墙面内凹处一个半圆拱形，两边对称布置可通风的圆窗，非常像木偶的面部。建筑的南立面每隔两个开间有一个布鲁日窗构系统的立面开间，顶部的窗突出屋面，并采用了砖砌斜压顶和起拱石做法。所有的窗户都是弧拱券窗，比较简单，铁杆件与铁扒锔加强了内部木构梁架、木地板与墙面结合的牢固性。建筑的东、西两山墙在屋脊处用小歇山顶来收头，现已不存，只有山墙端部的起拱石存留。这栋建筑与西湾子和大同的神学院相比，没有它们那么精致，也没有使用阶梯状的山形墙（图 4–15、图 4–16）。

这座建筑另一个突出的特点是采用了不同颜色的砖来砌筑，墙体呈现出多种几何拼贴图案。由于目前建筑本身有比较多灰垢，遮住了墙身上的几何图案，难以看出红白两色砖与灰砖组合出的图案。然而，在黑白的老照片上，这些颜色的对比却十分强烈（图 4–14、图 4–15）。神哲学院的宿舍楼同样采用这种图案式砌筑工艺。这种工艺在 19 世纪的欧洲工业建筑上并不少见，因为它既便宜又好看，能在不花太多成本的前提下使单调的墙面看上去活跃，多用在学校、工厂、仓库、工人住宅、小别墅、教堂及其他的公共建筑上。其中最著名的案例要数法国北部 Noisiel–sur–Marne 地区的 Menier 巧克力工厂（图 4–17），1851 年由建筑师 Jules Saulnier 设计。一本有关图案式砌筑工艺的图案手册发行于 1883 年：La brique ordinaire au point de vue décoratif 。[①] 其实几何图案的砖饰早在中世纪欧洲传统建筑中就有应用，19 世纪这种工艺的再次流行要感谢当时的工业发展，造砖厂能够生产出规格统一且颜色多样的砖来。19 世纪初，英格兰最早有了工业造砖厂，但是直到 19 世纪下半叶才在欧洲大陆和北美普及，这种图案式砌筑也同样用在哥特复兴式的建筑上。[②] 在比利时也是如此，彩色的材料受到推崇，还常常把不同颜色的砖和不同的石材混合在一起

---

① LACROUX J，DETAIN C. La brique ordinaire au point de vue décoratif [M]. Daly，1883.

② ALDRICH M. Gothic Revival [M]. London：Phaidon，1994：177，186，196–197.

图 4-14 绥远神哲学院，礼拜堂及教学楼、宿舍、院落
图片来源：KADOC，C.I.C.M. Archives，folder 22.44.1

图 4-15 绥远神哲学院教学楼
图片来源：KADOC，C.I.C.M. Archives，folder 20.3.4

图 4-16 绥远神哲学院教学楼现状
图片来源：作者拍摄于 2011 年 5 月

图 4-17　法国北部 Menier 巧克力工厂
图 片 来 源：http：//upload.wikimedia.org/wikipedia/commons/2/25/Chocolaterie_Menier_moulin_Saulnier_1.jpg [2012-09-12]

使用，丰富立面效果。

这种应用在绥远神哲学院上的图案式砌筑做法在中国并不多见，近代建筑中比较多的情况是用不同颜色的砖砌筑出带状装饰，以及在窗框、门框处砌出不同颜色的拱形，也有的将砖墙外表涂上不同颜色以表现几何形装饰。据一些中国近代建筑资料显示，这种做法在我国东北地区有一定范围的应用，比如沈阳市周恩来读书旧址纪念馆。

礼拜堂和它引人注目的主入口

礼拜堂与神哲学院的主楼垂直相连，并且在北侧通过一个内廊连接到教学楼，修士和教授们可以从北侧的门进入礼拜堂。如今的院子里加建了不少违章建筑，还有许多野生植物将礼拜堂的东侧遮蔽起来，很难拍摄到一张反映礼拜堂全景现状的照片。档案照片显示，礼拜堂共有十二个开间，主入口面南（图 4-18），单层建筑，所有的窗户都是半圆拱形，45° 边框抹角（图 4-19），屋顶上有四个通风的老虎窗。

通过观察和分析，这座礼拜堂可能分为三个部分：圣所、中殿和主入口门厅，但是由于其内部损毁严重，且有遮挡物，内部功能分区并不明确。中殿北部目前放

图 4-18 绥远神哲学院和修生
图片来源：KADOC，C.I.C.M. Archives，folder 22.44.1

图 4-19 绥远神哲学院礼拜堂窗户细部
图片来源：作者拍摄于 2011 年 5 月

置了一些机器，是一个手工加工车间。在从北向南的第六个开间处，一堵墙将原来的拱券完全封堵。北侧的第一个开间，通过一个很窄的楼梯可登上二层走廊，目前被封堵。屋顶的天花板是五边折线形，有木制斜撑，并通过板条固定天花板，铁扒锔和拉杆用来加固屋顶的木结构和立面墙体。由于礼拜堂内墙和南入口已经封堵，祭台的位置尚无法确定。

礼拜堂的主入口非常奇特，现有照片和档案中老照片可对比出昔日的辉煌（图 4-20）。三个白色的圆拱券标志了主入口的位置：主入口中间的拱券较高，在中央形成了一个壁龛，拱券上饰以叶子和花；两侧较低的拱券标示出主入口两侧的开间，装饰象征圣餐图案，左侧的麦子象征祝圣的面饼，右侧的葡萄象征酒（图 4-21）。[①] 拱券由白色粉饰灰泥制成，与灰砖形成了强烈对比，遗憾的是，拱券上的灰塑已经不全。这三个拱券很像在宗教仪式道路上临时由植物搭建的凯旋门，它们构成了一个非常有象征意义的门，内与外的转变，世俗与圣殿的交接。

主入口中轴线上有一个小的门廊，上面是三角形的山墙、砖砌的斜压顶和悬挑的墙面，门洞是半圆拱形且 45° 抹角，门廊如今已经被拆毁。中央拱券下的矩形壁龛上遮以中式屋顶，成为这个主入口最吸引人的部分。老照片显示，壁龛内供奉圣

① TA YLOR R. How to Read a Church. A Guide to Images，Symbols and Meanings in Churches and Cathedrals [M]. London：Ebury Press Random House，2003：212.

图 4–20　绥远神哲学院礼拜堂南立面（左）
图片来源：KADOC，C.I.C.M. Archives，folder 20.3.5
图 4–21　绥远神哲学院礼拜堂主入口现状（右）
图片来源：Thomas Coomans 拍摄于 2011 年 5 月

母手抱基督的雕像，壁龛比较深，与白色的雕像形成明暗对比，使得雕像从远处便清晰可见。两个侧圆拱窗上边是两个六边形的通风口，是中国传统建筑中常用的窗洞形式（图 4–20）。主立面上部的山墙有三段短墙，两端各一，中央一个较宽，山墙的两脊是斜砌的砖压顶。两端的墙体由悬挑出来的山墙向上砌筑形成，顶部是歇山形式，现已不全。中央的短墙支撑着一个木构亭子，内置铜钟，屋檐起翘，上置十字架。目前亭子的骨架尚在，但是十字架和屋顶已不存。

神哲学院的中式礼拜堂

绥远神哲学院的礼拜堂建于 1935—1936 年之间，属于中国基督教建筑的第三阶段。与此同时，长城以南中华大地上的民族解放运动已经达到了高潮。神哲学院是中国籍修士受教育的地方，姚正魁设计了这个空间简单的礼拜堂，但是有着丰富的中式装饰的外立面。遗憾的是，未收集到礼拜堂的室内照片，但是可以肯定的是，这个礼拜堂一定是采用的中式祭台、壁画和家具。1930 年代中期，有关本地化的争论不再像十年前那样中西两极分化。中国籍修士们站在向日葵田中的照片，背景是神哲学院和中式钟楼，一副非常有诗意的画面（图 4–18）。

本地化潮流是中西方建筑师对如何表达中式传统建筑文化，并满足宗教仪式和现代需要的探索。在他们的心目中，壁画、亭子、歇山顶这些元素能够描绘出中国传统建筑的氛围。在绥远神哲学院这个案例中，应用了相对朴素的中式元素，而其他的神学院如宣化大修院和香港圣神修院则更为华丽，用混凝土模仿中式斗栱体系，和中式的院落布局。[①] 这两个修院已经不是由西方的宗座代牧来管理，而是中国籍主教管理。尽管绥远神哲学院目前环境很差，但它是圣母圣心会建筑中一个非常难得的案例，且仍然存在于呼和浩特繁华的市区，希望能够得到好的修缮和维护。

三、壕赖山教堂

壕赖山教堂是一座偏远山村的小教堂，保存尚好，目前恢复作为教堂使用。壕赖山位于内蒙古自治区武川县境内，[②] 呼和浩特以北 76km，1922 年起这里属于绥远宗座代牧区。壕赖山教堂具有中西混合的元素，它是 1930 年代以后传教士们比较推崇的小教堂形式，中殿不高，开窗不多，窗户不大，冬季不会太冷。在圣母圣心会会士离开中国后，在 1958—1984 年间作为村公社的礼堂使用，用于集会。1980 年代后，归还给教会使用。小教堂处在一片教会建筑群中，建筑本身只有一个不高的小钟塔且被拆毁，其他部分保存完好，这里是典型的教会村布局。

关于壕赖山的档案没有文字资料，仅限于两张老照片。建筑师和建筑的具体建设年代都无从考证，极有可能是一位圣母圣心会传教士在 1930 年代建造了这座小教堂（图 4-22）。作者在 2011 年 5 月探访了这座小教堂，并且对其做了测量。[③]

这处教会聚居地四周有围墙环绕，位于壕赖山村子中央，主道南侧。院子里目前尚有三栋房子：教堂和住宅都是南北朝向，一字排开，它们的南侧是目前作卫生所使用的建筑，曾经也是一处教会财产。教堂和住宅规模相仿，[④] 因为教堂的钟塔被拆除，在这个院子里，教堂甚至不易被识别出来（图 4-23），明显的是这两个建筑都出自同一位建筑师之手，并且是同期建设的。因为，建筑各部分的比例、每个开间之间的壁柱体系、屋顶的坡度和山墙端部伸出墙面的部分都十分相似，或者说一模一样，砖的颜色也相同。教堂的窗户构成是一个大的半圆拱下并排两个半圆拱形窗户，上面是一个圆窗。非常有趣的是这些门板上都装饰着哥特式风格的羊皮卷图案，只有大门上是中式花纹图样。教堂近期被翻新过，内部刷了白色灰浆。

---

① MCLOU GHLIN M. The Regional Seminary, Aberdeen（1931—1964）. Theology Annual, 4, 1980: 83-99; CODY J W. Striking a Harmonious Chord: Foreign Missionaries and Chinese-style Buildings, 1911—1949. Archtronic. The Electronic Journal of Architecture, V5n3, 1996: 30.

② 武川县隶属于呼和浩特，东邻卓资县，南邻土默特左旗和呼和浩特市，西邻土默特右旗和固阳县，北邻四子王旗。

③ 2011 年 5 月 27 日，参观壕赖山教堂的同时，采访了武川县文化所所长武明川，据地方志记载，这座教堂建于民国 19 年，也就是 1930 年。

④ 教堂正殿内部尺寸为 8.30m × 18.10m，住宅内部为 8.50m × 19.50m。

图 4-22 壕赖山教堂外观
图片来源：KADOC，C.I.C.M. picture album，folder 20.2.3

图 4-23 壕赖山教堂外观，钟塔已经被拆除
图片来源：Thomas Coomans，拍摄于 2011 年 5 月

中西混合

教堂由两部分组成：六开间的中殿，上面是双坡屋顶；圣所，两开间，端部是T 形的后殿。圣所比中殿要低一点、窄一点，从外观看，一个带有斜砌砖压顶的山墙将中殿和圣所分开。一个小的祭衣所设置在圣所的北侧。教堂本来还有第三部分，也就是西侧附在山墙上的钟楼，今天仍然能够看到钟楼的基础和它在山墙上留下的痕迹。它是一个不大的正方形塔（1.40m × 1.40m），墙厚 1.5 匹砖。老照片显示这个塔有很小的壁柱，并且它的上部放置钟的部分是金属框架加方锥形顶，塔顶置十字架。这个小砖塔可通向中殿，西墙上原有一个 90cm 宽的小门，目前用砖封堵，这个门对于敲钟人来说足够进出。教堂长轴是东西朝向，祭台位于东侧，在第四个开间处设有一门，依照中国北方传统，所有的窗门都开在南侧墙面。主入口的门新近更换过，老照片上的门上方是三个圆拱形的木门框，两边高，中间低，低的上方再有一个圆形窗；现在的门只有一个矩形的简化木门框。屋顶使用金属板覆盖，坡度大约 30°，最近的修缮中将它喷涂成了红色（图 4-24、图 4-25）。

图 4-24 壕赖山神父住所
图片来源：作者拍摄于 2011 年 5 月

图 4-25 壕赖山教堂圣所外观
图片来源：作者拍摄于 2011 年 5 月

教堂的中殿是个矩形的空间，大约有 150m^2（18.10m × 8.30m）（图 4-26、图 4-27），两排各五根红色细长的木柱支撑着屋顶结构（图 4-26）。天花板高 4.25m，遮挡了上部的屋架结构，甚至柱头的部分也不得而视。木柱非常细，直径 20cm，置于花岗石的鼓形石础之上（直径 40cm，高 28cm），并有一行黑色的点饰。[①] 与其他教堂不同，这些木柱似乎并没有将教堂清楚地分成中殿和侧廊三个部分。教堂里的长椅也无视柱子的存在，分别排列于中殿两侧，只留出中间的过道。中殿的第一个开间与其余部分有一个踏步的高差，这级踏步暗示了这里曾经设有圣体栏杆，两侧靠墙位置摆设了两个侧祭台，目前都是新的，北侧的供奉基督圣心，南侧的供奉圣女露德。

穿过一个直径 3.80m 宽的圆拱券便是教堂中最神圣的部分——圣所（图 4-27）。圣所比中殿略窄，只有 5.7m。一个高祭台主宰了整个空间，并且放置在两级踏步的

① 这些黑色的点在模仿鼓上装饰的铜钉。

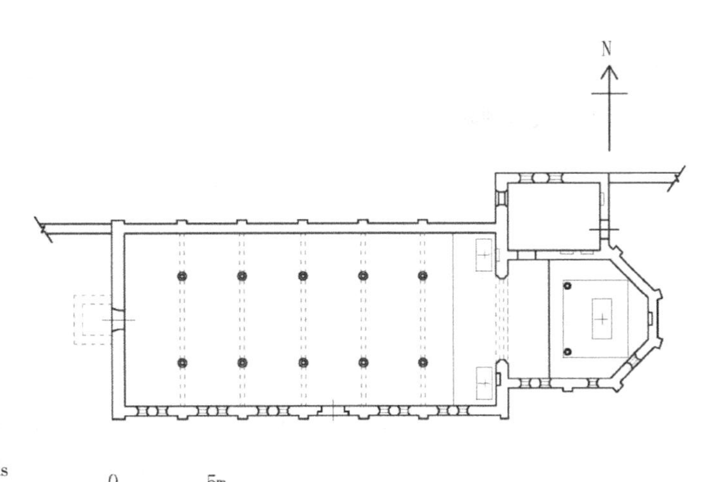

图 4-26　壕赖山教堂平面图
图片来源：作者绘制，Thomas Coomans 协助，2011 年 12 月

图 4-27　壕赖山教堂中殿室内
图片来源：Thomas Coomans 拍摄于 2011 年 5 月

台子之上，台阶前端有两根细柱支撑屋顶。木柱是八边形的，红色，放置在漆成赭石色的八边形柱础之上。圣所的第一个开间，南侧开两个窗户，北侧有一个小门通向祭衣所。第二个开间比较小，南侧只有一个窗户，端部是三边形的后殿，东南角上开了一个圆拱形窗。同中殿一样，天花板遮挡了所有的屋顶木结构。高祭台后面的墙壁上有两个壁龛，一大一小。教堂里大部分是砖铺地，只有台阶和柱础是用花岗石制作。圣所北侧的门通往祭衣所，一个矩形的小房间，带有一个壁橱，东侧设门，北侧原有三个小窗，现已封堵。

整座建筑的主要建材是砖，尺寸为 6/5.5cm × 15/14.5cm × 30.5cm。墙基、踏步、柱础、窗台都是花岗石石材制作。教堂北侧的墙面不开窗，壁柱之间的墙体主要是空斗墙砌筑。圣所的窗相对比较简单，中殿南侧窗比较精致，来自中世纪教堂建筑常见的组合形式：一个大的圆拱下并排两个圆拱窗，上方一个小圆窗（图 4-28）。屋檐下的砖饰也呈现两种不同的样式。

壕赖山教堂规模不大，但却是一座比较别致的中西元素混合的小教堂。当人们在外部看到西方中世纪风格的窗构组合时，很难想象到内部会是红色的木柱结构支持整个屋顶。这样的一种组合，不宜从建筑风格的统一性上来评价。壕赖山教堂属于和羹柏建筑师之后一代的教堂，依照1924年在上海召开的第一次全国性主教会议的指导原则而建，目的是本地化教堂建筑。这种转变的另一方面原因是塞外恶劣的气候条件，很多神父抱怨，冬季里在做弥撒的时候伸开双臂是件十分痛苦的事情。《圣母圣心会史》书中描述："1930—1935年间，传教士和中国籍神父开始采用新类型的教堂。他们都更倾向于使用层高较低、墙体厚实、窗洞较小的建筑。直到那时，还有很多人使用和羹柏设计的方案，但是那些西式建筑并不适合当地的气候。"[①] 事实上，像壕赖山教堂这样的小堂非常符合1930年代传教士们对教堂建筑的要求，内部空间不高，开窗不多，冬季易于保温，更适合内蒙古的气候条件。

图 4–28 壕赖山教堂南立面一个开间
图片来源：Thomas Coomans 拍摄于 2011 年 5 月

第四节 格里森与和羹柏作品的比较

辛亥革命后，年轻的中华民国在全国范围内掀起了现代化的运动，与此同时，1919年罗马天主教教会颁布了新的宣教政策——"Maximum Illud"，新的传教政策摒弃了以往的殖民地传教政策，并且含蓄地谴责了欧洲建筑风格的不适应性。作为宗座代表，刚恒毅认为宗教的内在教义和外在表现形式不能混为一谈，他确信西方风格的艺术并不适合根深蒂固的中国文化。他总结："既不要完全中国式的建筑也不要西式的教堂。"格里森亦发表论文探讨了中式建筑基础、屋顶、墙身与结构等方面的

① VERHELST D & NESTOR P (eds.), C.I.C.M. Missionaries, Past and Present 1862—1987: History of the Congragation of the Immaculate Heart of Mary (Verbistiana, 4)[M]. Leuven: Leuven University Press, 1995: 174.

和谐性，以及如何实现中国教会建筑的“本地化”，并被译成多国文字。

格里森对于中国学者并不陌生，他设计建造的北京辅仁大学主楼（现位于北京师范大学定阜大街校区内）采用北方官式建筑的做法，在中国近代建筑史中占有一席之地。刚恒毅邀请格里森来中国推行“本地化”基督教艺术——“Sino-Christian”中式基督教艺术风格，他是唯一一位受罗马教会指派来华推行本地化的建筑师，他的作品代表着当时罗马教会的倾向。格里森出生于荷兰的乌得勒支，入比利时南部 Maredsous 本笃会修道院，曾在德国本笃会 Beuron 艺术学校学习过绘画和雕塑。1927—1932 年在华工作，第一年他首先通过旅行和阅读学习了中国传统建筑，之后从事教会建筑设计，建成了四座重要教育建筑：辅仁大学主楼、华南总修院（The South China Reginal Seminary，今香港圣神修院 Holy Spirit seminary of Hong Kong）、宣化主徒会修院（Seminary of the Disciples of the Lord）、开封总修院（Regional seminary of Kaifeng）。此外，格里森根据刚恒毅的要求对安国主教座堂进行了中式风格的立面改造，他还设计了另外两座教堂，香港九龙圣德勒撒教堂（Saint Teresa church）和海门主教座堂，但是这两座建筑由于经济危机的爆发而未能建成。

格里森与和羹柏的作品代表了西方建筑师在华实践的两个主要方向：“中式”风格与西式风格。和羹柏在华生活了 44 年，作为职业建筑师，他的实践充分适应中国内地的物质条件和环境，设计作品采用标准的西式建筑风格，且完成度较高，亦受罗马教会委托为“本地化”中国教会而建设大同总修院，与格里森设计的修道院几乎同期。这两位建筑师有着相似的教育背景，和羹柏受过专业的建筑教育，面对现代建筑的转型相对保守，格里森接受的是艺术教育，对中国艺术形式更加敏感，他们的建筑设计活动存在一段共同的时空背景（1927—1929），都与刚恒毅有过深入交往。他们都在中国留下了大量可供分析研究的案例，如目前格里森已发现四处现存较好的建筑，皆为文物保护单位，和羹柏设计的建筑有十余处保存较好，如佘山天主堂。1928 年由总主教刚恒毅授予和羹柏“为教会和教宗”（For Church and Pope，Pro Ecclesia et Pontifice）十字架，证明了这位最为高产的建筑师对于天主教会在华建设的重要性，获此殊荣的建筑师唯此一人。两位传教士建筑师的在华实践皆具有典型性，20 世纪初中国建筑现代转型之际，营造技艺适应性地转变，建筑师从各自的视角探索“本地化”转型过程的具体转化模式和方法。

面对“本地化”宣教政策和中国建筑正在经历的现代转型，西方建筑师除了应对建筑类型和风格转变以外，如何营造则是更为棘手的问题。传统的中国建筑与西方建筑体系完全不同：前者主要为木构体系，而后者需要在坚实的基础上建造砖石结构体系。欧洲传教士建筑师不得不面对中国本土工匠、材料、建造方式和气候环境。此外，中国的南北差异、性别隔离以及传统文化等，也与传教士建筑师的成长环境、专业学习差异很大。格里森主要依靠法商永和营造[①]（Brossard-Mopin），来为其绘制施工图纸，并且监理施工现场，而其本人主要把握建筑整体设计和艺术特征，该工程司对其设计作品的精准施工功不可没。永和营造由于是法商公司，擅长钢筋混凝土结构设计与施工，设计项目除涉及大型城市公共建筑以外，它与教会的关系也非常密切，曾服务于多个教会组织，为其设计建造学校、医院等。此外，以往研究发现呼和浩特主教座堂曾有记载，施工队是一支来自天津的法国营造公司，很可能也是永和营造。格里森在中国大陆设计建造的三座修道院，都是西方理性主义建筑的布局加上中式传统风格的建筑元素，施工质量上乘。无论是主体结构还是细部构造都别具匠心。可见能够成就优质的近代教会建筑，除了格里森对建筑整体的方案设计出众以外，细部及结构应由永和营造的工程师协助完成。通过与现场建筑的比对，发现西式屋架体系为适应中式传统建筑造型所进行的积极尝试，即将西方豪式屋架结合中式屋面，做出带有举折曲线的中式屋顶外貌。开封总修院建筑结合了中国南方民居的特色，整体采用双坡屋顶，加上单披檐廊环绕，局部使用了观音兜山脊和马头墙，虽然这些建筑细部并非河南本地特色，但可见格里森对本地化中国建筑艺术做出了自己的努力和尝试，也看出他游历了不少江南地区，这些民间建筑对他产生了深刻的影响。和羹柏则坚守圣路加哥特式建筑艺术风格，从设计图纸到施工都在他的掌控下进行，整体呈现效果符合他的预期，并且过程中能够较好地处理与中国工匠、材料和施工工艺等方方面面的问题，为教会建筑事业奉献一生。

---

① 永和营造工程司曾经用过的中文名称有多个，包括永和工程司、永和营造公司、永和营造管理公司、法商营造公司，永和建筑公司，另外还有永和建筑事务所，本文以“永和营造”指代此公司。它是一家法商营造公司，1915 年前由波罗沙（J. Brossard）及莫便（E. Mopin）合伙开办，本部在越南西贡，1918 年前后改组，更西名为“Brossard，Mopin & Cie”，迁总号于天津，华名永和营造公司，1920 年代初迁总号于巴黎，1920 年代末总号迁回西贡。在北京、上海、广州、香港、西贡、新加坡、巴黎、纽约等地先后设分号或代理处。在天津设船坞，承包土木、建筑设计、测绘、钢筋混凝土、造船及各种公共工程，经营通用铁工机械业务，兼营工程材料进出口贸易，代理几家欧美厂商公司，天津劝业场即“永和”工程司的杰作。永和营造与中法工商银行的关系密切，可以说，永和工程司是中法工商银行投资兴办企业的产物，其天津办公地点即在中法工商银行楼上。作为一家跨国建筑工程公司，永和工程司的作品出现在中国的天津、北京、沈阳以及东南亚的越南、新加坡等多个地方。1925 年，天津建筑师事务所和雇有建筑师的房地产公司共有 7 家，其中英资 5 家，另外两家分别是比商义品放款银行和法商永和营造。

第五章
材料、技术及其他有关营造的问题

圣母圣心会在华传教的 90 年间，为了满足宗教活动的需求，建造了大量教会建筑。从起初单一空间的简单小圣堂到 1920 年代富丽堂皇的主教座堂，随着教会事业的逐渐发展不断满足传教士和教友们对圣殿空间的追求。然而，在 20 世纪初的塞北建设它们并不容易，中国工匠作为营造活动的“核心”，首先遭遇西方建筑技术，期间有碰撞，也有交流。初期，传教士用普通的中国住宅、庙宇作为教堂使用，慢慢地他们凭借自己的想象和回忆绘制出家乡的教堂，依靠当地中国工匠建造。后来，有了在西方接受过专业建筑教育的建筑师为他们设计教堂。[①]然而，建设过程中，他们熟悉的材料不可能远渡重洋从欧洲运来，需要在当时当地解决问题。因此，对当地材料驾轻就熟的中国工匠对于真正的营造活动起到至关重要的作用。对于中国工匠而言，木构架、曲面屋顶、砖瓦作都没有问题，但是最初接触砖石承重、西式条石基础、豪式木屋架的建筑技术时，必然要经历从陌生到熟悉的过程，也遇到很多困难。早期开埠城市的租界地，各国领事馆、银行、住宅等类型建筑较早遇到这些问题，如 1867 年在上海建成的法国领事馆至 1870 年已开始下沉，墙壁从上到下都出现裂缝，地基因潮湿而损坏，屋架部分腐烂。1872 年法国领事馆进行大规模维修，1884 年开始出现倾斜，1886 年只好重建。

① 在欧洲，建筑师也可分为两大类：一类是专为教会设计建筑的建筑师，他们通常也属于某个教会组织；另一类是设计世俗建筑的建筑师。他们有不同的行会组织，通常服务的对象也比较固定。

第一节 建设条件

当19世纪中后期圣母圣心会会士面对中国工匠和当地环境的时候，他们的建筑既非纯中式，亦非纯西式。在当时条件下，采用的特殊技术和营造方式产生了中西混合的特征。与其他地区的西式洋楼不同，外观西式的圣母圣心会教堂，都出自中国工匠之手，所用的材料、工具、工艺和砖石工程跟中式做法非常不同。和羹柏在这一阶段的工程建设中起到了至关重要的作用，他掌握教堂的设计和建造技术，能熟练使用中文，能够用汉字来标注图纸，与工匠有效语言沟通，并且训练工匠们如何实际操作，按图施工，在尽可能的情况下亲自监督巡视所有的工程。此外，在长城以北圣母圣心会管辖区域的建设过程中，塞北的气候、中国传统的建筑朝向原则也是影响教堂建设施工的关键因素。

众所周知，经费是建筑工程中难以回避的重要环节，尤其是这个比利时修会在中国建造大量教堂和主教座堂的时候，资金的充足与否直接影响到建筑的规模和质量。圣母圣心会曾在上海设置了管理财务的中心，后来在天津又增设一处，赚取收益，为教会工作的开展提供经济保障。[①] 根据日本学者平山正十书中所讲，工程建设中三分之一的资金来自罗马天主教会，三分之二的资金由修会和当地教友自筹。[②] 在内蒙古，一些堂口得到比利时家族的捐赠，用于兴建教堂、礼拜堂、传教士住所等，通常这个教堂或其所在村将会以这个比利时家族命名。1901年之后，大部分圣母圣心会教堂重建的费用基本来自清政府的庚子赔款。有的堂口通过协商，从清政府手中得到土地作为赔偿。

一、选址

面对长城以北的自然条件，早期圣母圣心会建造房子是非常困难的。首先是购买土地，圣母圣心会会士在塞北通常是从蒙古王公或私人地主手中购买土地，这些交易一般是在中国人的帮助下完成。对于传教士而言，理想方案是教堂位于村子中央，

① 值得一提的是，圣母圣心会在1862年创立之后，首先向中国派遣传教士，随后又向刚果和菲律宾派遣传教士，1950年代后，传教士们更加广泛地派驻到世界其他国家。然而，圣母圣心会向中国派出的都是神父，而向其他地区派遣的不仅有神父还有教友兄弟。可见，对于中国教区的传教工作是最为重视的。

② 平山政十．蒙疆カトリック大観（アジア学叢書21）[M]. 大空社株式会社，1997（1939第一版）：14–15.

方便教友参加礼拜。在大多数天主教村落中，传教士住宅和其他附属建筑通常是围绕教堂布置的，并且在一个封闭的院落中。在某些村落，教会买下村子主街北侧的土地，并且将建筑群向北侧发展；有些天主教村落为了防御外来突袭，修筑城墙或土墙将整个村落保护起来。在和羹柏的一篇文章中，他描绘了一个简单的天主教村落防护体系：四周环绕高墙，城墙外深挖沟渠，通常没有水，也没有垃圾；村落被两条垂直的主街分为四大部分。① 小桥畔的村落结构要比和羹柏描述的更复杂一些，分为两个大区：首先，北侧是人字堂及环绕的住宅、圣女露德假山石洞、学校、厨房和粮仓等教会附属建筑；其次，南侧是农民们的住宅单元，被互相垂直的几条道路划分成若干小的区块。②

在西方，教堂往往位于城市的公共空间：广场、市场、沿主街或者在十字路口附近。在中国，圣母圣心会的教产通常由高墙环绕，面向内院开放，其他的附属建筑也是同样处在相对封闭的空间。通过这些举措，教会将自己与其他非天主教人士分隔开，或者说将自己孤立了起来。当教会蓬勃发展时，新的建筑围合成数个小的院落，并且赋予不同的功能。

二、基础和围墙

不论是教堂还是其他建筑，施工中首先要解决的就是如何做基础。中国传统的夯土基础和西方的砖石基础完全不同，因此也吸引了传教士的注意力，留下不少宝贵的照片（图 5-1、图 5-2）。古代时期，欧洲也有用夯土建造的建筑，但是这类技术仅局限于规模小、乡村的或不重要的建筑。在欧洲，对应不同的建筑类型，主要应用的是独立基础、条形基础、片筏基础等，统称为浅基础（shallow foundations），用来承载厚重的墙体。如图 5-3 所示，开封总修院的剖面图，建筑由格里森设计，天津的法商永和营造负责施工，其基础采用的就是条形基础。

在中国，夯土技术主要用在城墙和建筑基础的夯筑上，用土、白垩、石灰、沙砾等混合后通过不断地夯打来压紧，或者疏松的土壤通过夯打成为非常坚硬的块体，夯筑的土层大约 15cm 为一层。夯土是一种天然的材料，它优点很多，如保温隔热、抗压、耐久（非水破坏的情况下）、易于维护、防火、承载力大和无虫害。缺点则是

---

① DE MOERLOOSE Alphonse，“Arts et métiers en Chine：les menuisiers，maçons et forgerons，tours et remparts”，*MCC*，February 37，1892：6-7.

② 此过程中神父们还需要了解当地的百姓生活习惯，他们大多是农民。

图 5-2 工人及夯筑工具
图片来源：南怀仁中心，C.I.C.M. archives，folder CHC construct

图 5-1 夯筑土城墙
图片来源：南怀仁中心，C.I.C.M. archives，folder CHC construct

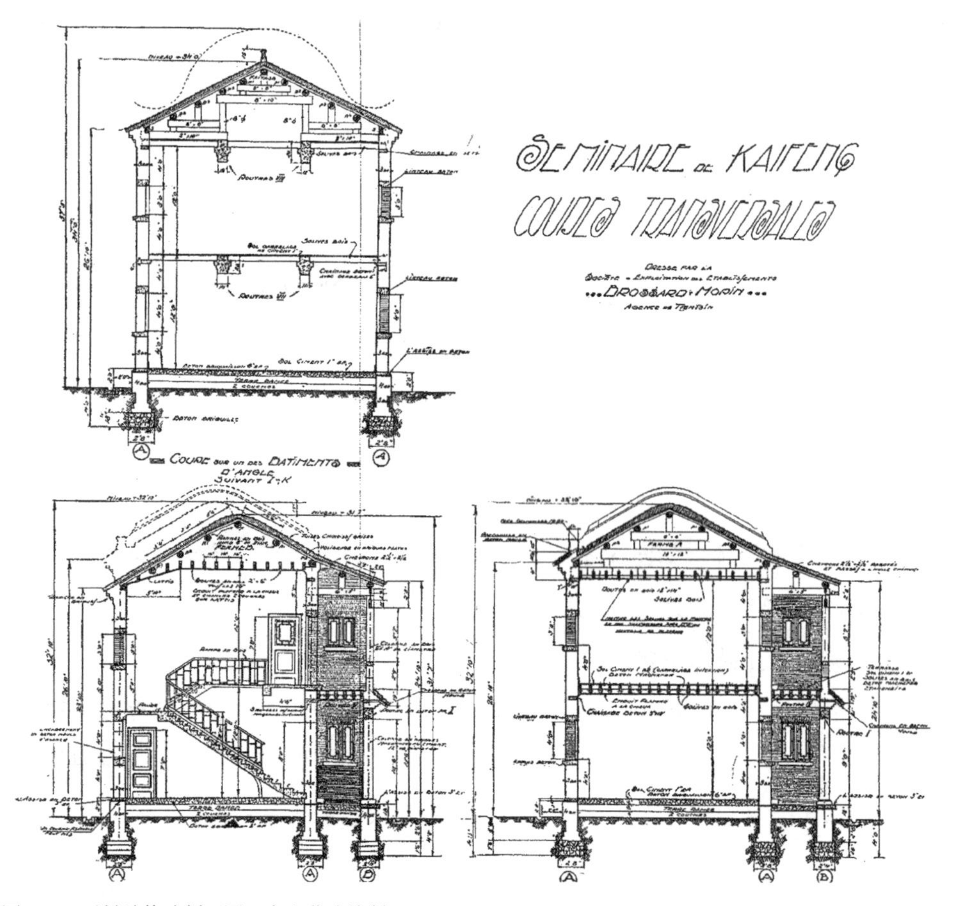

图 5-3 开封总修院剖面图，永和营造绘制
图片来源：Ghesquière S.J. Comment bâtirons nous en Chine demain ?[J]. Collectanea commissionis synodalis，Beijing，14，1941：14

容易被水破坏。在中国，普通和发酵的土都可以用来夯筑。把潮湿的土加上一定比例的沙、石灰和黏土再夯筑，有时还会加一种特殊的成分——糯米。首先需要把糯米碾碎，然后加入冷水，接着加入大量的开水（同时也可加入糖），最后把这种黏稠的粥状物加入到混合的土中再夯实。①

夯土是一种劳动力集中的建设活动，对地基或土墙以人力方式用石头等硬物进行夯实，通常需要二人及以上合作完成，且这种劳动强度非常大，容易造成肢体损伤。② 夯筑时，首先把准备好的土放入模板中（临时构架，圣母圣心会活动的地区使用的是竹板或者木板），地基与夯筑土墙工艺相似，只是不需要模板；其次，土或其他混合物反复夯筑，分批成形，连接成需要的建筑地基或者不断地将土墙夯高，直到模板的顶部，当土墙足够结实，模板移高或者移去其他地方。在某些地区，夯筑的过程中还会加入水和砖粉，也叫落水。

当然，像教堂这样重要的建筑物通常采用比较坚固的基础而不用夯土基础，且在西方建筑师监督下施工。1903 年，当宣化遣使会教堂正在施工的时候，和羹柏发现基础不是采用石材按图施工的，仅仅用些石子和泥浆砌筑，他谴责了那位负责施工的中国籍神父，且更换了一位欧洲传教士来监理。③ 这种过失，可能会给建筑造成严重的安全隐患。笔者在实地考察过程中，采访了高家营子的当地教友，得知和羹柏设计的老高家营子教堂在拆除扩建的时候，工人们发现原有的基础非常坚固，很难拆毁，这些基础是西式的条形基础。档案中还了解到，和羹柏曾在高家营子村训练了一支施工建设队伍服务周边地区。

三、砖石材料

中西方在用砖的选择上有着非常明显的差异，中国人喜欢用青砖来建造重要的建筑，然而圣母圣心会的传教士们由于故乡的传统而更喜爱用红砖。④ 通常情况下，青砖比红砖需要在砖窑里烧制更长的时间，也就是说需要消耗更多的燃料和人力，

---

① 在中国的不同地区有多种方法来配置混合的泥土，此处只提及了最常见的制作夯土的方式。李浈 . 中国传统建筑形制与工艺 [M]. 上海：同济大学出版社，2010：221-230.

② 此处谈及的夯土方式主要是圣母圣心会活动区域常使用的方法。

③ COOMANS T & LUO W. Exporting Flemish Gothic Architecture to China：Meaning and Context of the Churches of Shebiya（Inner Mongolia）and Xuanhua（Hebei）built by Missionary-Architect Alphonse De Moerloose in 1903—1906. In：Relicta. Heritage Research in Flanders [J]. 9，2012：238，note 107.

④ Le Missionnaire Constructeur. Conseils-Plans [M]. Sien-hien，1926：20.

因此青砖比红砖要贵一些。青砖需要在1000℃烧制，并且在适当的时候从窑的顶部喷洒水，才能获得人们想要的青色。冷却几天之后，方能用于砌筑。烧制红砖则简单许多，因为它不需要喷水也更省燃料。烧制这两种砖需要的燃料也不同：如果用木材来烧，青砖的颜色比较深；如果用煤来烧，颜色浅灰。① 有关砖的使用很难在黑白的老照片上去判断，需要在实地调研中去辨认，有趣的是和羹柏两种砖都用，他知道青砖在中国人的审美体系中更美观、更尊贵。② 比如，在舍必崖和黄土梁子教堂上用的是红砖（乡村小教堂），在宣化、凉城、双树子和高家营子教堂用的是青砖。宣化是城市教堂，双树子和凉城教堂规模都比较大，双树子教堂带有双尖塔，凉城教堂带有一个尖塔，都是相对规模比较大的教堂。③ 调研中还发现，呼和浩特主教座堂用的是红砖，而绥远神哲学院用的是青砖。这意味着，在圣母圣心会传教地区，不同制砖方式是并用的。采访高家营子当地村民时，他们反馈：高家营子的教会建筑上所使用的青砖非常坚固，并且纹理细致。

工匠们常常在教堂工地旁边的空地上筑砖窑和准备烧制用的土坯，他们分别准备砖和瓦的土坯。瓦通常放在窑内一角，与砖一同烧制，因为瓦比较薄，放在相同砖窑中离火较远的地方，就可烧制。④ 大的、正方形模子用来制作地砖，首先要选择一块平坦的场地，然后用黏土将模子填实，风干后将模子取下，然后再做下一块地砖。如果在一块平坦的大石头上来做，可用夯锤来将黏土夯实。

砖的类型和大小都由建筑师决定，用来砌筑柱子和门窗框的砖都是抹角砖，有时需要不同外形轮廓的砖，通常使用特殊形状的模子来制坯，也是为该建筑专门设计的。舍必崖教堂由和羹柏设计，门窗的边框都使用45°抹角砖，这些砖可能是特殊模子制作，也可能是一块块砍制。在正式砌筑之前，用来涂抹砂浆的面需要用工具打毛，以增强砖与砂浆之间的粘结力。档案馆的老照片向我们展示了工匠们正在

---

① 李浈．中国传统建筑形制与工艺 [M]. 上海：同济大学出版社，2010：255：“用薪者出火成青黑色，用煤者出火成白色。”

② DE MOERLOOSE A. Construction，arts et métiers，au Kan–sou et en Chine. Revue illustrée des Missions en Chine et au Congo[J]. Scheut–Brussels：C.I.C.M.，34，November 1891：536：“Deze steenen，en even zoo pannen，vorst van het dak，drakenkoppen en verschillige versiersels moeten altijd blauw van kleur zijn. Roode steenen zijn niet goed genoeg en worden afgewezen.”

③ COOMANS T & LUO W. Exporting Flemish Gothic Architecture to China：Meaning and Context of the Churches of Shebiya（Inner Mongolia）and Xuanhua（Hebei）built by Missionary–Architect Alphonse De Moerloose in 1903—1906. In：Relicta. Heritage Research in Flanders [J]. 9，2012：fig. 8，12，18，22，24，26.

④ Le Missionnaire Constructeur. Conseils–Plans [M]. Sien–hien，1926：23：“Les tuiles sont généralement cuites en même temps que les briques，dans un coin du four. À cause de leur peu d’épaisseur，exposées qu’elles sont au même feu que les briques，elle sont ordinairement bien cuites.”

图 5-4 迭力素教堂墀头
图片来源：作者拍摄于 2010 年 3 月

图 5-5 石匠
图片来源：南怀仁中心，C.I.C.M. archives，folder CHC construct

将烧好的砖砍成需要的形状。在某些建筑的特殊部位还使用过带有花、中式图案抑或汉字的砖，主要是雀替、墀头和一些悬挑出墙面的构件，这些都需要特别烧制。迭力素教堂的墀头就是一个非常好的案例（图 5-4）。

四、台基和砖石工程

西方教堂建筑通常是直接从地面升起的建筑，而中国建筑一般会选择建在一个高台上。平台的侧墙由砖或者石头砌筑，至少墙基部分是用石头砌筑（图 5-5）。① 如舍必崖教堂建在一个平台上，然后将石材的墙体建于其上。尽管有些地区石材丰富，附近有采石场，但是传教士们更倾向于用砖来建造教堂的主体，教堂的模数与砖的尺寸 29.5/30cm × 14.2/14.5cm × 6.4/6.5cm 息息相关。② 比如和羹柏为遣使会设计的双树子教堂，主要墙体采用青砖砌筑，殿内用石柱，窗和门等重要部件用石材，其实在它的周边便有多个采石场，但是和羹柏对石材的使用非常有限。在圣母圣心会的建筑中运用了多种墙体砌筑方式，其中梅花式和一顺一丁式最为普遍。在一些偏远穷困的地区，也有用空斗墙砌筑的情况，空斗墙的砌筑在中国也有几种不同的方式。

① Le Missionnaire Constructeur. Conseils-Plans [M]. Sien-hien，1926：31："Nous avons parlé de l'empattement des murs de fondations. L'empattement，sur un bon sol，pour une maison à plusieurs étages，ou pour les murs ordinaires d'une église，doit être de 0 m.70 à 0 m.80 d'épaisseur."

② COOMANS T & LUO W. Exporting Flemish Gothic Architecture to China：Meaning and Context of the Churches of Shebiya (Inner Mongolia) and Xuanhua (Hebei) built by Missionary-Architect Alphonse De Moerloose in 1903—1906. In：Relicta. Heritage Research in Flanders [J]. 9，2012：229-236.

和羹柏在他的文章中提到空斗墙并且配图说明，描述了中国工匠砌墙的过程：“在木匠们将木结构门窗框立好之后，砖瓦匠开始施工。他们从不深挖土来做坚固的砖石基础，而是用夯土基础。在一层粗糙的石头之后，工人们开始在上面砌筑砖墙”。[①]有的建筑采用彩色的砖来砌筑墙面，通常拼成简单的几何图案，得到令人满意效果，打破原有单调的墙面，如绥远神哲学院，墙面上呈现出菱形、方格形、折线、交叉线等不同图案，使得普通单调的墙面显得活跃且精致。图案式砌筑花样非常多，从单一图案、单一颜色到复杂的多颜色、多图案式砌筑等。此外，图案式砌筑的应用范围和砌筑效果也取决于当地砖窑的水平。

砖的勾缝存在多种不同做法，中国工匠们常说：“三分砌七分勾（缝），二分勾七分扫。”[②]所以扫缝对于墙体的美观非常重要。勾缝的颜色通常与墙面相同,有些建筑有意把勾缝做成白色或者黑色。根据 *Le Missionaire Constructeur* 这本教会普遍传阅的建筑手册所述，有两种勾缝的做法：比较经济的做法是在砌墙的同时，泥瓦匠用瓦刀将多余的砂浆刮掉，如果必要的话，他们还会在墙面上喷些水，然后在砖层之间画石灰分隔线；另一种做法是，在建筑完工之后，工匠逐渐拆除脚手架，同时将灰缝刮 2~3mm 深，然后清扫墙面，喷水，最后用尖头的小瓦刀勾缝。[③]

砌筑中使用的砂浆通常是石灰、砂子和水的混合物，*Le Missionaire Constructeur* 手册上提到：中国人更倾向于用纯石灰作为砂浆，因为觉得那样好看。[④]一些老照片显示了泥瓦匠们向砖淋水，因为干的砖会从砂浆中吸收很多水分，如果使用纯石灰的话，会导致砂浆干裂且不坚固，因此事先让砖湿润。一张照片显示，一位泥瓦匠先将砂浆均匀铺在砖头上，然后递给另外一位工匠，由他把砖砌在墙上。当然，还有另外一种方式，泥瓦匠将砂浆整体平涂在墙上，然后再铺砖。欧洲人常用第二种砌筑方式，由于和羹柏训练了一支施工队来为他施工，所以第二种做法也会出现在圣母圣心会的建筑工地上。

---

① DE MOERLOOSE A. Construction，arts et métiers，au Kan-sou et en Chine. Revue illustrée des Missions en Chine et au Congo[J]. Scheut-Brussels：C.I.C.M.，34，November 1891：537：“Op de schrijnwerkers，die het timmerwerk opgericht hebben，volgen de metsers，of gelijk men ze in China noemt，de modder-bewerkers. Dezen graven nooit de eerde weg voor de grondslagen，en houden zich tevreden met de plaats，waar de muur moet komen，bij middel van eene soort van hei，goed ineen te stampen. Men legt eene eerste laag van ruwe steenen；daarna komen de baksteenen，met zeer weinig kalk gemetseld（...），zoodat zij maar een geheel uitmaken met de gedroogde kareelen，die al binnen gebruikt worden.”

② 李浈．中国传统建筑形制与工艺，第二版 [M]. 上海：同济大学出版社，2010：244.

③ Le Missionnaire Constructeur. Conseils-Plans [M]. Sien-hien，1926：23.

④ 同上：23.

五、门窗

通过对圣母圣心会建筑资料收集和实地调研发现，门窗有两种不同的建造方式：一种是在比利时使用的，将门窗洞在墙面上预留出来，等墙体完工后再将门窗安装上，这种方式的建筑窗框都很细，如绥远神哲学院；另外一种，先将门或窗框顺着墙体直立放置，且两端用支架将其固定，然后围绕门窗框砌筑墙体，墙体完工后，再将门窗安置在框里，这是一种比较经济而坚固的建造方式。[①] 用砖砌拱形门窗洞时，施工上要复杂些。工匠们首先谨慎地安置好框架，不能出现任何扭曲和歪斜，为了能检测门窗框是否垂直安置，工匠们会在门窗框上悬挂重物以保证垂直。建造比较常规的拱券时，有时会使用塑料的框架，在其上砌砖，这种框架很坚固足以完成整个拱券的砌筑。[②] 老照片显示，当地工匠们用几段小木板和砖拼出拱券的形状，然后在上面砌砖，当墙体完工时，再将这些临时的支撑构件移除，安装真正的窗户（图 5-6）。当泥瓦匠留下未完工的墙体时，这些安装框架的工作通常由细木工匠来完成。工匠们每侧用 2~3 个楔子或钉子将框架固定在墙面上，牢牢地嵌在门窗洞里。为了不使框架被压碎，工匠们常常预留一定的空隙。*Le Missionnaire Constructeur* 手册上提到，这个框架与过梁之间的空隙至少有 12cm，当然，实施上未必真有那么宽的缝隙。到了冬季，冷风会从这个空隙灌进房间，从这一点来讲第一种建造门窗的方式似乎更实用些，等墙体全部完工，再将门窗安装在墙洞上。[③] 木材和竹子常用来搭脚手架，工匠们可以在不同水平层面上工作。在平地泉教堂的施工照片上可以看到，它首先使用了可移除的临时模板来构成圆形窗洞和半圆形拱券，等墙体完工后，才将精致的窗户安装在墙上（图 5-7、图 5-8）。

在中国，制作彩色玻璃窗并不是件能够轻松掌握的技艺，虽然这种工艺在 19 世纪末由耶稣会士引进上海著名的徐家汇土山湾艺术学校。[④] 到了 1920 年代，从天津等重要的贸易港口购得彩色玻璃和铅锭变得容易，[⑤] 但是彩色玻璃窗在圣母圣心会的教堂中可以说是件奢侈品。在和羹柏 1902 年的信中提到：他的父亲通过海运从比利

---

① Le Missionnaire Constructeur. Conseils-Plans [M]. Sien-hien，1926：39："On peut poser ces chambranles quand la construction est achevée. D'ordinaire on les met en place au fur et à mesure que montent les murs. De cette facon on économise du travail et la pose est plus solide..."

② 同上：40.

③ 同上：41.

④ http：//tsw.xuhui.gov.cn/.

⑤ Le Missionnaire Constructeur. Conseils-Plans [M]. Sien-hien，1926：55："（...）On trouve facilement à Tientsin，et ailleurs，des saumons de plomb. On y trouve également du verre de couleur.（...）"

图 5-6 在施工过程中安置门窗框
图片来源：南怀仁中心，C.I.C.M. archives，folder CHC construct

图 5-7 平地泉教堂施工过程
图片来源：南怀仁中心，C.I.C.M. archives，folder CHC construct

图 5-8 平地泉教堂基本完工
图片来源：KADOC，C.I.C.M. archives，folder 17.4.4.12

时寄了彩色玻璃窗，送给刚刚建成的高家营子教堂，作为献给方济众的礼物。[①] 但是，现今高家营子教堂已经扩建，老的彩色玻璃窗已无处可寻。

六、屋顶

屋顶作为建筑的重要组成部分，也是中国本土建筑与西方建筑差异最外显的部分。中国主要的木结构屋架体系抬梁式和穿斗式广泛地应用在塞外圣母圣心会的教堂中，如住所、学校、教堂以及其他附属建筑。这种技术也用在中式教堂以及中西混合式教堂建筑中，如前文所述小桥畔教堂和西湾子的双爱堂。欧洲教堂的屋架结构比圣母圣心会在中国建造的哥特复兴式教堂要更为复杂，和羹柏采用过几种类型的天花板结构：筒拱形、尖券拱形和中殿采用平天花板的双坡屋顶，配之以不同的木结构。[②] 他还为熙笃会修道院的议事厅和回廊设计了砖拱顶，但在圣母圣心会自己的建筑中尚未发现砖拱砌筑的案例。有些屋顶的木结构体系做成西式工业建筑的豪式屋架，如二十四顷地主教座堂。档案中记载了其他传教士建筑师的经验和观点：中国传统建筑需要在中殿使用太多的柱子，会影响教友视线。[③] 欧洲教堂相较而言用较少的木材，木屋架结构需要经过力学计算，而中国当时的木结构体系多凭借实践经验。[④] 另外，中国工匠们常常参照一些营造口诀，这也是营造过程中非常不同的地方。

建筑在屋顶的坡度上也有较大的差别，*Le Missionnaire Constructeur* 手册中提到，不同坡度的屋顶跟其使用的铺面材料有关系：金属板覆盖的屋顶需要坡度 26° 左右，筒瓦和仰瓦的屋顶通常在 35° 左右。35° 倾斜度相对而言适合中国北方的降水，这是一个最小值，尤其是对于北侧的屋顶来讲。如果屋顶不是对称的，北侧屋顶坡度可能要达到 40°，南侧仍采用 35°。对于一个对称的屋顶，40°

---

① KADOC，C.I.C.M. archives，P.I.a.1.2.5.1.5.14，1902 年 8 月 24 日和羹柏写给方济众主教的信："Ma famille vient de m'écrire pour annoncer l'envoi de vitrail et m'en charge d'en faire en son nom l'offrande à Monseigneur. Le sujet principal est le S[acré] Cœur de Jésus au milieu；aux côtés la S[ain]t[e] Vierge et S[ain]t Jean Baptiste en souvenir de mes parents；dans la rosace un calice. Ce sera une œuvre d'art."

② COOMANS T & LUO W. Exporting Flemish Gothic Architecture to China：Meaning and Context of the Churches of Shebiya (Inner Mongolia) and Xuanhua (Hebei) built by Missionary-Architect Alphonse De Moerloose in 1903—1906. In：Relicta. Heritage Research in Flanders [J]. 9，2012：234-236，242-244.

③ 认为中国传统建筑内部柱子太多主要是因为传教士所使用的是普通民居或者庙宇作为教堂，然而这类建筑相对西方教堂来讲，内部空间都比较小，跨度不大，在有限的空间内显得室内柱子很多，不方便使用，尤其是没有圣所的位置，这对于宗教仪式来讲，空间上没有划分。

④ Le Missionnaire Constructeur. Conseils-Plans [M]. Sien-hien，1926：46.

适合使用仰瓦的屋顶。[①] 然而和羹柏的设计未必遵守这些原则，如他设计的舍必崖教堂，金属板覆盖的屋顶坡度为 45°，而非 26°。当然这种等腰直角三角形的屋架在力学计算和绘制图纸上相对要简单一些，可能是它被广泛采用的原因之一。二十四顷地主教座堂是非常特殊的双中殿平面，它的屋顶更加平缓，坡度仅为 20°。圣母圣心会的建筑屋面通常使用金属板覆盖，和羹柏在信中曾提到他去天津购买金属板材，然后运往施工现场。[②] 还有些教堂屋顶用片状石板来覆盖，如双树子教堂 [③] 和平地泉教堂，[④] 这就要求附近有采石场，并且预算充足的情况下方能使用。

苫背在中国北方传统建筑中比较常见，通常用在屋顶木屋架和外表覆面材料之间。整个屋顶由多层组成，椽子上皮是一层薄木板或者木条，然后再铺一层砂浆，或者依情况做多层砂浆。苫背由麻刀、高粱秆或芦苇秆和石灰混合而成，施工时将一捆捆的秸秆用木钉固定，然后铺砂浆，等到砂浆完全干，再将金属板、瓦，或者石板固定在它上面，按照步骤施工。这种做法适合在北方寒冷地区需要保温的建筑，和羹柏在文章中记录了中国北方的此种做法。[⑤]

第二节 材料、工具以及匠人

木材是中国传统建筑的主要建筑材料，砖和石作为辅助材料，多用在关键部位，梁、柱是主要的承重体系。西方建筑多用石材，因为它坚固、耐久，通常也使用木材来建造屋顶结构和进行室内装饰，但是石材和砖是砌筑的主要材料。中国传统建筑与西方建筑在完全不同的结构体系和方法上工作。

---

① Le Missionnaire Constructeur. Conseils-Plans [M]. Sien-hien，1926：49.

② KADOC，C.I.C.M. archives，P.I.a.1.2.5.1.5.14，1901 年 10 月 25 日和羹柏写给主教方济众的信："(...) J'ai fixé le nombre de tôles à 2500 y compris celles pour l'ouest". Letter from A. De Moerloose to J. Van Aertselaer，9 March 1904："(...) Pour ces deux ouvrages，il manque certains matériaux，instruments et autres accessoires à acheter soit à Pékin soit à Tien tsing."

③ 双树子教堂是和羹柏为遣使会设计的，带有双塔的教堂，典型的圣路加学校风格建筑，不幸的是 2009 年在修缮中失火烧毁，如今仅留有部分双塔，其余皆为新建。该教堂和神父住宅屋顶覆盖石板，六边形 55cm × 30cm，厚 0.80cm。

④ 平地泉教堂规模宏大，有一座钟塔和非常宽大的耳堂，实物现已不存。

⑤ DE MOERLOOSE A. Construction，arts et métiers，au Kan-sou et en Chine. Revue illustrée des Missions en Chine et au Congo[J]. Scheut-Brussels：C.I.C.M.，34，1891：537.

圣母圣心会在华的早期教堂非常简陋，常使用土坯砖砌筑墙体，屋顶用芦苇和黏土来完成。木材在使用上非常节省，因为价格比较昂贵，通常仅用在重要的屋顶木结构和门窗框上。建设这样的教堂可能整个成本就是木材的费用再加上几天的劳力上。1900 年以后建造的教堂或者主教座堂通常质量和规格都比较高，不惜从外地采买木材和石材。圣母圣心会教堂中，贵重的石材通常用来建造大跨度空间的柱础、柱身、柱头、基础、门窗框、门槛以及重要的装饰，而用烧制的黏土砖砌筑墙体，不再用土坯砖。① 使用石板瓦的案例较少，因为价格较高。

在中国，石材不算是稀有材料，即便是在圣母圣心会生活的长城以北地区，也有许多采石场生产石材。传教士比较常使用的是蓝色含碳酸钙的板岩，质地较软，易于加工。工匠们通常会深挖石矿，因为传教士不满足于表层的石材质量。和羹柏在甘肃工作期间从未见到过大理石，但是他在文中提到中国有白色、蓝色、黑色和红色的大理石。他被调来中蒙古以后，主要从事建筑设计工作，在北京周边地区有许多大理石的采石场，他有机会接触到更多种类的石材，并且开始使用大理石，他本人尤其喜爱有绿色纹路的汉白玉。②

中国传统建筑需要消耗大量的木材，和羹柏在其文章中讲道：中国房屋消耗的木材十倍于欧洲同等规模建筑。③ 欧洲木匠用木钉将小块木料拼接后作为大料来使用，表面同样精美，看不出破绽。中式的梁基本上接近圆形，而不像欧洲使用正方形或长方形截面。中式建筑中木构件大都由榫卯来固定，有方形榫也有燕尾榫，工匠们一般不使用铁钉。

---

① TAVEIRNE P. Han-Mongol Encounters and Missionary Endeavors: A History of Scheut in Ordos (Hetao), 1874—1911 (Leuven Chinese Studies, 15)[M]. Leuven: Leuven University Press, 2004: 230.

② DE MOERLOOSE A. Construction, arts et métiers, au Kan-sou et en Chine. Revue illustrée des Missions en Chine et au Congo[J]. Scheut-Brussels: C.I.C.M., 34, 1891: 538: "De hardsteen is in China bijna overal te vinden; de gemeenste is een kalkachtige grijsblauwe, die zeer gemakkelijk om bewerken, maar een weinig te zacht is. De Chineezen hebben de middelen niet om hunne steengroeven dieper te graven en houden zich tevreden met de oppervlakkige lagen. Zij stuiten tegen denzelfden hinderpaal, wanneer zij alle mijn-en bergstoffen, kolen, metalen, enz., moeten uitgraven. Konden zij maar tot de goede laag doordelven, geen twijfel of zij haalden er kostelijke schatten uit... Het marmer, zoo gewoon in peking en omstreken, heb ik in kan-soe nooit weten gebruiken. Nochtans daar is er van verschillige soorten. Ik heb er op reis wit, blauw, zwart en rood gezien. Dikwijls heb ik kleine stukskens dier verscheiden kleuren opgeraapt, en 't is te denken dat er op die plaatsen groeven zijn. Voor onze autaarsteenen bezigen wij een groen geaderd wit marmer. Maar om groote blokken op te delven, zouden de Chineezen veel dieper moeten gaan, en wanneer zij het zoo verre zullen brengen is nog met geene zekerheid te voorzeggen (...)"

③ 同上：536: "Ligt er in eene kerk een balk van twee voet doorsnede, dan zullen er de heidenen zelven hunne bewondering over uitdrukken. Ook durf ik gerust houden staan, dat om 'teven welke Chineesche bouw tienmaal meer hout vereischt dan eene Europeesche woning van gelijken omvang."

中国的工匠有不同的等级标准，就20世纪塞外的工匠而言，其顺序基本上保持不变：石匠属于第一级，木匠第二级，泥瓦匠第三级，铁匠第四级。[①]工匠们来自附近的村庄或者比较远的城市，往往属于某些行会共同管理。比如，建造舍必崖教堂的工匠就来自外地，呼和浩特主教座堂则由天津的工程公司承建。在一些比较穷困的乡村，如什拉乌素壕，[②]劳动力就是这里的村民，也包括女人和孩子。由此可见，教堂建设的质量由于施工的工匠不同差别很大。中国的近代建筑工业掌控在传统工匠手中，然而，西方建筑设计引领新的建筑体系，与传统是割裂的，并且独立发展。为了承建新式建筑，中国传统工匠行会逐渐发展成新的建筑公司，这些公司在1920年代的大城市如天津、南京和上海迅速发展，承担了大量的建筑工程，如陈明记营造厂。[③]

1890年代和羹柏写的一篇文章很显然带有那个时代的局限性，他认为中国工匠的技艺不如欧洲细木工匠。那个时候他在庆阳府工作（甘肃省），远离东部沿海等有租界的港口地区，甘肃发展水平远低于东部城市，特别是在技术和科学领域。他的文章仅仅描述了在甘肃观察到的建筑工艺，而不是沿海地区。他的文章中涉及与营造相关的方方面面，就工具而言，"钻"就是一个很好的例子，和羹柏观察到钻这个工具在工匠们手中广泛使用，并且他绘制一幅草图发表在圣母圣心会的会刊上，他称赞钻是个非常灵巧的工具，但是其操作后的结果却不令人满意，因为几乎很难得到相同大小的洞口。由此，和羹柏得出结论：用这种精度的工具不可能做出精细的东西（图5-9）。[④]然而，对比李浈在《中国传统建筑形制与工艺》一书中绘制的中国不同地方的钻可知，仅这一种工具在中国就有几十种不同的样子（图5-10）。所以精准度也就差别很大，不可一概而论。

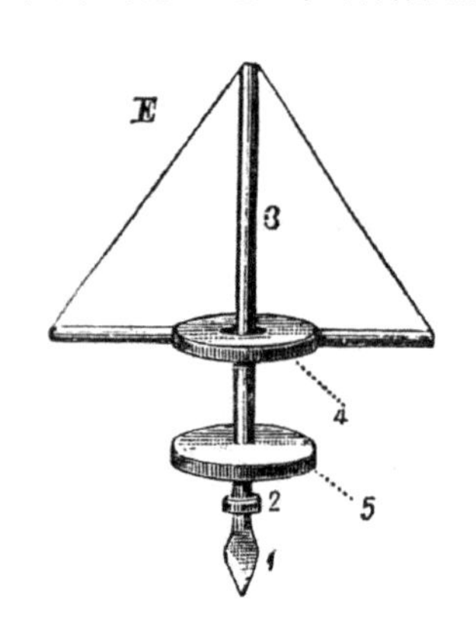

图5-9 和羹柏在其文章中绘制的钻
图片来源：DE MOERLOOSE A. Construction，arts et métiers，au Kan-sou et en Chine. Revue illustrée des Missions en Chine et au Congo[J]. Scheut-Brussels：C.I.C.M.，1892，37：4

① DE MOERLOOSE A. Construction，arts et métiers，au Kan-sou et en Chine. Revue illustrée des Missions en Chine et au Congo[J]. Scheut-Brussels：C.I.C.M.，34，1891：537.

② Quand il faut bâtir à Cheu la ou sou hao [J]. Missions de Scheut：revue mensuelle de la Congrégation du Cœur Immaculé de Marie. Brussels：C.I.C.M.，1938：220-225.

③ 冷天．得失之间——从陈明记营造厂看中国近代建筑工业体系之发展[J]. 世界建筑，2009：24："与西方传统不同的是，近代之前的中国建筑业几乎全部都掌握在传统工匠手中。而在新的建筑体系下，从西方引进的建筑设计业，逐渐从传统工匠手中剥离出来独立发展，同时，在建造领域内的传统工匠逐步转化为新式的营造厂。"

④ DE MOERLOOSE A. Construction，arts et métiers，au Kan-sou et en Chine. Revue illustrée des Missions en Chine et au Congo[J]. Scheut-Brussels：C.I.C.M.，37，1892：3-8.

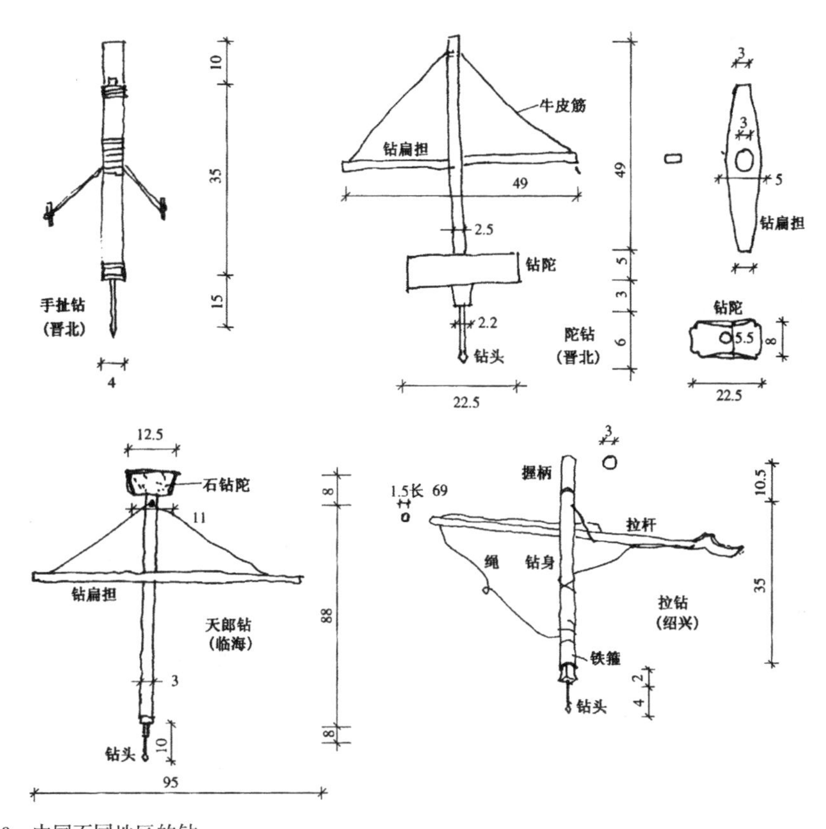

图 5-10 中国不同地区的钻
图片来源：李浈 . 中国传统建筑形制与工艺，第二版 [M]. 上海：同济大学出版社，2010：133

和羹柏观察到中国工匠使用的工具与西方的不同，他绘制这些工具的草图，并且注上它们的中国名字。① 在他的一篇文章中提到：石匠们总是使用一把铁锤，一个粗糙的、扁平且尖的凿子。只有凿子的尖是钢制的。刨子身是木质的，配有两个手柄。② 可以确定的是，和羹柏在西湾子附近训练匠人，会使用一些与周边地区工匠不同的工具。这些欧洲的工具可能是出口到中国，或者在和羹柏的指导下由当地工匠制作。通过比较工具，可以想象西方工业化在 20 世纪之交对建筑施工行业的影响非常深远。通过引进新的工业技术，传统行会在工具和工艺上也会有所改进。

① AUBIN F. Un cahier de vocabulaire technique du R.P. A.De Moerloose C.I.C.M.，missionnaire de Scheut (Gansu septentrional，fin du XIXe siècle) [J]. Cahiers de linguistique. Asie orientale，12/2，1983：103–117.

② DE MOERLOOSE A. Construction，arts et métiers，au Kan-sou et en Chine. Revue illustrée des Missions en Chine et au Congo[J]. Scheut-Brussels：C.I.C.M.，34，1891：537–538："De steenkapper heeft geen ander getuig dan een ijzeren hamer，een groven，een platten en een puntigen beitel. Alleen de punten dier werktuigen zijn gestaald. Het hecht is altijd in hout en voorzien met twee ringen，eenen van onder en eenen bovenaan."

第三节 工艺和装饰

家具是教堂中非常重要的元素：它有协理宗教仪式的功能，还对整个室内设计增添艺术氛围。在漂亮的教堂里，圣台、圣体栏杆、带雕刻的替木、告解室等家具，与建筑本身一起构成统一的风格。有文献记载的教堂家具，就其位置、用处以及风格在前文章节的个案中讨论过。

一、工艺

和羹柏在早期的一篇文章中写道："一个欧洲人参观中国人手工作坊时一定会笑，因为他从未见过这样奇怪的工具以及使用它们的方法。工匠们的工作比欧洲人要繁重很多，欧洲锯木厂使用蒸汽机来进行这些重活的操作，并且细木工匠们可以在市场上买到工厂中生产出来的同样尺寸的零部件。"① 甘保真②（Jozef Raskin，1892—1943）观察了一位老工匠和他的一两个门徒的工作，发现他们用那些中国的细工锯、凿子、量规、铅笔、钻、木工刨等工具做出的活非常精美。③ 和羹柏与中国工匠长时间接触了以后，也发现某些中国工匠操作水平可以达到布鲁塞尔最好的细木工匠水平，说明不论工具如何，中国人也可以做出高水平的木工活。④ 西方建筑师通常对家具的质量要求也会比较苛刻，由于内蒙古地区的环境不是很理想，和羹柏开始自己设计哥特式祭台，然后由一位中国木匠按照他绘制的图纸，按照他教授的方式来制作。这位中国木匠学会读懂和羹柏绘制的欧洲标准的图纸，

---

① DE MOERLOOSE A. Construction，arts et métiers，au Kan-sou et en Chine. Revue illustrée des Missions en Chine et au Congo[J]. Scheut-Brussels：C.I.C.M.，37，February 1892：3："L'Européen nouvellement débarqué en Chine ne peut guère s'empêcher de sourire，en voyant le misérable outillage et la façon de procéder du menuisier chinois. La besogne de celui-ci est bien plus rude que celle de son confrère d'Europe，où le gros du travail étant exécuté par des scieries à vapeur，l'ouvrier trouve，tout préparé et équarri，du bois de toute épaisseur et de toute dimension."

② 甘保真，1892 年 6 月 21 日生于比利时 Stevoort，1943 年 10 月 18 日卒于德国多特蒙德，1909 年加入修会，1920 年晋铎，同年派遣来华，曾任西湾子小修院教师，南壕堑学院教师、主任，1942—1943 年被拘留于德国。VAN OVERMEIRE Dirk（ed.），在华圣母圣心会士名录 Elenchus of C.I.C.M. in China [M]. 台北：见证月刊杂志社，2008. 413.

③ RASKIN J. Notes d'Art Chinois [J]. L'Artisan liturgique，40，1936：827.

④ DE MOERLOOSE A. Construction，arts et métiers，au Kan-sou et en Chine. Revue illustrée des Missions en Chine et au Congo[J]. Scheut-Brussels：C.I.C.M.，37，February 1892：4："On comprend que la plupart des ouvriers ainsi outillés ne puissent que produire un travail de beaucoup inférieur à celui de nos menuisiers européens. Parfois cependant，on rencontre de véritables artistes dont les œuvres ne seraient pas désavouées par les meilleurs ébénistes de Bruxelles."

之后他也受委托为圣母圣心会的主教座堂制作祭台。这位木匠师傅姓王，与和羹柏合作了很长一段时间，许多精致的家具都出自他手，和羹柏对他的作品也非常满意。

二、装饰

根据档案收集和实地调研发现，和羹柏在他设计的教堂中使用模具来绘制墙面的彩色装饰图样（图 5-11），尤其是绘制在拱券和肋架券的边缘上（图 5-12），如西湾子神学院的礼拜堂内部有非常完整的彩绘装饰，直到今天正定主教座堂和宣化主教座堂的拱券上仍能看到这些彩绘，后者还有拉丁文的献词。①

室内的装饰图样在前面章节的案例中曾分别讨论过，这里不仅有纯粹的西方样式，还有很多中国传统图样出现在圣母圣心会的教堂里，无论它是传教士设计的还是中国工匠自主加工的。通过对圣母圣心会建筑的研究发现，重要的教堂和主教座堂多采用西式风格，内部摆放圣台、讲道台、圣体栏杆，饰以石头雕刻的柱头、墙壁或隔板彩绘等，所有这些都是哥特复兴式或新罗马风式的。② 混合风格的教堂内部

图 5-11 模板，鲁尔蒙德 Cuypershuis 博物馆
图片来源：作者拍摄于 2012 年 8 月

图 5-12 正定老主教座堂中小圣堂的穹顶彩绘
图片来源：作者拍摄于 2008 年 7 月

① COOMANS T & LUO W. Exporting Flemish Gothic Architecture to China: Meaning and Context of the Churches of Shebiya (Inner Mongolia) and Xuanhua (Hebei) built by Missionary-Architect Alphonse De Moerloose in 1903—1906. In: Relicta. Heritage Research in Flanders [J]. 9，2012：242-245.

② COOMANS T & LUO W. Exporting Flemish Gothic Architecture to China: Meaning and Context of the Churches of Shebiya (Inner Mongolia) and Xuanhua (Hebei) built by Missionary-Architect Alphonse De Moerloose in 1903—1906. In: Relicta. Heritage Research in Flanders [J]. 9，2012：219-262.

常摆放中式的家具，祭台带有很多中式元素，外观类似中国的牌楼。然而，其他的装饰图样常常是中国传统习俗的图样，如长寿、健康、富裕等，这些图案都有世俗的含义，在西方教堂中是不被接受的。1920年代后，在中国的天主教堂中，这些世俗含义的装饰开始应用在教堂里，作为本地化中国传统的一部分被接受。①

起初，在教堂中使用中式图样是非常有限的，而且是中国工匠们没有特殊目的的随意做法，信手拈来而已。后来，当一些中国人参与设计教堂后，即便他们试图模仿西方教堂，他们已有的审美趣味却不能够完全摒弃，依然流露出中式建筑的痕迹。当西方时尚在修会被推崇时，财政不足往往导致建设质量下降。所以，很多教堂只有一个西式建筑的门脸，而内部装饰极其简单，没有精致的装饰和家具。②

① RASKIN J. Notes d'Art Chinois [J]. L'Artisan liturgique，40，1936：827.

② 董黎．中国近代教会大学建筑史研究 [M]. 北京：科学出版社，2010：15："由中国工匠主导，主要表现在建筑装饰和细部装修方面，是民间的一种无意识审美情趣的自然流露。推测渗透介入式有三种途径：其一，外国建筑师的设计仍由中国工匠施工完成，在操作中不免带有中国传统建筑的某些做法。其二，虽然中国近代早期的建筑设计是外国建筑师的一统天下，也不能排除可能有非建筑师出身的中国人参与了设计工作，尽管他们极力模仿了西方建筑的形体和式样，但仍摆脱不了已习惯的审美情趣。其三，社会上西风日盛，商业建筑和居住建筑均以西式为时尚，但由于对西方建筑形式不熟悉或因财力不足，往往只重门面，称之为'洋脸建筑'，表现出盲目崇洋的心态。"

第六章
结论

本研究基于档案收集整理和实地考察，仅限于建筑历史与遗产保护范畴讨论。自 1865 年，圣母圣心会会士受到罗马教会指派到中国长城以北传教，至 1955 年离开中国，建设了大量教会建筑。他们所经历的是世界上最艰苦的传教地区之一，除了要面对大漠恶劣的风雪狂沙天气和贫瘠的土地之外，还要面对随时可能发生的袭击。圣母圣心会会士为了配合自己的传教工作，在塞外展开了大量的建筑活动，修建教堂、住宅、学校、育婴院、防御工事等。时至今日，只有少数教堂历经百年而存留下来。

本研究通过对圣母圣心会修建的 15 座教堂案例的研究和深入分析，发掘出一位重要的传教士建筑师——和羹柏。圣母圣心会教堂向我们完整地展示了 20 世纪前后中国北方基督教建筑的发展过程，从传统的中式到西式风格（哥特复兴式和新罗马风式），再到本地化后独有的中式基督教建筑。能够完整演绎近代中国基督教建筑发展全过程的修会并不多见，圣母圣心会内部自身管理的延续性，对于本书的研究提供了非常重要的基础。

第一节　中国近代教堂建筑的转型与创造

本书对圣母圣心会教堂的相关背景作了较为全面的介绍，并对它在中国基督教建筑发展史中不同阶段的特殊贡献进行研究。圣母圣心会在中国将近 90 年，不仅在城市而且在偏远的乡村都建造了教堂。这些教堂涵盖了从 1860 年代至 1949 年教会建筑在中国的发展轨迹，将其分为三个阶段：第一阶段，1900 年之前建造的教堂，满足基本需要，条件较差；第二阶段，从 1900 年至 1920 年代初期，教友数量激增，大量兴建教堂；第三阶段从 1920 年代中至 1949 年，充分执行了罗马教会提出的本地化基督教艺术的政策。从 1930 年代后期开始，由于战争原因，教堂的建设骤然减少。圣母圣心会在华的最后二十年几乎没有新的建设，难以成为一个独立的阶段在发展历史中单独划分出来，故归于第三阶段。

此外，通过研究过程中的实地调研，更好地理解圣母圣心会教堂所在地和传教地区的乡土环境。探访玫瑰营子时发现，村子的现状跟 20 世纪传教士拍的照片竟相差并不大，仍旧有很多土坯房，村子基本格局也未有大变化。虽然本书选择了几座已经消失的教堂，由于它们是教会建筑发展的重要阶段的代表性作品，通过检索档案，实地采访，补足这些案例研究，从而构建出完整的圣母圣心会教堂建筑发展总览。通过对建筑的分析，证实了由于文化背景、气候、宗教、传教士与当地传统的冲突在建筑上所产生的差异性。在多方面因素共同作用下，一系列动态演变的画面呈现在我们眼前，三个截然不同的历史阶段，映射出风格多样的教堂建筑发展的延续性以及形式风格上的不延续性。

一、将中国本土建筑适应基督教仪式

早期传教士们不得已选择中国当时的居住建筑或者其他类型当地建筑作为教堂使用，通常是借用或者使用信徒们捐赠的家宅来做弥撒。耶稣会罗明坚（Michel Ruggieri，1543—1607），于 1583 年在广东肇庆建了第一座天主教教堂，名为仙华寺，名称上给人佛教寺庙的感觉。当地上层人士认为在一个佛塔附近建这座教堂是无法接受的，罗明坚不得不尊重此传统，将地址迁移到离佛塔较远的位置。之后不久，罗明坚便叫利玛窦（Matteo Ricci，1856—1610）来肇庆一同传教。[①] 仙华寺已经消失了几百年，没有人知道它真正的样子：是一座西式教堂抑或像一座佛教寺庙？

无独有偶，第一阶段是圣母圣心会在华开创阶段，举步维艰，通过阅读会刊可知关于营造的体验基本上都非常头痛。由于环境艰难，传教士们最初将中国本土建筑改造成适应基督教礼拜仪式的布置方式。所以当基督教仪式遭遇延续上千年的中

---

① 张西平 . 跟随利玛窦到中国 [M]. 北京：五洲传播，2006：17.

国建筑传统，改变它的功能和使用方式时，整个过程充满矛盾。中式建筑的布局根本不适合基督教的礼拜仪式，如中国建筑通常是南北朝向，正房朝南，并且是奇数开间，信众和神职人员不得不从南侧中央的开间进入中殿，且进深要比西式教堂中殿从西向东的轴线方向短许多，空间体验与传统的西方教堂非常不同，进行仪式也会感觉不适。在许多时候，祭台被放在中式民居的东端开间，之后男女教友分前后就座。当然，无论什么样式的教堂，它们都会在中式屋顶上放置一个十字架，以示自己的天主教特征。在中国式屋架之下，室内布置着大量基督教元素和主题的装饰。在主入口的正上方会有一块匾额书“天主堂”三个大字。

当圣母圣心会有了更多的营造经验和财力支持，他们开始尝试不同的建筑风格。L形布局教堂就是在这种条件下产生的，设计出两个垂直的侧翼用来分隔男女，教友都面朝两翼交会处，这里放置祭台。大部分教堂都非常简单，基本上是当地工匠在传教士监督下建造的。如小桥畔教堂从外表看跟普通的当地住宅非常相近，一个小亭子立在两翼交会处的屋顶上，下面摆放的是祭台，曲面屋顶，细细的木柱，但是内部完全是按照基督教仪式要求来布置。在1900年之前，尽管西方影响在中国大陆已经非常显著，但是在乡下，主流政治、文化和传统仍旧是中国本土的。所以在圣母圣心会教堂的第一阶段，主导设计的是当时当地的实际情况，而非风格，或许可以看作是传教士们无意识的“本地化”。

二、以比利时为范本的教堂设计

圣母圣心会在华建设的每一个阶段都有显著的自身特征，它们表现和参考了传教士家乡的建筑。当然，或多或少都有些中式元素点缀其中。在第二个阶段的发展中，比利时中世纪哥特复兴范式教堂主宰了整个过程。其中著名的传教士建筑师——和羹柏，在这一过程中发挥了关键性作用。和羹柏在1898—1928年间设计的建筑都归于1860年代源起于比利时根特的圣路加学校推崇的普金风格——哥特式复兴建筑。他的建筑背景使其能够实践并将圣路加学校的影响从比利时延伸到中国。长城以北此类风格的教堂不仅有和羹柏的作品，还有其他传教士艺术家参与其中。这些中世纪西方风格的建筑不仅是艺术风格上有意识的选择，更表达了比利时传教士思乡之情。

方济众是最重要的圣母圣心会领导者之一，被视为是修会的“第二位创始人”。他任总会长时，修建了布鲁塞尔初学院的一个侧翼，这是圣母圣心会总部第一座佛兰德斯哥特复兴式建筑。[①] 基于方济众在比利时的经历和他的欧洲中心论思想，他在担任西湾子宗座代牧时，反对采用中国本土建筑形式，钟情于西方的理性主义建筑。被方济众选中并通过和羹柏之手完成的圣路加学校哥特式风格，成为 20 世纪初圣母圣心会在华的主流建筑风格。方济众将西湾子神学院等重要建设项目委托给和羹柏。幸运的是，和羹柏与方济众的往来书信都被保存在 KADOC 中心，揭示了当时他们对教堂类型的讨论。本堂神父和当地教友对教堂建设也常提出自己的需求和建议，如教友希望双树子教堂的南立面拥有两座钟塔而不是一个，和羹柏不得不修改设计以满足多方面的需求，然而，一成不变的是他对哥特式建筑风格的笃信与坚持。1901 年之后，圣母圣心会利用清政府庚子赔款重建教堂，充分展现了比利时的国家特征以及圣母圣心会在塞外不断提高的社会地位，同时展示了不同于来自法国、英国、意大利、葡萄牙和西班牙等国家传教修会的特质。圣母圣心会这些教堂主要是哥特复兴式和新罗马风式，但是它们的规模因其需求而变化多样，从单一中殿的礼拜堂到带两个边廊的教堂，带或不带耳堂，带或不带钟塔，带一个或两个钟塔的主教座堂等都呈现出来（图 6-1）。学校、育婴院、医院、传教士住所以及城防体系等都应用了许多典型的比利时建筑元素，如阶梯状山墙、十字窗、布鲁日窗构开间系统、羊皮卷装饰、铁扒锔和砖砌斜压顶等，这些元素带给传教士家乡的感觉，也在实地考察中一次次被印证。在这一过程中，一些圣母圣心会会士学习并传播了和羹柏推崇的建筑风格，但是他们设计的建筑质量和水平参差不齐，不论是外观比例还是细部设计与职业建筑师还有一定的差距。

在大部分教堂中，对于比利时中世纪建筑范式的参考和模仿都非常明显，如巴拉盖的钟楼对中世纪西佛兰德斯地区钟楼的模仿。呼和浩特主教座堂后殿不同寻常的立面来源于一处比利时著名的 13 世纪遗迹——Villers 修道院教堂（Abbey church of Villers），构件比例和元素的选取都非常相似。西湾子主教座堂也是当时流行的西式建筑并且包含了罗马风的建筑元素，这种做法在第一次世界大战后欧洲重建中曾一度流行。Sint-Amandsberg 贝居安女修会教堂（The Beguinage of Sint-Amandsberg，1873—1875）和 Oostakker 巴西利卡（Basilica of Oostakker，1876—1877）是根特近郊的两座教堂，都由比顿男爵设计建造，他是圣路加运动的发起者，影响了几代建筑师，也影响了比利时 19 世纪的教会建筑，甚至在上海佘山圣母进教之佑教堂上也

① COOMANS T，LUO W. Mimesis，Nostalgia and Ideology：The Scheut Fathers and home-country-based church design in China [C]. Alexandre Chen Tsung-Ming and Pieter Ackerman，ed. History of the Church in China，from its beginning to the Scheut Fathers and 20th Century. Leuven：Ferdinand Verbiest Institute，2015：9-36.

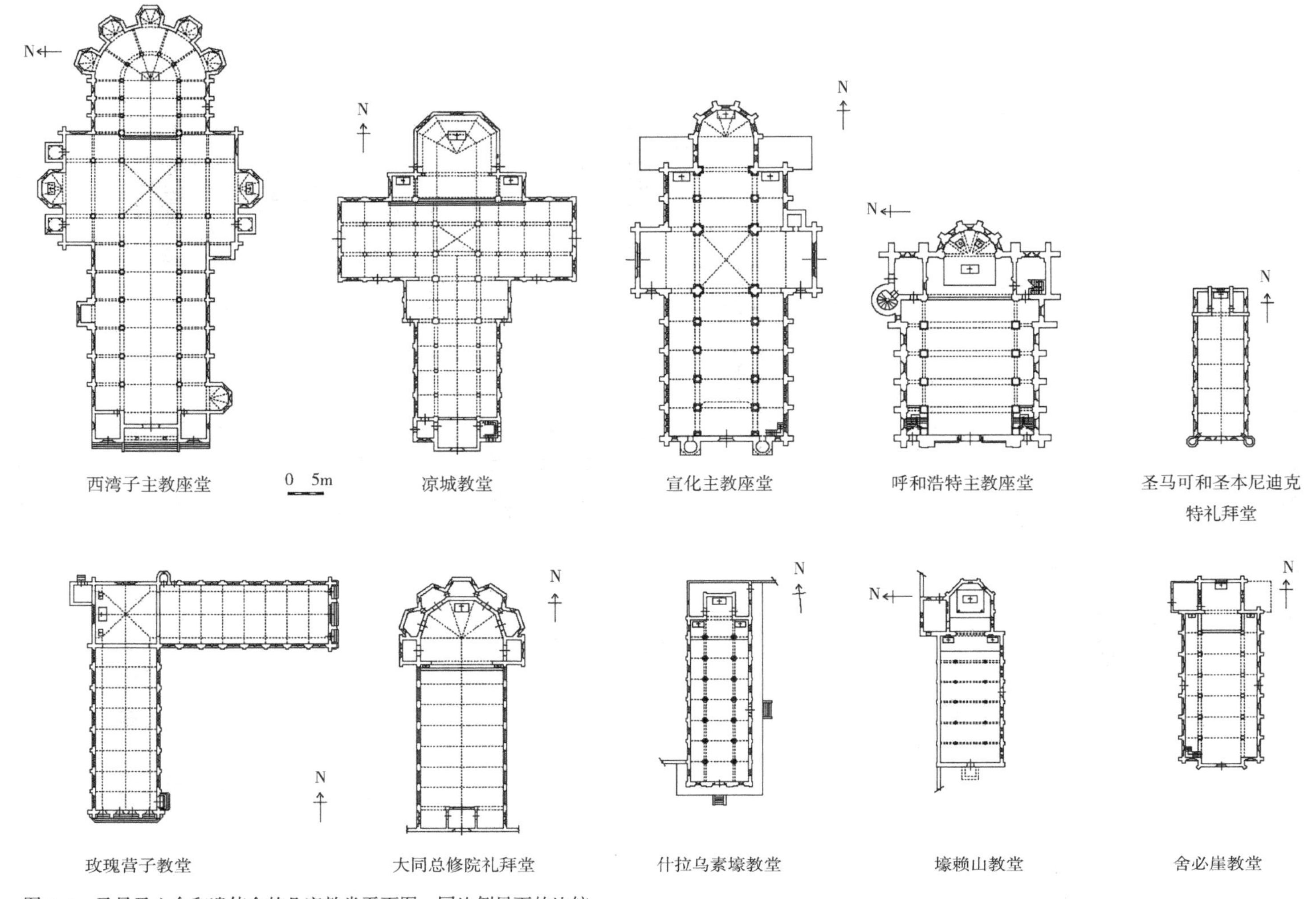

图 6-1 圣母圣心会和遣使会的几座教堂平面图，同比例尺下的比较
图片来源：作者绘制，Thomas Coomans 协助，2012 年 10 月

能看到他的影子。

这个阶段在建筑上和意识形态上是一致的，清晰地反映了以西方为导向的欧洲中心论的思想，是对其本民族风格特征的深情表达。在这些现象的背后存在着欧洲至上的意识形态，而它在1914年前开始动摇，但第一次世界大战以后才出现真正的危机。在欧洲人对世界统治地位的结束和去殖民化之后，相信欧洲至上的观念已经一去不复返了。1919年罗马天主教教会提出本地化政策，并对中国基督教艺术和建筑产生了深刻影响。1920年代，西式建筑风格的一致性逐渐被打破，并在1930年代消失殆尽。传教政策的改变意味着西方建筑风格的结束，而这种风格的消失也标志着圣母圣心会在华巅峰时代的逝去！

三、转型与创造

1920—1930年代欧洲正处于第一次世界大战后的修复中，现代化及现代主义建筑成为建筑领域以及教会争论的中心，中国的基督教建筑也不例外。

1919年，教宗本笃十五世发布通谕Maximum Illud，天主教教会在本地化当地文化的政策指引下实施新的传教政策。新政策显然抛弃了上一代的殖民地传教政策，并且含蓄地谴责了欧洲风格的教会建筑。刚恒毅确信西方风格的艺术并不适合根深蒂固的中国文化，因为西方艺术形式强调了基督教是西方宗教的观念，而不是普世的信仰。但是此时的和羹柏仍旧忠诚于哥特式建筑，他走向了这场本地化运动和其他折中主义艺术的对立面。

中国传统复兴式建筑被一些非常有创造性的建筑师推动着，其中既有海外学成归来的中国建筑师，也有许多外籍建筑师。他们参与项目的设计和投标，其中著名的建筑师有墨菲、吕彦直等。① 谈及天主教教会，荷兰籍本笃会士格里森被刚恒毅总主教请到中国，在1927—1931年间二人过往甚密，设计了几座非常重要的中式风格的教会建筑，如辅仁大学（图6-2）。② 值得一提的是，格里森成长在比利时南部的Maredsous修道院，他的学习环境正是由比顿男爵设计建造的哥特复兴式建筑，来到中国之后，他开始了解和学习中式艺术，创作风格上发生了很大转变。

---

① 吕彦直设计了著名的中山陵（1925—1931）和中山纪念堂（1925）。LAI D L. Searching for a Modern Chinese Monument. The Design of the Sun Yat-Sen Mausoleum in Nanjing[J]. Journal of the Society of Architectural Historians，64/1，2005：22-25.

② 罗薇．中国近现代高等教育建筑形态研究[D]. 深圳：深圳大学，2005：33.

图 6-2 北京辅仁大学
图片来源：孙邦华．会友贝勒府——教会大学在中国辅仁大学 [M]. 石家庄：河北教育出版社，2004：15

刚恒毅不仅理论上宣讲本地化政策，敦促修建了几座总修院培养中国籍神职人员，还推动本地化绘画艺术、家具、建筑的研究，这也是第一位中国籍天主教画家陈缘督成为辅仁大学教师的原因。[①] 在圣母圣心会的建筑中，大同总修院礼拜堂或许可以看作是基督教艺术的转折点。这座新罗马风式的礼拜堂由和羹柏于1928年设计建成，后由方希圣重新绘制中式壁画，甘保真设计中式家具，这些都是对本地化中式基督教艺术的探索。方希圣受到敦煌壁画的启发而成为中国基督教艺术画家。米化中设计了中式风格的五号教堂，采用了中式的曲面屋顶以及歇山顶，这两种建筑元素在中国传统复兴式建筑中被广泛采用，教堂内外还有许多细节不同程度地展示着中国传统建筑文化的渗透。

圣母圣心会在华建造了大量教堂，其后命运各不相同。由于 1980 年代中国社会经济的迅速发展，城市里许多老的街区、民居被拆除，建设新的道路和高楼大厦，发展现代工业，外界环境快速改变，伴随着中国社会的转型自然环境也发生了巨大变化。由于内蒙古地区交通不及沿海地区便利，一些小教堂幸运地保留下来。有些村落在原址上建造了新教堂，有的教堂钟塔被拆除或降低，有些教堂的中殿和主入口被更改，但是大部分教堂通过仔细观察仍旧能够依稀识别。历经百年存留下来的教堂建筑以及它周围保留的环境，对于建筑历史及遗产保护学者而言依旧有研究价值。

---

① 陈缘督，1902 年 3 月—1967 年 12 月，原名陈煦，字缘都，号梅湖，广东梅县人。1923 年入中国画学研究会，曾任教于辅仁大学美术系、中国工艺美术学院，中国美术家协会会员。

第二节 营造过程中的引领性探索

圣母圣心会会士初到中国之时，他们对即将面临的恶劣气候和艰苦的生活条件没有做好充分的准备。为了能够定居下来，他们不得不亲自动手，这次探索过程可以说是绝无仅有的，也为其他修会提供了参考与借鉴。1920 年代，遣使会出版了一本有关指导建造的手册 *Le Missionnaire Constructeur. Conseils-Plan*，目的是为了帮助在中国北方活动的天主教修会更顺利地建造教堂，由于这是当年唯一的建造手册，圣母圣心会很可能在建造过程中也参考过相关的内容，并且和羹柏也许参与了部分内容的编纂。

一、适应传统和改进工艺

建筑的朝向是传教士遇到的第一个难题，教堂的圣所朝向太阳升起的东方，这在西方是完全没有争议的。但在中国，他们不得不面对根深蒂固的传统，将圣所的朝向改为北向，因为早期使用中式建筑为教堂，主入口在南侧，有时也把祭台摆在主入口右侧的开间。中国的民居和宫殿通常都是南北朝向的，主立面朝南，这样可以获得更多的阳光，这是千百年来生活经验的总结。而比利时处于欧洲地理上的十字路口，属于温带海洋性气候——温和、凉爽、多雨，全国面积的三分之二为丘陵和平坦低地，其最高点位于东南部的阿登山，最高点海拔仅 694m。这也是为什么圣母圣心会会士来到中国后不堪忍受塞北恶劣气候的原因。传教士们基本都会迁就中国教友的传统，将建筑长轴改为南北方向，主入口设在南端，而祭台则设在教堂北端。甚至，对于有两个侧翼的 L 形教堂，男士的侧翼被认为地位更高，为南北朝向。例外的是，最高级别的教会建筑，如西湾子主教座堂和呼和浩特主教座堂都是东西朝向的，圣所后殿和高祭台都设在东端朝向太阳升起的东方，主入口设在西端，符合西方教会习惯，可见对于重要的教堂建筑他们还是坚持尊重西方传统的。

圣母圣心会内部曾有人对和羹柏设计的教堂提出异议，认为他设计的教堂完全不适合中国北方的气候。1938 年，饶启迪（Jozef Nuyts，1898—1986）在圣母圣心会杂志上明确批评他的建筑不够舒适："这些高耸的教堂，墙体很薄，且开窗很多，同时屋顶也很薄，它们虽然形式很美，但是神职人员和教友们却被迫在零下 30~35℃的低温下集会和作弥撒……我们的神保佑了圣路加学校的建筑师，但是他也要保护我们免受建筑师仅仅因为自己的艺术趣味和原则给我们带来的无谓的痛苦。”[①] 本书列举的壕赖山教堂建成于1930年之后，此时和羹柏已经离开中国，壕赖山教堂是一个低矮、形式简单、没有高窗的小礼拜堂。它不能与和羹柏设计的漂亮的哥特式教堂相提并论，但是这个小堂令人欢喜，也非常舒适，后期此类小堂在该地区建设较为普遍。

屋顶的木结构体系是中西建筑中非常重要且明显的区别之一——不仅仅是外部轮廓，而且内部结构体系也不同。谈及圣母圣心会教堂建筑的发展与转型，和羹柏和他的同伴们采用了几种不同类型的屋顶：筒拱或者尖拱建造的屋顶天花，上部双坡屋顶；平天花板，上部也是双坡顶的中殿，单坡顶的侧廊；豪式屋架；抬梁、穿斗或其混合结构的屋顶。事实上，圣母圣心会在中国建设的哥特式教堂屋顶结构要比在其本国的简单许多。由于中式建筑在柱子和斗栱上也使用木材，使得整座建筑在木材的消耗上要比西式结构的教堂高出许多。[②]1920年之后，混凝土被广泛地应用在建筑结构中，其中包括中式的大屋顶结构，一些修道院也应用这项结构技术来建造中国传统式样的房屋。

建造过程中的许多细节成为文化差异和知识交流的佐证。室内装饰的图案、雕塑、圣体栏杆、讲坛以及其他的家具有可能是中式、西式，或者中西混合式，这些都取决于工匠们和建筑所处的历史时期，以及他们的审美情趣。有些教堂采用45°抹角砖来砌筑转角及门窗框，更精致的建筑则是按照建筑师的设计，用模具来制作特殊形状的砖，另外也有通过手工加工来获得的，这些都不同于当时欧洲机器加工生产出来的砖。当建筑师在追求精美建筑的时候，会要求工匠们花费更多的时间去做到高品质的构件和装置。

二、施工工艺的差别

关于工艺，涉及的问题比较多，必然离不开工具的问题。在中国地区之间所使用的工具差别较大，它们功能大都相似，外观和使用上略有不同。当然，也有不少西方工具通过传教士引入中国，为了做出能够达到西方建筑师所要求的艺术效果的

---

① COOMANS T & LUO W. Exporting Flemish Gothic Architecture to China: Meaning and Context of the Churches of Shebiya (Inner Mongolia) and Xuanhua (Hebei) built by Missionary-Architect Alphonse De Moerloose in 1903—1906. In: Relicta. Heritage Research in Flanders [J]. 9, 2012: 218-219.

② DE MOERLOOSE A. Construction, arts et métiers, au Kan-sou et en Chine. Revue illustrée des Missions en Chine et au Congo[J]. Scheut-Brussels: C.I.C.M., 34, November 1891: 532-538.

构件。西方教堂中常见的彩色玻璃窗在中国仅有土山湾孤儿工艺院能够加工生产，而圣母圣心会教堂使用的是从欧洲捐赠的。据和羹柏的经验，只有很少的细木工匠能够达到比利时工匠的精细水平。当然，这也是他本人就当地接触到的工匠而言，上海的土山湾孤儿工艺院生产的细木家具堪比欧美最好的工艺，还多次代表中国参加世界博览会，获得很高声誉。此外，江南、华南地区也有大量技艺高超的手工艺匠人，传教士建筑师由于活动范围的限制，未能全面了解中国工匠的水平。

通过研究可知，中式传统建造工艺在适应西方建筑师的要求上并非易事。中国工匠为了建造像欧洲教堂同样壮观的建筑，学习了许多西方的技术和工艺。由于天主教本地化政策的推进，社会环境的改变，西式的教堂在华后期开始整合中式元素，将某些方面宗教功能通过中国元素来表达。总之，这些适应性的改进，基本上都是在经济和美学的基础上作出的较为理性的选择。

第三节　文化碰撞之后的本地化衍变

1929 年，国民政府对新首府南京和经济中心上海设计了不同的发展规划。大量的公共建筑在中国固有式复兴的指引下建设，如办公机构、高校建筑以及公务员住宅等。[①] 中、西方建筑师都参与了中国式复兴的伟大建设中，共同面对如何弘扬中华民族文化的历史命题。当中国传统复兴的概念转向教堂，问题就更多起来。多年来，传教士探索如何适应根深蒂固的儒家和佛教文化，已经摸索到一些出路，但是，本地化基督教艺术在此基础上提出了更高层次的要求。

一、主动本地化：从生活到建筑

在 KADOC 和南怀仁中心的照片档案中，大量的老照片展示了 19 世纪末 20 世纪初圣母圣心会会士在塞外的生活状况。当他们第一次抵达长城以北的偏远乡村时，很多传教士同当地农民一样居住在窑洞里。他们穿汉族或蒙古族的棉衣、棉裤、棉

① 有些文献中称之为“中国古典复兴”或“传统复兴”。见 LAI D L. Searching for a Modern Chinese Monument. The Design of the Sun Yat-Sen Mausoleum in Nanjing[J]. Journal of the Society of Architectural Historians，64/1，2005：22-25.

袍来抵御恶劣的冬季气候，骑着骆驼或马往来传教和运送物资，也有人乘坐轿子用来短途旅行。传教士们为了更好地交流和传播基督教，都学习了当地的语言——汉语或者蒙古语，圣母圣心会会士将自己的生活融入当地信众的生活之中。他们在塞北的第一个阶段，教堂基本上都是中式风格的，类似于民居或者庙宇，只在内部装饰了天主教的元素，屋顶上有十字架，由中国工匠建造的。在中国式的厅堂中，尊贵的位置设在房间的左侧。双中殿的教堂中，男士坐在教堂中殿的左侧，而女士坐在右侧。在圣母圣心会会士的故乡——比利时，人们把这种分开就座的传统一直保留到 1960 年代，但是位置与中国恰好相反，男士坐在右侧，而女士坐在左侧。

第二个阶段是教堂建设活动最频繁的时期，和羹柏在这一时期实现了他的建筑师梦想，他设计的建筑都遵从于比利时圣路加学校的建筑准则和理念，这种风格可追溯到 13 世纪的斯凯尔特河（Scheldt）流域的建筑。和羹柏设计了玫瑰营子这座奇怪的哥特式 L 形主教教堂，小桥畔教堂同样也是 L 形，但却是中式建筑，两个教堂都是男女分坐。可见，建筑师们为适应当地的传统习俗主动地进行了“本地化”，但风格的选择是带有个人倾向的。

二、“文化融合”：左右为难的传教士艺术家

在华圣母圣心会基督教建筑艺术的传播与转型可以看作是“文化融合”（Inculuturation）的一个具体表现。阿勒克斯·布雷姆纳（Alex Bremner）曾在其文章中将该词阐释为宗教组织使用当地文化已经共同认可的元素（特别是有代表性的表达方式）进行传教的一系列活动，使得基督教的信息能够更容易被当地民众接受和理解。[①] 在教会历史上：“文化融合有很多种表述，但是最基本的都是福音与人之间在特殊文化下的相互影响，从而双方都获益并且更加丰富。”[②]“文化融合”第一次出现在传教学术语汇里是在 1960 年代，随后就被广泛应用。这个词的出现时间虽然不长，但是它的实践却发生在更早以前。

“文化融合”这个词或许用来指 1920 年代以后罗马天主教教会与中国的往来也很合适。从 1920 年代中开始，圣路加学校和普金的中世纪建筑范式已经成为过去。作

① BREMNER G A. The Architecture of the Universities' Mission to Central Africa：Developing a Vernacular Tradition in the Anglican Mission Field，1861—1909[J]. Journal of the Society of Architectural Historian，68/4，2009：514-539.

② FABELLA V，SUGIRTHARAJAH R S. Dictionary of Third World Theologies [M]. Maryknoll：Orbis Books，2000：104："Inculturation has been described variously，but basically it is the mutual interaction between the Gospel and a people with its particular culture whereby both are enriched."

为教会新政策的主导方向，中式风格的建筑变得更容易接受和理解。刚恒毅认识到艺术载体在传教工作中的重要性，并且鼓励发展有特色的中国基督教艺术和建筑。作为“文化融合”的促进者，他请艺术家们学习中国绘画，请建筑师学习中国本土建筑，并且在基督教建筑中大胆实践。毫无疑问，新的政策促成了新艺术风格的作品产生。五号教堂、绥远神哲学院礼拜堂、大同总修院的壁画都响应了当时的艺术运动，创作出新的形式和风格。在一些中国的教堂里，剪纸艺术也成为传播基督教的重要艺术载体。[①] 一位学者指出：“这些新的形式是较少结构性、教条性、局限性的；更多是自发性、经验性和更加个人化的。”对于接受欧洲教育成长起来的传教士而言，接受中国传统的世俗信息在圣堂中的表达必然经历复杂的内心斗争过程，让他们为教堂去设计这些元素对于自己的信仰是一个巨大的挑战，然而，面对文化融合的大潮，他们不得不顺势而为。圣母圣心会教堂转型阶段的案例向我们展示，通过在中国传统建筑中加入基督教元素，从而用世俗建筑的营造方式构筑神圣的宗教精神场所的可行性。

三、“建筑的可译性”——再谈中体西用

一百多年来“西学东渐”经历了科技—政治—文化三个阶段，亦即洋务运动—戊戌、辛亥—五四运动三个时期。“从船坚炮利、振兴实业以富国强兵，到维新、革命来改变政体，到文化、心理的中西比较来要求改造国民素质，人民今天认为这是历史和思想史层层深入的进程。”[②] 中国上千年的传统小生产社会经济基础及其意识形态，造就了中国人的实用理性，为维护民族生存而适应环境、汲取外物。中国的实用理性不仅善于接收、汲取外来事物，而且同时也改换、变异、同化它们，让这些外来事物、思想转化为自己的一部分。梁思成先生曾在 1954 年提出“建筑可译论”，他认为将中、西建筑上具有同样功能的部分看作“建筑词汇”的构件，当用中国传统建筑词汇替代相对应的西方建筑词汇，则可得到满足现代使用功能的中国式建筑，视为一种风格“翻译”。[③] 或许“建筑可译性”可视为早期中体西用在建筑设计领域里的具体操作手法。

---

① BREMNER G A. The Architecture of the Universities' Mission to Central Africa: Developing a Vernacular Tradition in the Anglican Mission Field，1861—1909[J]. Journal of the Society of Architectural Historian，68/4，2009：106.

② 李泽厚 . 说西体中用 [M]. 上海：上海译文出版社，2012：5.

③ 赖德霖 . 梁思成“建筑可译论”之前的中国实践 [J]. 建筑师，2009，(137)：22-30. 赖德霖 . 构图与要素——学院派来源与梁思成“文法—词汇”表述及中国现代建筑 [J]. 建筑师，2009，142 (6)：55-64.

中式传统复兴建筑在 1920—1930 年代受到许多西方建筑师及接受西方建筑教育的专业人士的抨击，从功能和技术的角度出发，中国传统建筑对于新功能、新技术的应对缺少灵活性。当我们将中、西方建筑师设计的“中国式复兴”建筑作对比时，可发现西方设计师非常注重屋顶及斗栱的“模仿”，他们当中有建筑师或艺术家，对于艺术风格感受非常敏感，似乎设计者本人对于屋顶及斗栱的样式来自中国哪个地区、哪个年代并不十分清楚，主要运用了西方建筑构图法则结合中国式屋顶外观来设计。同时，我们也看到，配合他们进行具体设计也少不了中国人，如格里森设计开封总修院，由法商永和营造配合施工，其图纸虽然都为法语标注，但是，一些细部的设计不乏中国人的影子。中国建筑师设计的大屋顶建筑，则更多地考虑建筑形制对于中国人的意义，如徐敬直、李惠伯设计，梁思成指导的中央博物馆，“以辽、宋形式，托身于现代结构”，[①] 再现中国建筑艺术的豪劲之风，屋檐的曲线通过檐柱升起而产生，屋顶的曲线则是按照举折的方法生成，是深入研究中国古代建筑及其结构技术而得，这种做法在西方建筑师设计的中国式建筑中比较少见。

19 世纪末 20 世纪初的传教活动在学术上一直有争议，因而用一种系统的、综合的方法来看待这个特殊事件则更加合适。教堂是一类特殊的建筑艺术，它通过物质形式表达共同认可的宗教精神。“文化融合”比西方建筑语汇与相应的中国建筑语汇的替换要复杂得多。或许，我们并不总能找到那个可用来替代的元素。本书讨论的内容不再是对“中西合璧”的泛泛而论，而是针对教堂建筑这一特殊的宗教建筑类型在当时、当地的具体实践过程中的适宜性转变。

中国基督教建筑的探索是 20 世纪二三十年代中国固有式建筑的一部分，并且从某种程度上讲它也对寻求民族风格的标志性进行了探索，有一定的启示作用。也就是说，在全面地了解、介绍、输入、引进西方宗教建筑的过程中，在民族复兴的时代，必然会产生一个判断、选择、修正、改造的行为。在这行为中便产生了“中用”——如何在中国的实际情况和实践活动中去选择、运用和适应。总之，“本地化”中国建筑至少应该被视为“意译”而非“直译”的过程。面对现代化，面对“西体中用”，如何完成其中的转变是个哲学课题，在此，想借用李泽厚先生在其《说西体中用》书中强调的用“转化性的创造”[②] 来达成我们所需要的、适应时代发展的建筑。

---

① 梁思成 . 中国建筑史 [M]. 梁思成全集 . 第四卷 . 北京：中国建筑工业出版社，2001：216.
② 李泽厚 . 说西体中用 [M]. 上海：上海译文出版社，2012：62.

当然“创造”需要更多的尝试，需要更多的修补改正。然而，付出的代价是值得的，它是在寻找适合中国国情的形式的必经之路。

第四节 有待深化研究的几个问题

所谓治史难，而治教会建筑史则更难。中国教会史“发展奇曲，隐晦难明，加以宗派繁杂，记录短绌”，[①] 大多数档案文献多为外文，并涉及数种欧洲语言，因此对于研究圣母圣心会的历史，并且从中筛选出有关建筑的内容，对笔者而言是个巨大的挑战。作为一种重要的历史现象，风格混杂的折中主义建筑逐渐引起后殖民主义史学的关注，因为它让人们看到了混杂性背后的历史复杂性和丰富性。

如今的塞北，中国籍神职人员打理着圣母圣心会留在塞外的大大小小的教堂。令人高兴的是这些遗留下来的教堂仍然像当初建造它们时一样受到当地教友的尊敬和朝拜。近十五年来，全球化视野下的文化交流日渐频繁，不断的沟通使得人们对过去的历史产生了新的理解。中国的真诚开放吸引了大量西方学者了解东方文化，也使世界各国人士重新走近或走进中国文化。可以说每一代人都重写着自己的历史，并且重新定义着他们的历史遗产，以适应日益发展的文化和民族挑战。我们将圣母圣心会在华教堂建筑视为中比之间的“共享遗产”，它们是比利时人主导设计、中国工匠建造的中国教堂。这类建筑遗产往往与战争、不平等条约以及其他形式化冲突有关，它们不单纯是关乎建筑本身和场所的记忆。这样一种复杂的、界限模糊的遗产，毫无疑问过去曾有过很多误解。随着学术界对于这类共享遗产研究的不断深入，对中西方研究成果积极开放、认真吸纳的科研精神，将会更好地保护这类建筑遗产。

本书的贡献之一便是发掘出和羹柏这位活跃在塞北的著名传教士建筑师，他的名字无论在中国还是西方建筑学术界都鲜为人知，从未出现在中国建筑历史研究成果中。由于时间有限，未能对其他修会传教士建筑师或者非教会范围建筑师作品进行全面统计和比较，更未能将和羹柏在整个中国教会建筑行业中的地位做出评估。由于地域、语言等实际原因，其他在华教会档案多存放于欧美档案馆，尚未被从建筑发展的角度去发掘和研究，未能整理出其他传教士建筑师的事迹。近代中国，许

---

① 王治心．中国基督教史纲 [M]. 上海：上海古籍出版社，2011：4.

图 6-3 上海圣三一教堂
图片来源：http：//s184.beta.photobucket.com/user/llamoore/media/churches/HolyTrinityCathedralShang-haiChi-1.jpg.html [2013-11]

图 6-4 嘉兴圣母显灵堂
图片来源：浙江省古建筑设计研究院提供

多西方建筑师参与到在华的教堂设计中，如 1862 年英国人乔治·吉尔伯特·斯科特爵士（George Gilbert Scott）在上海设计了圣三一教堂（Holy Trinity Church），它是一座哥特式圣公会教堂，非常明确地表现了不列颠的民族特征（图 6-3）；意大利传教士建筑师韩日禄，[①] 自 1917 至 1930 年在嘉兴设计并建造了圣母显灵堂（Goddess Hall）（图 6-4）。他们都为中国城市留下了标志性的建筑，且与和羹柏钟爱的圣路加教堂风格迥异。如果能够将他们的在华作品进行横向比较研究，将是一个非常吸引人的话题。此外，在同时期的其他东亚国家，也出现了类似风格的教堂建筑，比如日本和韩国，希望在今后的研究中能够继续深入，在共时性语境下探讨中国教堂建筑与不同区域、国别的教会建筑之关联与影响。

人类思想文化不是封闭的、排外的，而有其混融性、互渗性、相似性、关联性和共通性，不同文化相遇必然是求同存异、和而不同、多元并存的。追溯一百多年前圣母圣心会的教堂建筑从跨越国界的角度来研究历史结构、经历、衍变以及观点争议，从追忆、探寻从而走向展望和创新。结合不同国家的建筑历史学家的多元化观点，富有启发地展现它们在历史文化上的差异性和认同性。回顾历史，必然会悟出新意，萌发有利于人类文化交流的更多遐思和憧憬！

① 韩日禄属于意大利的 Order of Discalced Carmelites，O.C.D.，中文译作赤足加尔默罗会。嘉兴的圣母显灵堂于 2003 年启动修缮计划，浙江省古建筑设计研究院对建筑进行了测绘，并做了修缮方案。近年来，许多意大利的学生、学者来这里参观，并且测绘建筑。http：//www.cityweekend.com.cn/beijing/articles/cw-magazine/travel/Travel_Jiaxing/.

参考文献

[1] 赖德霖，徐苏斌，伍江．中国近代建筑史 [M]. 北京：中国建筑工业出版社，2016.

[2] VANDE WALLE W & GOLVERS N（eds.）. The History of the Relations between the Low Countries and China in the Qing Era（1644—1911）（Leuven Chinese Studies，14）[M]. Leuven：Leuven University Press，2003.

[3] 顾卫民．中国与罗马教廷关系史略 [M]. 北京：东方出版社，2000.

[4] Clark A E. China Gothic：The Bishop of Beijing and His Cathedral [M]. Seattle：University of Washington Press，2019.

[5] TIEDEMANN R G（ed.）. Handbook of Christianity in China. Volume 2：1800 to the Present（Handbuch der Orientalistik. 4. Abt.：China；15/2）[M]. Leiden：Brill，2010.

[6] COHEN P A. History in Three Keys：The Boxers as Event，Experience，and Myth [M]. New York：Columbia university press，1997.

[7] 林家有．辛亥革命对中国社会的影响 [M]// 广西文史资料选辑，纪念辛亥革命八十周年专辑（第三十四辑）. 桂林：广西区政协文史资料编辑部，1992：18–30.

[8] 胡绳．从鸦片战争到五四运动（上）[M]. 北京：人民出版社，2010.

[9] COVELL R R. Confucius，the Buddha，and the Christ：a history of the gospel in Chinese（American Society of Missiology Series，11）[M]. New York：Orbis Books，1986.

[10] GRADY G. S.J. The Fortitude of Catholics in China [J]. Worldmission，12，February 1951.

[11] 王治心．中国基督教史纲 [M]. 上海：上海古籍出版社，2011.

[12] MALEK R（S.V.D.）（ed.）. The Chinese face of Jesus Christ [M].（Monumenta serica monograph series，4b）. Sankt Augustin，Ger.：Institut monumenta serica and China-Zentrum，2007.

[13] Benedict XV，Maximum Illud：Apostolic Letter on the Propagation of the Faith throughout the World，30 November 1919.

[14]（比）让·东特．比利时史 [M]. 南京大学外文系法文翻译组，译．南京：江苏人民出版社，1973.

[15] 汪毅，张承棨，等．清末对外交涉条约——同治条约 [M]. 国风出版社，1963.

[16] 古伟瀛．中华与欧洲的交流——以比利时为例 [C]// 中华文明的二十一世纪新意义会议文集，2002.

[17] LIN J S. Sino-Belgian Relations During the Reign of Leopold II A Brief Historical account Based on Chinese Documents [C]. The History of the Relations Between the Low Countries and China in the Qing Era (1644—1911), Leuven: Leuven University Press, 2003: 439-459.

[18] CHANG J T. The Beijing-Hankou Railroad and Commercial Development in North China, 1905—1937, A Case Study of the Impact of Belgian Investment in China [C]. The History of the Relations Between the Low Countries and China in the Qing Era (1644—1911), Leuven: Leuven University Press, 2003: 461-486.

[19] VERHELST D & NESTOR P (eds.), C.I.C.M. Missionaries, Past and Present 1862—1987: History of the Congragation of the Immaculate Heart of Mary (Verbistiana, 4) [M]. Leuven: Leuven University Press, 1995.

[20] 潘古西．中国建筑史 [M]. 北京：中国建筑工业出版社，2001.

[21] 徐苏斌．近代中国建筑学的诞生 [M]. 天津：天津大学出版社，2010.

[22] ROWE P G, SENG K. Architectural Encounters with Essence and Form in Modern China [M]. Cambridge (Mass.): MIT Press, 2002.

[23] DENISON E, REN G Y. Modernism in China. Architectural Visions and Revolutions [M]. Chichester, 2008.

[24] ZHU J F. Architecture of Modern China. A Historical Critique [M]. London-New York, 2009.

[25] ZHANG S Y & TAN Y. "An Important Period for the Early Development of Housing in Modern Cities (1911—1937)", in: LU J H, ROWE P G and ZHANG J, Modern Urban Housing in China 1840—2000 [M]. Munich-London-New York, 2001.

[26] CODY J W. Building in China: Henry K. Murphy' s "Adaptive Architecture," 1914—1935 [M]. Hong Kong and Seattle: Chinese University Press and University of Washington Press, 2001.

[27] JOHNSTON T & ERH D. The God and Country: Western Religious Architecture in old China [M]. Hong Kong: Old China Hand Press, 1996.

[28] 江汉文 . 中国古代基督教及开封犹太人 [M]. 北京：知识出版社，1982.

[29] 徐好好 . 中国教堂建筑述略 . 中国近代建筑研究与保护 [三] [C]. 北京：中国建筑工业出版社，2004.

[30] 宋浩杰 . 土山湾记忆 [M]. 上海：学林出版社，2010.

[31] 西山宗雄 . 澳门圣保罗学院正立面的构成 . 中国近代建筑研究与保护（二）[C]. 北京：清华大学出版社，2001.

[32] 董黎，杜诚 . 清代教堂建筑的风格与类型研究 [J]. 华中建筑，2009，27：140-143.

[33] L'art chrétien chinois，special issue of：Dossiers de la Comission synodale [J]. 5，May 1932.

[34] Père GHESQUIERES，Comment bâtirons-nous dispensaires，écoles，missions catholiques，chapelles，séminaires，communautés religieuses，en Chine?[J]. Collectanea Commissionis Synodalis.14，1941：1-80.

[35] Missions de Scheut：revue mensuelle de la Congrégation du Cœur Immaculé de Marie [J]. Brussels：C.I.C.M.，1914-1939.

[36] HAGGETT P（ed.）. Encyclopedia of World Geography，China and Taiwan [M]. vol. 20. New York：Cavendish，2002.

[37] TAVEIRNE P（谭永亮）著 . 汉蒙相遇与传福事业：圣母圣心会在鄂尔多斯的历史 1874—1911[M]. 古伟瀛，蔡耀玮，译 . 台北：光启文化出版社，2012.

[38] 傅林祥，郑宝恒 . 中国行政区划通史（中华民国卷）[M]. 上海：复旦大学出版社，2007.

[39] 古伟瀛 . 塞外传教史 [M]. 台北：光启文化事业，2002.

[40] TAVEIRNE P. Han-Mongol Encounters and Missionary Endeavors：A History of Scheut in Ordos（Hetao），1874—1911（Leuven Chinese Studies，15）[M]. Leuven：Leuven University Press，2004.

[41] 张彧 . 晚清时期圣母圣心会在内蒙古地区传教活动研究（1865—1911）[D]. 广州：暨南大学，2006.

[42] VAN OVERMEIRE D（ed.）. 在华圣母圣心会士名录 Elenchus of C.I.C.M. in China [M]. 台北：见证月刊杂志社，2008.

[43] VAN HECKEN J L. Documentatie betreffende de missiegeschiedenis van het apostolisch vicariaat Oost-Mongolië [M]. Schilde，1973； VAN HECKEN J L. Documentatie betreffende de missiegeschiedenis van het apostolisch vicariaat Zuidwest-Mongolie [M]. Ordos，Schilde，1980—1981.

[44] DE RIDDER K & SWERTS L. Mon Van Genechten（1903—1974），Flemish Missionary and Chinese Painter：Inculturation of Christian Art in China（Leuven Chinese Studies，11）[M]. Leuven：Leuven University Press，2002.

[45] 特木勒 . 多元族群与中西文化交流：基于中西文献的新研究（人文社科新论丛书）[M]. 上海：上海人民出版社，2010.

[46] 刘天路 . 身体灵魂自然：中国基督教与医疗、社会事业研究（人文社科新论丛书）[M]. 上海：上海人民出版社，2010.

[47] 马占军 . 晚清时期圣母圣心会在西北的传教（1873—7911）[D]. 广州：暨南大学，2005.

[48] TAYLOR R. How to Read a Church. A Guide to Images，Symbols and Meanings in Churches and Cathedrals [M]. London：Ebury Press Random House，2003.

[49] 赵建敏 . 二思集：基督信仰与中国现代文化的相遇 [M]. 北京：宗教文化出版社，2010.

[50] RONDELEZ V. La chrétienté de Siwantze：Un centre d' activité en Mongolie [M]. Xiwanzi，1938.

[51] Revue illustrée des Missions en Chine et au Congo[J]. Scheut-Brussels：C.I.C.M.，1889—1907.

[52] HEIRMAN M & HEIRMAN M. Flemish Belfries. World Heritage [M]. Leuven：Davidsfonds，2003.

[53] VAN HECKEN J L. Monseigneur Alfons Bermyn：dokumenten over het missieleven van een voortrekker in Mongolië，1878—1915 [M]. Wijneem：Hertoghs，1947.

[54] 王军 . 西北民居 [M]. 北京：中国建筑工业出版社，2009.

[55] LICENT É. Comptes rendus de dix années（1914—1923）de séjour et d'exploration dans le bassin du Fleuve Jaune，du Pai Ho et des autres tributaires de Golfe du Pei Tchou Ly [M]. 3 vol.，Tianjin：Librairie Française，1924.

[56] VAN HECKEN J L. Alphonse Frédéric De Moerloose C.I.C.M. (1858—1932) et son œuvre d' architecte en Chine [J]. In: Neue Zeitschrift für Missionswissenschaft / Nouvelle Revue de science missionnaire, Immensee: Verein zur Förderung der Missionswissenschaft, 24/3, 1968: 161-178.

[57] LOMBAERDE P & VAN DEN HEUVEL C (eds.) . Early Modern Urbanism and the Grid: Town Planning in the Low Countries in International Context Exchanges in Theory and Practice 1550—1800 [M]. Turnhout: Brepols, 2011.

[58] COOMANS T & LUO W. Exporting Flemish Gothic Architecture to China: Meaning and Context of the Churches of Shebiya (Inner Mongolia) and Xuanhua (Hebei) built by Missionary-Architect Alphonse De Moerloose in 1903—1906. In: Relicta. Heritage Research in Flanders [J]. 9, 2012: 219-262.

[59] VAN LOO A (ed.) . Dictionnaire de l' architecture en Belgique de 1830 à nos jours / Repertorium van de architectuur in België van 1830 tot heden [M]. Antwerp: Mercatorfonds, 2003.

[60] WOUTERS W. Broeders en Baronnen. Het ontstaan van de Sint-Lucasscholen [M]. In: De Maeyer Jan (ed.), De Sint-Lucasscholen en de Neogotiek 1862—1914. (KADOC Artes, 5) . Leuven: University Press Leuven, 1988: 208.

[61] DU JARDIN C. The Saint Luke School Movement and the Revival of Medieval Illumination in Belgium (1866—1923) . in: COOMANS T & DE MAEYER J (eds.) . The Revival of Medieval Illumination. Nineteenth-Century Belgium Manuscripts and Illuminations from a European Perspective. (KADOC Artes, 8), Leuven: University Press Leuven, 2007: 268-293.

[62] DE MAEYER J (ed.) . De Sint-Lucasscholen en de Neogotiek 1862—1914 [M]. (KADOC studies, 5), Leuven: University Press Leuven, 1988.

[63] VAN CLEVEN J (ed.) . Neogotiek in België [M]. Tielt: Lannoo, 1994; DE MAEYER J.The Neo-Gothic in Belgium. Architecture of a Catholic Society [C]. in: DE MAEYER J &

VERPOEST L (eds.) . Proceedings of the Leuven Colloquium, 7–10 November 1997 (KADOC Artes, 5), Leuven: University Press Leuven, 2000: 29–34.

[64] BERGMANS A, COOMANS T, DE MAEYER J. Arts décoratifs néo–gothiques en Belgique / De neogotische stijl in de Belgische sierkunsten. in: LEBLANC C (ed.) . Art Nouveau et Design: 175 ans d' arts décoratifs en Belgique / Art Nouveau & Design: Sierkunst van 1830 tot Expo 58 [M]. Brussels–Tielt: Lannoo and Racine, 2005: 36–59.

[65] DE MAEYER J. The Neo–Gothic in Belgium. Architecture of a Catholic Society [M].in: DE MAEYER J, VERPOEST L (eds.) . Gothic Revival. Religion, Architecture and Style in Western Europe 1815—1914 (KADOC Artes, 5), Leuven: University Press Leuven, 2000: 29–34.

[66] PUGIN A W N. The True Principles of Pointed or Christian Architecture [M]. London: John Weale, 1841 (reprint by The Pugin Society, Spire books, Reading, 2003) .

[67] AUBIN F. Un cahier de vocabulaire technique du R.P. A. De Moerloose C.I.C.M., missionnaire de Scheut (Gansu septentrional, fin du XIXe siècle)] [J]. Cahiers de linguistique. Asie orientale, 12/2, 1983: 103–117. http: //www.persee.fr/web/revues/home/prescript/article/clao_0153-3320_1983_num_12_2_1137 [2012-12-20].

[68] DE MOERLOOSE A. Construction, arts et métiers, au Kan–sou et en Chine. Revue illustrée des Missions en Chine et au Congo[J]. Scheut–Brussels: C.I.C.M., 34, November 1891: 532–538.

[69] DE MOERLOOSE A. Arts et métiers en Chine: les menuisiers, maçons et forgerons, tours et remparts. Revue illustrée des Missions en Chine et au Congo[J]. Scheut–Brussels: C.I.C.M., February 37, 1892: 3–8.

[70] De tweede stichter van Scheut. in: KNIPSCHILD H. Soldaten van God: Nederlandse en Belgishe priesters op missie in China in de negentiende eeuw. Amsterdam: Bert Bakker, 2008: 196–199.

[71] DIEU L. La mission belge en Chine. (2nd ed.) . Brussels: Office de Publicité, 1944.

[72] Leuven，KADOC，C.I.C.M. archives. Inventory：VANYSACKER D，VAN ROMPAEY L，BRACKE W，EGGERMONT B & RENSON R（eds.），The Archives of the Congregation of the Immaculate Heart of Mary（C.I.C.M.-Scheut）(1862—1967)，1995.

[73] SOETENS C. L'église catholique en Chine au XXe siècle [M]. Paris：Beauchesne，1997.

[74] JEN S. The History of Our Lady of Consolation Yang kia ping [M]. Hong Kong，1978.

[75] BELTRAME QUATTROCCHI P. The Trappist Monks in China [C]. in：HEYNDRICKX J (ed.). Historiography of the Chinese Catholic Church，Nineteenth and Twentieth Centuries (Leuven Chinese Studies，1). Leuven：Ferdinand Verbiest Foundation，Leuven University Press，1994：315-317.

[76] LIMAGNE A. Les Trappistes en Chine [M]. Chine：de Gigord，1911.

[77] ULENAERS S. Alphons Frederik De Moerloose C.I.C.M. (1858—1932) [D]. master thesis in Orientalism，University of Leuven，1994 (unpublished).

[78] Le Bulletin catholique de Pékin [J].monthly，Beijing：Imprimerie des Lazaristes du Pei-t'ang，1914—1948.

[79] CHONG F. Cardinal Celso Costantini and the Chinese Catholic Church [J]. Tripod，Hong Kong：Holy Spirit Study Centre，28/148，2008. http：//www.hsstudyc.org.hk/en/tripod_en/en_tripod_148_05.html[2013-01-10].

[80] TICOZZI S. Celso Costantini' s Contribution to the Localization and Inculturation of the Church in China [J]. Tripod，Hong Kong，28/148，2008. http：//www.hsstudyc.org.hk/en/tripod_en/en_tripod_148_03.html [2013-01-13].

[81] 吴青. 晚清时期圣母圣心会在华传教活动策略浅析. 古文献与传统文化 [M]. 华文出版社，2009 年. http：//gjs.jnu.edu.cn/congkan.asp?id=77 [2011.11.20].

[82] 张彧，汤开建. 晚清圣母圣心会中蒙古教区传教述论 [J]. 中国边疆史地研究，17/2，2007：115-125，150.

[83] ZHANG X H，SUN T & ZHANG J S. The Role of Land Min Shaping Arid/Semi-Arid Landscapes：The Case of the Catholic Church (C.I.C.M.) in Western Inner Mongolia from the

1870s（Late Qing Dynasty）to the 1940s（Republic of China）[J]. Geographical Research, 47/1, 2009: 24-33.

[84] HILL R. Pugin's Churches [J]. Architectural History, 49, 2006: 179-205.

[85] 玫瑰营神长教友欢度复活节 [J]. 中国天主教，1981（3）：51-53.

[86] 张彧．七苏木购地案始末 [M]// 多元族群与中西文化交流：基于中西文献的新研究．上海：上海人民出版社，2010：217-230.

[87] 解成．基督教在华传播系年（河北卷）[M]. 天津：天津古籍出版社，2008.

[88] DURAND J N L. Précis des leçons d' architecture données à l' École Royale Polytechnique [M]. 2 vol, Paris, 1802.

[89] VAN DE VIJVER D. Vers une architecture qui soigne. Construction d'hôpitaux à pavillons en Belgique au XIXe siècle(1780—1914)[C]. BUYLE M, Dehaeck S and DEVESELEER J(eds.), L'architecture hospitalière en Belgique, 2004: 54-65.

[90] BUYLE M, COOMANS T, ESTHER J & GENICOT L F. Architecture gothique en Belgique / Gotosche architectuur in België [M]. Brussels-Tielt: Lannoo and Racine, 1997.

[91] DE RIDDER K. Van Genechten' s Chinese Christian Art: Inspiration and Background. DE RIDDER K, SWERTS L. Mon Van Genechten（1903—1974）, Flemish Missionary and Chinese Painter: Inculturation of Christian Art in China（Leuven Chinese Studies, 11）[M]. Leuven: Leuven University Press, 2002: 13-35.

[92] Les Missions Catholiques. Bulletin hebdomadaire illustré de l'oeuvre de la propagation de la Foi, weekly, Lyon: Bureau des missions catholiques, 1870—1940.

[93] VERLEYSEN C. Maurice Denis et la Belgique 1890—1930 [M].（KADOC-Artes, 11）[M]. Leuven, 2010.

[94] Bouwen door de eeuwen heen. Inventaris van het cultuurbezit in België [M]. vol. 18na, Stad Brugge, oudste kern, 1999: 195-202.

[95] COOMANS T. Belfries, Cloth Halls, Hospitals and Mendicant Churches: A New Urban Architecture in the Low Countries around 1300 [C]. GAJEWSKI A, OPACIC Z（ed.）. The

Year 1300 and the Creation of a New European Architecture（Architectura Medii Aevi，1），Turnhout：Brepols，2007：185–202（especially 188–190）.

[96] KNIPSCHILD H H. Ferdinand Hamer 1840—1900，missiepionier en martelaar in China：een nieuwe kijk op de missiemethode van de Scheutisten in het noorden van China，en de reactive daarop van de Chinezen [D]. doctoral thesis，Leiden University，2005.

[97] Missions en Chine，au Congo et aux Philippines [J]. Scheut–Brussels：C.I.C.M.，1908—1913.

[98] 赵坤生 . 近代外国天主教会在内蒙古侵占土地的情况及影响 [J]. 内蒙古社会科学，1985（3）：62–64.

[99] VIOLLET–LE–DUC E E. Dictionnaire raisonné de l'architecture française du XIe au XVIe siècle [M]. vol. 2，1967.

[100] TRACHTENBERG M，HYMAN I. Architecture，from Prehistory to Postmodernity [M]. New Jersey：Prentice Hall，2003.

[101] 包慕萍，村松申 . 1727—1862 年呼和浩特（归化城）的城市空间构造：民族史观的近代建筑史研究之一 [C]// 中国近代建筑研究与保护，第二辑 . 北京，清华大学出版社，2001：188–220.

[102] 方旭艳 . 呼和浩特基督教文化建筑考察与研究 [D]. 西安：西安建筑科技大学，2004.

[103] DE RIDDER K（ed.）. Footsteps in Deserted Valleys：Missionary Cases，Strategies and Practice in Qing China（Leuven Chinese Studies，8）. Leuven：Leuven University Press，2000.

[104] 郝倩茹 . 呼和浩特与包头市近代建筑的保护与再利用 [D]. 西安：西安建筑科技大学，2005.

[105] 方旭艳 . 呼和浩特牛东沿天主教堂建筑研究 [J]. 内蒙古工业大学学报（自然科学版），2010，29（2）：154–160.

[106] COOMANS T. L' abbaye de Villers–en–Brabant. Construction，configuration et signification d'une abbaye cistercienne gothique. Bruxelles：Racine，2000.

[107] 罗薇，吕海平 . 塞北天主教圣地西湾子主教座堂建堂始末 [J]. 南方建筑，2019（4）：43–47.

[108] 罗薇 . 西方建筑师在华本地化建筑初探——格里森在华实践（1927—1932）[C]//2018 中国建筑史年会论文集 . 重庆：重庆大学出版社，2019：44–49.

[109] 罗薇 . 和羹柏的中国建筑生涯 [J]. 新建筑，2016（5）：62–65.

[110] 罗薇 . 内蒙古近代教会建筑 [C]//2016 年中国建筑史学年会论文集，武汉：武汉理工大学出版社，2016.

[111] 罗薇 . 塞北圣母圣心会教堂建筑研究 [M]// 中国近代建筑史 . 北京：中国建筑工业出版社，2016：387–402.

[112] Coomans T，Luo W. Mimesis，Nostalgia and Ideology：The Scheut Fathers and home-country-based church design in China [C]. Alexandre Chen Tsung-Ming and Pieter Ackerman，ed. History of the Church in China，from its beginning to the Scheut Fathers and 20th Century. Leuven：Ferdinand Verbiest Institute，2015：9–36.

[113] 罗薇 ."人字堂"——为尊重中国传统而建造的教堂 [M]// 中国建筑史论汇刊，第九辑 . 北京：清华大学出版社，2014：361–385.

[114] 罗薇 . 莼鲈之思——在华圣母圣心会士以比利时教堂为参考的建筑设计 [J]. 建筑与文化，2013（112）：88–90.

[115] Luo Wei. Technique Transmission of Flemish Church Buildings in China：Works of Scheut Fathers [J]. Applied Mechanics and Materials，2013，vol. 357–360：271–277.

[116] Ghesquière S.J. Comment bâtirons nous en Chine demain ?[J]. Collectanea commissionis synodalis，Beijing，14，1941.

[117] 平山政十 . 蒙疆カトリック大観（アジア学叢書 21）[M]. 大空社株式会社，1997（1939 第一版）.

[118] WILLIS P. Dom Paul Bellot Architect and Monk：And the publication of Propos d'un bâtisseur du Bon Dieu 1949，1996.

[119] 黄元炤 . 杨锡镠，中国近代的三栖建筑人 [J]. 世界建筑导报，2013，149（1）：33–35.

[120] 赖德霖 . 梁思成"建筑可译论"之前的中国实践 [J]. 建筑师，2009（137）：22–30.

[121] LAI D L. Searching for a Modern Chinese Monument. The Design of the Sun Yat-Sen Mausoleum

in Nanjing[J]. Journal of the Society of Architectural Historians，64/1，2005：22-25.

[122] 包慕萍 . 蒙古教区基督教建筑的历史及沿革 [C]// 张复合主编，中国近代建筑研究与保护（七）. 北京：清华大学出版社，2010.

[123] LACROUX J，DETAIN C. La brique ordinaire au point de vue décoratif [M]. Daly，1883.

[124] ALDRICH M. Gothic Revival [M]. London：Phaidon，1994：177，186，196-197.

[125] TAYLOR R. How to Read a Church. A Guide to Images，Symbols and Meanings in Churches and Cathedrals [M]. London：Ebury Press Random House，2003.

[126] MCLOUGHLIN M. The Regional Seminary，Aberdeen（1931—1964）. Theology Annual，4，1980：83-99.

[127] CODY J W. Striking a Harmonious Chord：Foreign Missionaries and Chinese-style Buildings，1911—1949. Archtronic. The Electronic Journal of Architecture，V5n3，1996.

[128] WILLIS P. Dom Paul Bellot Architect and Monk：And the publication of Propos d'un bâtisseur du Bon Dieu 1949 [M]. Elysium Press Publishers，1996.

[129] 李浈 . 中国传统建筑形制与工艺 [M]. 上海：同济大学出版社，2010.

[130] Le Missionnaire Constructeur. Conseils-Plans [M]. Sien-hien，1926.

[131] 冷天 . 得失之间——从陈明记营造厂看中国近代建筑工业体系之发展 [J]. 世界建筑，2009.

[132] RASKIN J. Notes d' Art Chinois [J]. L' Artisan liturgique，40，1936.

[133] 董黎 . 中国近代教会大学建筑史研究 [M]. 北京：科学出版社，2010.

[134] TEMMINCK GROLL C L. The Dutch Overseas Architectural Survey [M]. Zwolle：Waanders，2002.

[135] 凌颖松 . 上海近现代历史建筑保护的历程与思考——走向更全面的价值认识 [D]. 上海：同济大学，2007.

[136] FAIRBANK J K（eds.）. The Cambridge History of China：Late Ch' ing，1800—1911 [M]. vol. 10，Cambridge：Cambridge University Press，1978.

[137] FAIRBANK J K & TWITCHETT D（eds.）. The Cambridge History of China：Late Ch'ing，

1800—1911 [M]. vol. 11，Cambridge：Cambridge University Press，1980.

[138] FAIRBANK J K & TWITCHETT D（eds.）. The Cambridge History of China：Republican China，1912—1949 [M]. vol. 12-13，Cambridge：Cambridge University Press，1986—1987.

[139] 赵稀方 . 后殖民理论 [M]. 北京：北京大学出版社，2009.

[140] HOSAGRAHAR J. Interrogating Difference Postcolonial Perspectives in Architecture and Urbanism [M]. CRYSLER C G，CAIRNS S，HEYNEN H（eds.），The SAGE Handbook of Architectural Theory，London：SAGE，2008.

[141] 张西平 . 跟随利玛窦到中国 [M]. 北京：五洲传播，2006.

[142]（德）哈特穆特·凯博 . 历史比较研究导论 [M]. 赵进中，译 . 北京：北京大学出版社，2009.

[143] 罗薇 . 中国近现代高等教育建筑形态研究 [D]. 深圳：深圳大学，2005.

[144] BREMNER G A. The Architecture of the Universities' Mission to Central Africa：Developing a Vernacular Tradition in the Anglican Mission Field，1861—1909[J]. Journal of the Society of Architectural Historian，68/4，2009：514-539.

[145] FABELLA V，SUGIRTHARAJAH R S. Dictionary of Third World Theologies [M]. Maryknoll：Orbis Books，2000.

[146] 李泽厚 . 说西体中用 [M]. 上海：上海译文出版社，2012.

[147] 赖德霖 . 构图与要素——学院派来源与梁思成“文法—词汇”表述及中国现代建筑 [J]. 建筑师，2009，142（6）：55-64.

[148] 梁思成 . 中国建筑史 [M]. 梁思成全集，第四卷 . 北京：中国建筑工业出版社，2001.

[149] NOPPEN L，MORISSET L. Les églises du Québec. Un patrimoine à réinventer [M]. Québec：Presses de l' Université du Québec，2005.

后 记

准备本书文稿之时，不时回想起博士求学的经历，作为中国东南大学—比利时鲁汶大学双博士培养的首位候选人，非常感激在此过程中提供帮助的师友们。

在这里首先要感谢笔者的中比两国导师，东南大学朱光亚教授和鲁汶大学 Krista De Jonge 教授，是他们接受并支持我完成这项博士课题的研究。同时感谢中国国家留学基金委提供四年的奖学金，支持完成学业。多年来，一直牢记赴比留学前朱先生交代的几句话：“掌握学术规范，了解学术动态，建立学术网络。”2012 年 12 月，朱先生在百忙之中抽出五天时间赴比利时鲁汶大学参加我的博士答辩，路途辛苦，他的来到给了我极大的信心。此过程中，还要感谢已故刘先觉教授一直关心我的论文进展。感谢 Jan De Maeyer 教授介绍 KADOC 档案中心的情况，并且安排同事带我查阅。这一发现于我而言好似开启了“宝藏”，在鲁汶大学的第二个学期末我提出更改论文题目，转向本书所研究的内容，得到导师 Prof. Krista De Jonge 和 Prof. Luc Verpoest 的支持，此后便一头扎进了圣母圣心会浩瀚的档案中，边学习欧洲教堂建筑和欧洲语言，边整理分析档案。教授们在我研究过程中提出了很多有价值的建议，并且允许我借阅他们的私人藏书。最后，如果没有导师 Prof. Thomas Coomans 的帮助，我无法顺利完成博士论文。他同我一起去内蒙古和河北实地考察，现场讲解，教我如何分析教堂建筑，帮助我修改并且校对论文。

在这里还要特别感谢 KADOC 档案中心及其工作人员，Patricia Quaghebeur，Greet De Neef 等，帮助我查阅档案，发掘影像资料，并且提供高清晰的电子文件，授权本书使用该档案中心的照片。感谢南怀仁中心的 Pieter Ackerman、Dirk Van Overmeire、周礼强、陈聪铭等几位先生，在我查阅圣母圣心会文献时提供线索，给予帮助，并授权本书使用南怀仁中心的档案照片。感谢鲁汶大学东亚图书馆的华贝妮女士（Benedicte Vaerman）帮我查找库存图书，并且允许我在东亚图书馆对外闭馆后，独自在馆内学习和查阅架上图书。感谢 Arjan van der Werf 先生帮我从柏林的图书馆借阅图书。

另外，感谢孟奇先生帮助安排河北地区的实地调研；感谢李少兵先生提供呼和浩特主教座堂的档案；感谢冯浩烈先生（Dr. Philip Vanhaelemeersch）帮助搜集散落在比利时的私人档案；感谢比利时建筑师和羹柏（Alphonse De Moerloose）的家人Jean-Luc De Moerloose，Friquette De Smets以及他们的亲人，提供家族档案，介绍家族历史，帮助阅读和羹柏的书信；感谢Cécile Masureel-Van Dorpe女士提供陶维新的家族照片，方能使玫瑰营子教堂纳入本书写作；感谢所有允许我拍照、测绘教堂的工作人员！

于我而言，本书涉及的是一项非常有挑战性的研究，出国之前从未研究过教堂建筑，这本就是在中国建筑历史研究中比较匮乏的领域。到达比利时之后发现仅掌握英语是远远不够的，海量文献皆由其他欧洲语言写就，基本没有英文。不懂得如何去查阅欧洲档案，存在对欧洲近代教堂建筑缺乏研究等一系列困难。但是，在中比导师的大力支持和鼓励下，开始学习法语、荷兰语，甚至一点点拉丁语。在海内外朋友们的帮助下，实地调研，发掘档案，整理资料，撰写论文，并在鲁汶大学顺利通过公开答辩。如今回想，特别感恩这段人生经历！

最后，感谢李鸽女士和陈小娟女士为本书出版所做出的努力，感谢赖德霖教授帮助审读部分书稿，感谢本书出版过程中各位专家提出的宝贵意见！

罗薇

2021年6月